"十二五"普通高等教育本科国家级规划教材

普通高等教育电子信息类系列教材

# 光 通 信 技 术

主　编　韩太林

副主编　韩晓冰　臧景峰

参　编　张　宁　谭振建　毛昕蓉

机 械 工 业 出 版 社

本书全面介绍了光纤通信系统和空间光通信系统的基本概念；通信用光源的发光机理、工作原理及主要特性；光通信信道；光探测器与光放大器的工作机理和类型；光学网络器件的类型、原理和主要特性；光纤通信系统组成、性能参数和设计；光时分复用技术、光波分复用技术、光交换技术、光孤子通信、光接入网等光通信新技术；光纤通信系统的仿真；空间光通信的捕获、瞄准、跟踪技术；空间光通信的光学系统。

本书从基本知识出发，由浅入深、循序渐进、条理清晰、语言流畅、理论体系严谨，注重理论与实际的有机结合，力求全面系统地展示当代光通信的基本理论和最新技术全貌。

本书可适应不同层次的读者选用，既可用作高等院校通信工程、电子信息工程、光电子技术、光学专业以及相关专业的本科生教材或研究生的教学辅导书，也可供从事光通信工作的科研和技术人员参考。

本书配有免费电子课件，欢迎选用本书作教材的老师登录www.cmpedu.com 注册下载或发邮件到 xufan666@163.com 索取。

图书在版编目（CIP）数据

光通信技术/韩太林主编.—北京：机械工业出版社，2011.4（2024.7重印）
普通高等教育电子信息类系列教材
ISBN 978-7-111-34090-4

Ⅰ.①光… Ⅱ.①韩… Ⅲ.①光通信—高等学校—教材
Ⅳ.①TN929.1

中国版本图书馆 CIP 数据核字（2011）第 062031 号

机械工业出版社（北京市百万庄大街22号　邮政编码100037）
策划编辑：徐　凡　责任编辑：徐　凡　路乙达
版式设计：霍永明　责任校对：张玉琴
封面设计：张　静　责任印制：单爱军
北京虎彩文化传播有限公司印刷
2024 年 7 月第 1 版第 7 次印刷
184mm×260mm · 14.25 印张 · 349 千字
标准书号：ISBN 978-7-111-34090-4
定价：39.00 元

电话服务　　　　　　　网络服务
客服电话：010-88361066　机　工　官　网：www.cmpbook.com
　　　　　010-88379833　机　工　官　博：weibo.com/cmp1952
　　　　　010-68326294　金　书　网：www.golden-book.com
封底无防伪标均为盗版　机工教育服务网：www.cmpedu.com

# 前　言

当前社会已经进入信息时代，以通信技术和计算机技术为标志的高新科技的发展，给人们的生活带来了日新月异的变化，人与人之间的信息传输日趋密切，同时方式也日趋多样化。自从1966年英籍华人高锟提出光纤通信的概念以来，光纤通信的发展速度之快实为通信史上所罕见。特别是经历近30多年的研究开发，光纤光缆、光器件及光系统的品种更新和性能完善，已使光纤通信成为信息高速公路的传输平台。目前，光纤通信正在向着大容量、高速率、长距离方向迅猛发展，其技术的主要发展趋势充分体现在系统高速化、网络化、光缆纤芯高密度化和光器件高度集成化等方面。

随着对超稳激光器、新型光束控制器、高灵敏度和高数据率接收器和适合空间应用的先进通信电子设备的研究基本成熟，空间光通信又成为下一代光通信的发展方向之一。在过去10年内，对卫星轨道之间、空对地、地对空、地对地等各种形式光通信系统的研究在世界各发达国家中广泛进行，一些先进国家已经推出空间光通信的一些产品，如美国朗讯的 $2.5 \times 4Gbit/s$ 波分复用系统，日本佳能公司的无线光通信系统等。我国通信事业的迅速发展也对空间光通信提出了要求。空间光通信具有不需要频率许可证、频率宽、成本低廉、保密性好、误码率低、安装快速、抗电磁干扰、组网方便灵活等优点。正因为空间光通信具有抗电磁干扰和防窃听的突出特点，可保障天基综合信息网的信息安全传输，可应用于军事卫星侦察。随着技术的发展，也可应用到商业服务行业等。用光实现星间链路、深空探测、平台测控等将给通信领域带来巨大变化。可见，空间光通信具有广阔的发展和应用前景，是进一步开发太空宇宙空间的最佳方案，必将成为人类信息传输的必要手段。随着电子对抗和通信技术的发展，空间光通信进一步崛起，其必将成为民用和军用方面通信的重要方式。

本书内容共分10章，第1章　主要介绍光纤通信和空间光通信的基本概念；第2章主要介绍通信用光源的发光机理、工作原理及主要特性；第3章　主要介绍光通信信道，包括光纤的结构与分类、光纤的传输原理和光纤的传输特性、光缆的结构与分类、光纤主要参数的测量方法以及大气吸收、散射、湍流以及云层等对光通信的影响；第4章　主要介绍光探测器与光放大器的工作机理和类型；第5章　主要介绍光学网络器件的类型、原理和主要特性；第6章　系统地介绍了模拟光纤通信系统和数字光纤通信系统的组成、性能参数和设计；第7章　介绍光时分复用、光波分复用、光交换技术、光孤子通信、光接入网等光通信新技术；第8章　介绍了光纤通信系统主要模块数学模型的建立和光纤通信系统的仿真实验；第9章　主要介绍空间光通信的捕获、对准、跟踪技术；第10章　主要介绍空间光通信中光学系统总体方案选择的几大关键问题，包括激光器的选择、探测器的选择、分光方式以及望远系统形式的确定。

本书由长春理工大学韩太林任主编。第1、3章由长春理工大学韩太林、臧景峰编写，第2、4章由南京工程学院谭振建编写，第5章由西安科技大学韩晓冰和南京工程学院谭振建编写，第6章由西安科技大学毛昕蓉编写，第7章由北京石油化工学院张宁编写，第8章由臧景峰编写，第 9、10 章由韩太林编写。

　　由于作者水平有限，书中难免有错误或不足之处，敬请读者批评指正。

　　本书配有免费电子课件，欢迎选用本书作教材的老师登录 www.cmpedu.com 注册下载。

编　者

# 目　录

前言

**第1章　概论** ……………………… 1

1.1　光通信的发展 …………………… 1

 1.1.1　电通信与光通信的探索 …… 1

 1.1.2　国内外光通信的发展现状 …… 2

1.2　光纤通信系统 …………………… 4

 1.2.1　光纤通信系统的基本组成 …… 4

 1.2.2　光纤通信的优点 …………… 5

 1.2.3　基本光纤传输系统 ………… 6

1.3　空间光通信系统 ………………… 8

 1.3.1　空间光通信概述 …………… 8

 1.3.2　空间光通信的定义 ………… 9

 1.3.3　空间光通信的应用领域 …… 9

 1.3.4　空间光通信系统的组成 …… 11

1.4　空间光通信关键技术 …………… 12

 1.4.1　激光器技术 ……………… 12

 1.4.2　捕获、瞄准、跟踪技术 …… 13

 1.4.3　调制、接收技术 ………… 13

 1.4.4　空间环境（尤其是空间辐射环境）

  适应性技术 …………… 15

 1.4.5　小型、轻量、低功耗一体化设计和

  制造技术 …………………… 15

1.5　通信链路分析 …………………… 15

本章小结 ……………………………… 16

习题与思考题 ………………………… 16

**第2章　通信用光源** ……………… 18

2.1　光源性能的基本要求与类型 …… 18

 2.1.1　光纤通信对光源性能的基本

  要求 ……………………… 18

 2.1.2　一般光源的类型与应用特点 …… 19

2.2　半导体光源 ……………………… 20

 2.2.1　半导体光源的发光机理 …… 20

 2.2.2　粒子数反转分布 ………… 22

 2.2.3　激光振荡和光学谐振腔 …… 22

2.3　半导体激光器的工作原理 ……… 24

 2.3.1　P-N结半导体激光器的结构和

  原理 ……………………… 24

 2.3.2　异质结半导体激光器 …… 25

 2.3.3　半导体激光器的发光波长 …… 26

2.4　半导体激光器工作特性 ………… 26

2.5　其他激光器 ……………………… 28

 2.5.1　分布反馈式激光器 ……… 28

 2.5.2　量子阱激光器 …………… 29

 2.5.3　光纤锁模激光器 ………… 30

 2.5.4　垂直腔面发射激光器 …… 30

2.6　发光二极管 ……………………… 31

2.7　光源与光纤的耦合 ……………… 32

2.8　半导体光源在系统中的应用 …… 34

本章小结 ……………………………… 34

习题与思考题 ………………………… 35

**第3章　光通信信道** ……………… 36

3.1　光纤的结构与类型 ……………… 36

 3.1.1　光纤的结构 ……………… 37

 3.1.2　光纤的分类 ……………… 37

3.2　光在光纤中的传输 ……………… 40

 3.2.1　几何光学的光纤传输 …… 40

 3.2.2　光波动理论的传输方程 …… 42

3.3　光纤传输的基本特性 …………… 43

 3.3.1　光纤损耗 ………………… 43

 3.3.2　光纤色散 ………………… 45

 3.3.3　光纤的非线性 …………… 48

 3.3.4　非线性折射率波动效应与非线性

  受激散射 ………………… 48

 3.3.5　光纤标准与在系统中的应用 …… 50

3.4　光缆 ……………………………… 53

 3.4.1　常用光缆的典型结构 …… 54

 3.4.2　光缆的制造与分类 ……… 55

3.5　光纤特性的测量 ………………… 55

3.5.1 单模光纤模场直径的测量 ········ 56

3.5.2 光纤损耗的测量 ············· 56

3.5.3 光纤色散与宽带的测量 ········ 57

3.6 大气吸收和散射对空间光通信的

  影响 ·················· 59

3.6.1 大气吸收 ················ 59

3.6.2 散射 ·················· 59

3.6.3 能见度、透明度和大气透过率的

  关系 ················· 62

3.6.4 空间光通信激光光谱透过率

  计算 ················· 63

3.7 大气湍流对光通信的影响 ······· 66

3.7.1 大气湍流基础理论 ·········· 67

3.7.2 激光在湍流中的传输 ········ 69

3.7.3 飞机与地面间激光通信激光

  湍流数值仿真 ··········· 70

3.8 云层影响 ··············· 73

3.9 气动光学效应 ············· 74

3.9.1 气动光学基础 ············ 74

3.9.2 机载光通信附面层影响的分析 ··· 80

3.10 海水光学信道 ············ 83

3.10.1 海水的光学性质 ·········· 83

3.10.2 散射和吸收 ············· 83

3.10.3 海水信道的能量传输模型 ····· 84

3.10.4 海水中脉冲信号的时间扩展 ··· 85

本章小结 ················ 85

习题与思考题 ·············· 86

第4章 光检测器与光放大器 ········ 88

4.1 光检测器的工作机理与类型 ······ 88

4.1.1 光敏二极管 ············· 88

4.1.2 PIN 光敏二极管 ·········· 89

4.1.3 雪崩光敏二极管 ··········· 89

4.1.4 光电检测器的特性 ········· 89

4.2 光放大器的分类与指标 ········ 92

4.2.1 光放大器的分类 ··········· 92

4.2.2 光放大器的重要指标 ········ 93

4.3 掺铒光纤放大器 ··········· 94

4.3.1 工作原理 ··············· 94

4.3.2 掺铒光纤放大器的构成和特性 ··· 95

4.3.3 掺铒光纤放大器的泵浦方式 ····· 97

4.3.4 掺铒光纤放大器的优点 ······· 99

4.3.5 掺铒光纤放大器的应用 ······· 99

4.4 宽带掺铒光纤放大器的最新进展 ····· 100

4.4.1 增益移位掺铒光纤放大器 ····· 101

4.4.2 铒镱共掺光纤放大器 ······· 102

4.4.3 多段级联掺铒光纤放大器 ····· 103

4.5 掺镨光纤放大器 ··········· 104

4.5.1 掺镨光纤放大器的放大原理 ··· 104

4.5.2 掺镨光纤放大器的结构 ····· 105

4.6 半导体光放大器 ··········· 106

4.7 拉曼光纤放大器 ··········· 107

4.7.1 光纤的受激拉曼散射及其

  应用 ················· 108

4.7.2 拉曼光纤放大器的放大机理 ··· 108

4.7.3 拉曼光纤放大器的结构及

  特点 ················· 109

4.7.4 拉曼光纤放大器的优点与

  缺点 ················· 109

4.7.5 拉曼光纤放大器的应用 ······· 110

本章小结 ················ 111

习题与思考题 ·············· 111

第5章 光学网络器件 ··········· 112

5.1 光纤连接器和接头 ·········· 112

5.1.1 光纤连接器 ············· 112

5.1.2 接头 ················ 114

5.2 光耦合器 ·············· 114

5.2.1 耦合器类型 ············· 115

5.2.2 基本结构 ··············· 115

5.2.3 主要特性 ··············· 116

5.3 光隔离器和光环行器 ········· 117

5.3.1 光隔离器 ··············· 117

5.3.2 光环形器 ··············· 119

5.4 光调制器 ·············· 119

5.5 光开关 ··············· 120

5.6 光滤波器 ·············· 122

5.6.1 法布里—珀罗滤波器 ········ 122

5.6.2 马赫—曾德干涉滤波器 ······· 123

5.6.3 阵列波导光栅 ············ 123

5.6.4　光纤光栅滤波器 ·········· 124

5.7　波长变换器 ··············· 125

　　5.7.1　全光波长变换简介 ······· 125

　　5.7.2　SOA 型全光波长变换 ····· 126

　　5.7.3　半导体激光器型全光波长
　　　　　　变换 ··············· 131

　　5.7.4　光纤光栅外腔波长变换器 ····· 132

本章小结 ···················· 134

习题与思考题 ················· 135

## 第6章　光纤通信系统 ········· 136

6.1　光纤通信常用线路编码 ······ 136

　　6.1.1　扰码 ·············· 136

　　6.1.2　分组码——mBnB 码 ····· 137

　　6.1.3　插入码 ············· 139

6.2　模拟光纤通信系统 ········· 140

　　6.2.1　调制方式 ··········· 140

　　6.2.2　模拟基带直接光强调制光纤传输
　　　　　　系统 ·············· 142

　　6.2.3　副载波复用光纤传输系统 ····· 144

6.3　数字光纤通信系统 ········· 150

　　6.3.1　准同步数字分级结构 ····· 150

　　6.3.2　同步数字分级结构 ······ 152

　　6.3.3　系统的性能指标和可靠性 ···· 158

　　6.3.4　系统的总体考虑与设计 ····· 164

　　6.3.5　系统的色散补偿技术 ····· 168

　　6.3.6　中继距离和传输速率 ····· 169

本章小结 ···················· 170

习题与思考题 ················· 171

## 第7章　光通信新技术 ········· 172

7.1　光时分复用技术 ··········· 172

7.2　光波分复用技术 ··········· 173

　　7.2.1　WDM 工作原理 ········ 173

　　7.2.2　WDM 系统的基本结构 ···· 174

　　7.2.3　WDM 系统的主要特点 ···· 175

　　7.2.4　WDM 光网络 ········· 175

7.3　光交换技术 ·············· 177

　　7.3.1　空分光交换 ·········· 178

　　7.3.2　时分光交换 ·········· 178

　　7.3.3　波分光交换 ·········· 178

7.3.4　波长交换 ············· 179

7.4　光孤子通信 ·············· 180

　　7.4.1　孤子的形成 ·········· 180

　　7.4.2　光孤子通信系统 ······· 180

7.5　光接入网 ··············· 181

　　7.5.1　光接入网概述 ········· 181

　　7.5.2　无源光网络 ·········· 182

　　7.5.3　光纤混合网 ·········· 185

本章小结 ···················· 187

习题与思考题 ················· 188

## 第8章　光通信仿真 ··········· 189

8.1　仿真与建模 ·············· 189

8.2　光纤通信系统的仿真 ······· 190

　　8.2.1　光纤通信系统仿真软件的
　　　　　　现状 ·············· 190

　　8.2.2　系统主要模块的数学模型 ···· 191

　　8.2.3　发射系统模型 ········· 191

　　8.2.4　光纤传输模型 ········· 192

　　8.2.5　光接收机模型 ········· 192

　　8.2.6　掺铒光纤放大器的模型 ···· 194

8.3　光纤通信系统仿真实验 ······ 194

　　8.3.1　系统级仿真 ·········· 194

　　8.3.2　10Gbit/s 普通单模光纤传输
　　　　　　80km 的仿真 ········· 195

本章小结 ···················· 195

## 第9章　空间光通信的捕获、对准、
跟踪 ··············· 196

9.1　ATP 系统中的捕获技术 ······ 197

　　9.1.1　捕获过程 ··········· 198

　　9.1.2　捕获方式 ··········· 199

　　9.1.3　扫描方式 ··········· 200

　　9.1.4　捕获概率分析 ········· 201

9.2　ATP 系统中的跟踪技术 ······ 202

　　9.2.1　跟踪探测器的等效噪
　　　　　　声角（NEA） ········· 202

　　9.2.2　瞄准误差与系统突发概率的
　　　　　　关系 ·············· 203

本章小结 ···················· 203

习题与思考题 ················· 204

**第 10 章 空间光通信的光学系统** …… 205

10.1 激光器 ………………………… 205

10.2 探测器 ………………………… 206

10.3 激光通信的波长选择 …………… 207

10.4 回转结构及方式 ……………… 208

   10.4.1 回转反射镜方式 ………… 208

   10.4.2 回转望远镜 …………… 209

   10.4.3 回转组件方式 …………… 209

10.5 分光方式 ……………………… 209

10.6 望远镜结构形式 ……………… 212

10.7 材料选择 ……………………… 214

   10.7.1 反射镜材料 …………… 214

   10.7.2 透镜材料 ……………… 215

**本章小结** ………………………… 215

**习题与思考题** …………………… 216

**参考文献** ………………………… 217

# 第1章 概 论

【知识要点】

近年来，通信信息产业在世界范围内迅速发展，取得了举世瞩目的进步。自1970年世界上第一根低损耗光纤问世以来，光纤通信得到了飞速发展。作为光电信息技术中最具有代表性的技术，光通信不仅从深度和广度两方面促进了通信学科与许多相关学科的互相影响和渗透，而且形成了许多前沿研究领域。正在运行的光通信系统比比皆是，新的设备、新的应用还在不断涌现。本章通过概要介绍光通信的发展历史、光通信系统及关键技术和通信链路，使读者了解光纤传输理论、光端机及路由交换等光通信系统基本原理，以及光通信产业，为后续章节的学习奠定基础。

## 1.1 光通信的发展

### 1.1.1 电通信与光通信的探索

任何通信系统追求的最终技术目标都是要可靠地实现最大可能的信息传输容量和传输距离。通信系统的传输容量取决于对载波调制的频带宽度，载波频率越高，频带宽度越宽。实际上，通信技术发展的历史是一个不断提高载波频率和增加传输容量的历史。20世纪60年代，微波通信技术已经成熟，因此开拓频率更高的光波应用，就成为通信技术发展的必然。电缆通信和微波通信的载波是电波，光通信的载波是光波。虽然光波和电波都是电磁波，但是频率差别很大。为便于比较，图1.1给出相关部分的电磁波频谱。

光通信用的近红外光（波长为 $0.7 \sim 1.7 \mu m$）频带宽度约为200THz，在常用的 $1.31 \mu m$ 和 $1.55 \mu m$ 两个波长窗口频带宽度也在30THz以上。目前，由于受光源和光纤特性的限制，光强度调制的带宽一般只有20GHz，因此还有3个数量级以上的带宽潜力可以挖掘。

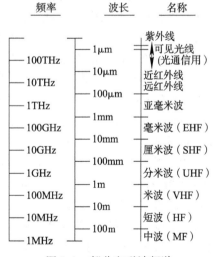

图1.1 部分电磁波频谱

微波波段有线传输线路是由金属导体制成的同轴电缆和波导管。同轴电缆的损耗随信号频率的平方根而增大，要减小损耗，必须增大结构尺寸，但要保持单一模式的传输，又不允许增大结构尺寸。波导管具有比同轴电缆更低的损耗，但随着工作频率的提高，要减小波导结构的尺寸以保持单一模式的传输，损耗仍然要增大。光纤是由绝缘的石英（$SiO_2$）材料制成的，通过提高材料纯度和改进制造工艺，可以在宽波长范围内获得很小的损耗。

## 1.1.2　国内外光通信的发展现状

光波也是一种电磁波，其波长在微米量级，频率为 $10^{14}$ 量级，其频率比常用的微波高 $10^4 \sim 10^5$ 量级，因此理论上的通信容量也是微波通信的 $10^4 \sim 10^5$ 倍。具有实际应用意义的光通信技术出现在 1880 年 6 月，著名的 Alexander Graham Bell 通过他的新发明——光电话（Photophone），首次实现了无线光通信，通信距离为 600 英尺（182m）。试验使用两面镜子分别作为发送器和接收器。声音被转换成镜面的振动，通过反射太阳光耦合到另一面镜子，然后将接收镜的振动还原成声音。这项技术最终没有投入商用运营的原因在于易受外界噪声干扰，可靠性不如电缆传输。

1881 年，贝尔发表了一篇题为《关于利用光线进行声音的复制与产生》的论文，对采用弧光灯为光源、话筒薄膜为调制器完成光发射和接收的光通信装置进行了讨论，引起了很多人的重视。第一次世界大战期间，军事部门也对这种技术进行了研究，并在 5km 的距离上实现了通信。西门子—哈萨克公司也曾为德军研制了军用红外线通信机，采用乙炔光源和 30cm 口径的抛物面反射镜实现了 5km 距离的红外光通信。美国、日本和前苏联也在第二次世界大战期间进行了红外光通信机的研究。这个阶段的光通信光源均采用热光源，接收机都采用硅光电池，噪声特性较差，因此限制了光通信技术的进一步发展。

1960 年激光出现之后，为光通信系统提供了具有高度指向性、高相干性、高亮度的光源，促进了光通信技术的发展。由于可以将光束以非常小的发散角对准目标发射，自由空间光通信比现有的射频通信更加不容易探测。因此，自由空间光通信对于在两个移动平台之间实现通信非常具有吸引力，如卫星之间、卫星与地面之间、飞机之间、飞机和地面之间、飞机与卫星之间等。第一次光通信技术的开发浪潮是在 20 世纪 60 年代的冷战时期，美国、西欧国家和以色列政府使用它来保护军事通信。

20 世纪 70 年代低损耗光纤和室温连续工作半导体激光器的研制成功，使空间通信的研究重点转到光纤通信上。实际上，在 19 世纪末就有人尝试用光信号传送话音，但由于当时的光源相干性很差，光波在大气中的传播受气候影响严重，很难获得长距离的稳定通信，这成为光通信领域的两大难题。

能够真正实现光通信，得益于 20 世纪爱因斯坦、肖洛和唐斯的"光受激辐射理论"。1960 年梅曼发明了第一台红宝石激光器，给光通信带来了新的希望。和普通光源相比，激光具有波谱宽度窄、方向性极好、亮度极高，以及频率和相位较一致的良好特性，是一种理想的光载波。继红宝石激光器之后，氦-氖（He-Ne）激光器、二氧化碳（$CO_2$）激光器先后出现，并投入实际应用。激光器的发明和应用，使沉睡了 80 年的光通信进入了一个崭新的阶段。1966 年，英籍华裔学者高锟博士（K. C. Kao）在 PIEE 杂志上发表了一篇十分著名的文章《用于光频的光纤表面波导》。该文从理论上分析证明了光导纤维长距离传输光波的可能性。1970 年，美国康宁玻璃公司根据高锟文章的设想，用改进型化学相沉积法（MCVD 法）制造出了当时世界上第一根超低耗光纤，成为使光纤通信爆炸性竞相发展的导火索。从此，光通信所面临的两大难题都解决了，也就迎来了光通信发展的高峰期。20 世纪 90 年代，光通信开始大规模应用，在通信历史上引起了划时代的变化。光纤具有低损耗（0.2 ～ 0.3dB/km）、通信容量大（50THz/每芯光纤）、抗干扰能力强、保密性好及原材料丰富的特点。这些特点使大容量、长距离跨洋通信成为现实。目前超长距离系统的最好水平是 Corvis 公司在芝加哥到西雅图 3200km（2.5Gbit/s）的实验系统、Alcate 公司 4000km（10Gbit/s）的实验系统等。单芯光纤的最高通信容量的实验室水平已达 7.04Tbit/s（176 × 40Gbit/s、50km）。上述这些系统都是采用密集波分复用（DWDM）和光纤放大器（EDFA）技术的成果。没有 1990 年发明的掺铒光纤放大器，就没有今天的 DWDM 系统，也就不可能充分利用光纤巨大的通信带宽。仅靠时分复用技术（TDM）提高通信容量来克服受限于电子器件的瓶颈效应，还很难使单芯光纤的通信容量提高到 10Gbit/s 以上。

到如今，光通信已经发展到以采用光放大器（Optical Amplifier，OA）增加中继距离和采用波分复用（Wavelength Division Multiplexing，WDM）增加传输容量为特征的第四代系统。第五代光波通信系统的研究与发展经历 20 多年的历程，已取得了突破性进展。它基于光纤非线性压缩抵消光纤色散展宽的新概念产生的光孤子，实现光脉冲信号保形传输。

改革开放以来，我国的通信事业得到了突飞猛进的发展。我国的通信网规模已跃居世界第二，按照目前的发展速度，在未来几年内我国的通信网络规模有可能超过美国，成为世界第一大网。随着以 IP 技术为代表的数据业务的爆炸性增长，未来几年我国仍然是通信建设和发展的高峰期，预计未来 5 年 IP 用户的年增长率将达 54%，接近摩尔定律，省际干线光缆网络建设增长幅度达 200%，远高于摩尔定律。光纤到家庭（FTTH）是 20 年来人们不断追求的梦想和探索的技术方向，但由于成本、技术和需求等方面的障碍，至今还没有得到大规模推广与发展。然而，这种局面最近有了很大的改观，由于政策上的扶持和技术本身的发展，在沉寂多年后，FTTH 网再次成为热点，步入快速发展期。新技术、新设备、新的网络建设计划不断推出，引起了业界的关注。很多有识之士把 FTTH 网（特别是光纤到家、光纤到驻地）视为光通信市场复苏的重要转折点。预计今后几年，FTTH 网还会有更大的发展。

由于空间光通信具有频带宽、发射天线小、保密性好和抗电磁干扰等优点，各军事大国对空间光通信持有浓厚的兴趣，投入大量的人力、财力、物力进行研究。随着电子对抗和通信技术的发展，空间光通信备受青睐，从而进一步推动了空间光通信的崛起。

从 20 世纪 70 年代到现在，美国、西欧各国、日本和俄罗斯等国进行了长达 20 多年的空间光通信研究工作，直到最近的几年才逐步走向成熟。分析国外近 30 年来的空间光通信技术研究的历史和现状，可以得出结论：由于各种相关技术（如光学系统设计、精密机械加工、电子技术、计算机技术、卫星技术、大气特性研究、空间组网技术等）的发展和不断进步，国外对激光通信链路的研究过程也逐步走向深入，大致遵循着从易到难、从简到繁、从低指标到高指标的顺序进行。形成这种现象的一个非常重要的原因就是在研究初期相关理论和技术基础较薄弱，主要的元器件技术还很不成熟，因此国外早期的一些研究工作除了得到了一些理论分析结果外，真正在空间光通信设备所需的元器件上取得的进展较小。在近 10 年内，空间光通信所需的元器件的研究取得了很大进展，有很大一部分已经实现了商品化，这些大大促进了空间光通信的发展。

经过各国研究人员几十年的努力，空间光通信已经成为国际通信领域的热点，除美国、日本、西欧各国、俄罗斯和中国外，加拿大、巴西、印度等国家也积极开展空间光通信的各项研究。在已经实现的指标基础上，下一代空间光通信系统将向小型化、高性能、高速率、高码率发展，最显著的趋势为速率，其速率将与地面光纤通信相同。10Gbit/s 的系统将于近几年内出现，高功率、高速率的激光器和高速度的电学元件将促进空间光通信的发展。

空间光通信的发展趋势主要表现在：通信终端应用同一探测器和电学系统实现多种功能，轻型材料的发展将使未来的终端更加轻量化，相控阵天线、液晶及原子滤光器的发展也将使空间光通信 APT 技术突破现有的形式，EDFA（Er - Doped Fiber Amplifiers）和 MOPA（Master - Oscillator Power - Amplifier）的使用使激光发射的功率更高、调制速率更快，卫星对地面大气效应的解决方法也是主要研究内容之一。新一代的空间光通信系统不仅向着较高的速率和性能发展，在成本和批量生产环节也得到加强。激光逐渐取代微波在卫星之间及卫星和地面之间通信的地位，混沌保密通信及量子光通信技术将应用到空间光通信中，卫星光通信体制和通信协议的建立已经被列入议程。随着卫星光通信技术与系统的实用化和产品化，证明可以实现卫星干线激光通信网络，并将其连接至下层卫星和地面站。同时，下层卫星和小型固定目标之间的激光通信也被证明是可行的，接下来的工作便是建立激光通信系统的体制和协议。早期的空间光通信的主要研究目标是 LEO 和 GEO 间的通信。随着卫星激光通信关键实验的发展及信息传输要求的提高，目前的光通信应用范围已经扩大到所有空间通信领域，如 LEO 与地面、高空飞机之间、高空飞机与地面、卫星与地面站之间、高空飞机与 LEO 间、高空飞机与 GEO 间等。大气对空间光通信的影响成为主要关键技术之一，卫星通信技术中的 APT 技术经过改造还可以用于运动目标之间的通信，在现代化军事指挥系统、野战网的连接设备、空间机群指挥等系统，也将逐步采用具有 APT 技术的激光通信。空间光通信也已开始向民用方向发展，其在楼宇之间的通信领域中已经得到了广泛应用。

# 1.2 光纤通信系统

## 1.2.1 光纤通信系统的基本组成

光纤通信系统是以光纤为传输媒介、光波为载波的通信系统，主要由光发送机、光纤光缆、中继器和光接收机组成。光纤通信系统可以传输数字信号，也可以传输模拟信号。不管是数字系统，还是模拟系统，输入到光发射机的带有信息的电信号，都通过调制转换为光信号。光载波经过光纤线路传输到接收端，再由光接收机把光信号转换为电信号。

系统中光发送机的作用是将电信号转换为光信号，并将生成的光信号注入光纤。光发送机一般由驱动电路、光源和调制器构成，如果是直接强度调制，可以省去调制器。

光接收机的作用是将光纤送来的光信号还原成原始的电信号。它一般由光电检测器和解调器组成，对于直接强度调制的方式，在接收机里解调器可以省略。光纤的作用是为光信号的传送提供传送媒介（信道），将光信号由一处送到另一处。中继器分为电中继器和光中继器（光放大器）两种，其主要作用就是延长光信号的传输距离。为提高传输质量，通常把模拟基带信号转换为频率调制（FM）、脉冲频率调制（PFM）或脉冲宽度调制（PWM）信号，最后把这种已调信号输入光发射机。还可以采用频分复用（FDM）技术，用来自不同信息源的视频模拟基带信号（或数字基带信号）分别调制指定的不同频率的射频（RF）电波，然后把多个这种带有信息的 RF 信号组合成多路宽带信号，最后输入光发射机，由光载波进行传输。在这个过程中，受调制的 RF 电波称为副载波，这种采用频分复用的多路电视传输技术，称为副载波复用（SCM）技术。然而，由于目前技术水平所限，对光波进行频率调制与相位调制等仍局限在实验室内，尚未达到实用化水平，因此目前大都采用强度调制与直接检波方式（IM-DD）。又因为目前的光源器件与光接收器件的非线性比较严重，所以对光器件的线性度要求比较低的数字光纤通信在光纤通信中占据主要位置。典型的数字光纤通信系统方框图如图1.2所示。

从图1.2中可以看出，数字光纤通信系统基本上由光发送机、光纤与光接收机组成。发送端的电端机把信息（如话音）进行模数转换，用转换后的数字信号去调制发送机中的光源器件LD，则LD就会发出携带信息的光波，即当数字信号为"1"时，光源器件发送一个"传号"光脉冲；当数字信号为"0"时，光源器件发送一个"空号"（不发光）。光波经低衰耗光纤传输后到达接收端。在接收端，光接收机把数字信号从光波中检测出来送给电端机，而电端机再进行数模转换，恢复成原来的信息。这样就完成了一次通信的全过程。

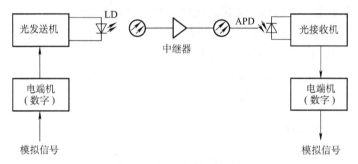

图1.2　数字光纤通信系统

## 1.2.2　光纤通信的优点

光纤通信之所以受到人们的极大重视，是因为和其他通信手段相比，光纤通信具有无与伦比的优越性。

**1. 通信容量大**

从理论上讲，一根仅有头发丝粗细的光纤可以同时传输1000亿个话路。虽然目前远远未达到如此高的传输容量，但用一根光纤同时传输24万个话路的实验已经取得成功，它比传统的明线、同轴电缆、微波等要高出几十乃至上千倍以上。一根光纤的传输容量如此巨大，而一根光缆中可以包括几十根甚至上千根光纤，如果再加上波分复用技术把一根光纤当做几根、几十根光纤使用，其通信容量之大就更加惊人了。

**2. 中继距离长**

由于光纤具有极低的衰耗系数（目前商用化石英光纤已达0.19dB/km以下），若配以适当的光发送与光接收设备，可使其中继距离达数百千米以上。这是传统的电缆（1.5km）、微波（50km）等无法与之相比拟的，因此光纤通信特别适用于长途一、二级干线通信。据报导，用一根光纤同时传输24万个话路、100km无中继的试验已经取得成功。此外，已在进行的光孤子通信试验，已达到传输120万个话路、6000km无中继的水平。因此，在不久的将来实现全球无中继的光纤通信是完全可能的。

**3. 保密性能好**

对通信系统的重要要求之一是保密性好。然而，随着科学技术的发展，电通信方式很容易被人窃听，只要在明线或电缆附近（甚至几千米以外）设置一个特别的接收装置，就可以获取明线或电缆中传送的信息。而光波在光纤中传输时只在其纤芯区进行，基本上没有光

"泄露" 出去，因此其保密性能极好。

### 4. 适应能力强

适应能力强是指不怕外界强电磁场的干扰、耐腐蚀、抗弯性强（弯曲半径大于 25cm 时其性能不受影响）等。

### 5. 体积小、重量轻、便于施工维护

光纤重量很轻，直径很小，即使做成光缆，在芯数相同的条件下，其重量还是比电缆轻得多，体积也小得多。例如，在美国 A-7 飞机上，用光纤通信代替电缆通信，使飞机重量减轻 27 磅（约 12.247kg），相当于飞机制造成本减少 27 万美元。

光缆的敷设方式方便灵活，既可以直埋、管道敷设，又可采用水底和架空方式敷设。

### 6. 原材料资源丰富，节约有色金属和能源，潜在价格低廉

制造石英光纤的最基本原材料是二氧化硅（即砂子），而砂子在自然界中几乎是取之不尽、用之不竭的，因此其潜在价格十分低廉。

总之，光纤通信不仅在技术上具有很大的优越性，而且在经济上具有巨大的竞争力，因此其在信息社会中将发挥越来越重要的作用。

## 1.2.3    基本光纤传输系统

基本光纤传输系统作为独立的 "光信道" 单元，若配置适当的接口设备，则可以插入现有的数字通信系统或模拟通信系统，有线通信系统或无线通信系统的发射与接收之间。光发射机、光纤线路和光接收机，若配置适当的光器件，可以组成传输能力更强、功能更完善的光纤通信系统。例如，在光纤线路中插入光纤放大器组成光中继长途系统，配置波分复用器和解复用器，组成大容量波分复用系统，使用耦合器或光开关组成无源光网络等。下面简要介绍基本光纤传输系统的 3 个组成部分。

### 1. 光发射机

光发射机的功能是把输入的电信号转换为光信号，并用耦合技术把光信号最大限度地注入光纤线路。光发射机由光源、驱动器和调制器组成。其中，光源是光发射机的核心。光发射机的性能基本上取决于光源的特性，对光源的要求是输出光功率足够大，调制频率足够高，谱线宽度和光束发散角尽可能小，输出功率和波长稳定，器件寿命长。目前广泛使用的光源有半导体发光二极管（LED）和半导体激光二极管（LD）或称激光器，以及谱线宽度很小的动态单纵模分布反馈（DFB）激光器。有些场合也使用固体激光器，如大功率的掺钕钇铝石榴石（Nd：YAG）激光器。

光发射机把电信号转换为光信号的过程（常简称为电/光或 E/O 转换），是通过电信号对光的调制而实现的。目前有直接调制和间接调制（或称外调制）两种调制方案，如图 1.3 所示。直接调制是用电信号直接调制半导体激光器或发光二极管的驱动电流，使输出光随电信号变化而实现的。这种方案技术简单，成本较低，容易实现，但调制速率受激光器的频率特性所限制。外调制是把激光的产生和调制分开，用独立的调制器调制激光器的输出光而实现的。目前有多种调制器可供选择，最常用的是电光调制器。这种调制器是利用电信号改变电光晶体的折射率，使通过调制器的光参数随电信号变化而实现调制的。外调制的优点是调制速率高，缺点是技术复杂，成本较高，因此只有在大容量的波分复用和相干光通信系统中使用。

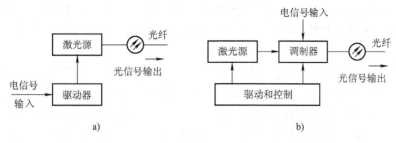

图 1.3 两种调制方案

a）直接调制 b）间接调制（外调制）

对光参数的调制，原理上可以是光强（功率）、幅度、频率或相位调制，但实际上目前大多数光纤通信系统都采用直接光强调制（也称为内调制）。因为幅度、频率或相位调制需要幅度和频率非常稳定。而对于相位和偏振方向可以控制，谱线宽度很窄的单模激光源，可采用外调制方案。

**2. 光纤线路**

光纤线路的功能是把来自光发射机的光信号，以尽可能小的畸变（失真）和衰减传输到光接收机。光纤线路由光纤、光纤接头和光纤连接器组成。光纤是光纤线路的主体，接头和连接器是不可缺少的器件。实际工程中使用的是容纳多根光纤的光缆。

光纤线路的性能主要由缆内光纤的传输特性决定。对光纤的基本要求是损耗和色散这两个传输特性参数都尽可能地小，而且有足够好的机械特性和环境特性。例如，在不可避免的外力作用下和环境温度改变时，保持传输特性稳定。

目前使用的石英光纤有多模光纤和单模光纤，单模光纤的传输特性比多模光纤好，价格比多模光纤便宜，因而得到更广泛的应用。单模光纤配合半导体激光器，适合大容量长距离光纤传输系统，而小容量短距离系统用多模光纤配合半导体发光二极管更加合适。为适应不同通信系统的需要，已经设计了多种结构不同、特性优良的单模光纤，并成功地投入实际应用。

石英光纤在近红外波段，除杂质吸收峰外，其损耗随波长的增大而减小，在 $0.85\mu m$、$1.31\mu m$ 和 $1.55\mu m$ 有 3 个损耗很小的波长窗口。在这 3 个波长的窗口损耗分别小于 $2dB/km$、$0.4dB/km$ 和 $0.2dB/km$。石英光纤在波长 $1.31\mu m$ 色散为零，带宽极大值高达几十 $GHz \cdot km$。通过光纤设计，可以使零色散波长移到 $1.55\mu m$，实现损耗和色散都最小的色散移位单模光纤；或者设计在 $1.31 \sim 1.55\mu m$ 之间色散变化不大的色散平坦单模光纤等。根据光纤传输特性的特点，光纤通信系统的工作波长都选择在 $0.85\mu m$、$1.31\mu m$ 或 $1.55\mu m$，特别是 $1.31\mu m$ 和 $1.55\mu m$ 应用更加广泛。

因此，作为光源的激光器的发射波长和作为光检测器的光敏二极管的波长响应，都要和光纤这 3 个波长窗口相一致。目前在实验室条件下，$1.55\mu m$ 的损耗已达到 $0.154dB/km$，接近石英光纤损耗的理论极限，因此人们开始研究新的光纤材料。光纤是光纤通信的基础，光纤技术的进步，有力地推动着光纤通信向前发展。

**3. 光接收机**

光接收机的功能是把从光纤线路输出、产生畸变和衰减的微弱光信号转换为电信号，并经放大和处理后恢复成发射前的电信号。光接收机由光检测器、放大器和相关电路组成，光检测器是光接收机的核心，对光检测器的要求是响应度高、噪声低和响应速度快。目前广泛使用的光检测器有两种类型：在半导体 PN 结中加入本征层的 PIN 光敏二极管（PIN-PD）和雪崩光敏二极管（APD）。

光接收机把光信号转换为电信号的过程（常简称为光/电或 O/E 转换），是通过光检测器的检测实现的。检测方式有直接检测和外差检测两种。直接检测是用检测器直接把光信号转换为电信号。这种检测方式设备简单、经济实用，是当前光纤通信系统普遍采用的方式。

外差检测要设置一个本地振荡器和一个光混频器，使本地振荡光和光纤输出的信号光在混频器中产生差拍而输出中频光信号，再由光检测器把中频光信号转换为电信号。外差检测方式的难点是需要频率非常稳定、相位和偏振方向可控制，以及谱线宽度很窄的单模激光源，优点是有很高的接收灵敏度。

目前，实用光纤通信系统普遍采用直接调制—直接检测方式。外调制—外差检测方式虽然技术复杂，但是传输速率和接收灵敏度很高，是很有发展前景的通信方式。

光接收机最重要的特性参数是灵敏度。灵敏度是衡量光接收机质量的综合指标，它反映接收机调整到最佳状态时，接收微弱光信号的能力。灵敏度主要取决于组成光接收机的光敏二极管和放大器的噪声，并受传输速率、光发射机的参数和光纤线路的色散的影响，还与系统要求的误码率或信噪比有密切关系。所以灵敏度也是反映光纤通信系统质量的重要指标。

# 1.3    空间光通信系统

## 1.3.1    空间光通信概述

当今社会已经进入"信息时代"，以通信技术和计算机技术为标志的高新科技的发展，给人们的生活带来了日新月异的变化，人与人之间的信息传输日趋密切，方式也日趋多样化。然而，随着通信业务量的大量增加，"电波窗口"日益拥挤，卫星通信采用传统的微波通信技术已经不能满足未来军事及商业的需要，如果采用较高的光频段作为信息载体实现卫星通信将使这一问题得到很好的解决。空间光通信与传统的微波通信相比，其显著的优点为：

1）通信容量大。载波频率的增加增大了传输带宽，因此也增加了整个系统的通信容量。

2）体积小。短波长的光通信天线尺寸成倍地减少，设备体积明显减小。

3）功耗低。因为激光的发散角很小，能量高度集中，落在接收机望远镜天线上的功率密度高，发射机的发射功率可大大降低，功耗相对较低。

4）建造经费和维护经费低。空间光通信系统不需要敷设光纤，整个空间光通信系统的造价和建设经费较低。

除以上优点外，空间光通信还具有抗干扰性强和保密性好的优点，因为光通信的传输光束非常窄，接收区域很小，所以很难被探测到。正因为空间光通信具有抗电磁干扰和防窃听的突出特点，可保障天基综合信息网的信息安全传输，所以可应用于军事卫星侦察。星间激光通信具有与其他光学系统兼容性好的特点，应用于星载激光武器系统，可有效提高对激光武器系统的维护和控制能力，同时减轻载荷的重量和体积。随着技术的发展，也可应用到商业服务行业等。用光实现星间链路、深空探测、平台测控等将给通信领域带来巨大变化。可见，空间光通信具有广阔的发展和应用前景，是进一步开发宇宙空间的最佳方案，必将成为人类信息传输的必要手段。电子对抗和通信技术的发展，使空间光通信进一步崛起，将成为民用和军用方面通信的重要方式。

## 1.3.2　空间光通信的定义

空间光通信是指在两个或多个终端之间，利用在空间传输的激光束作为信息载体，实现通信，又称为自由空间光通信（Free Space Optical Communication，FSO）、无线激光通信（Wireless Optical Communication）。环绕地球可以建立的光学空间通信链路有：轨道高度小于 1000 km 的低轨道卫星（LEO）与 36 000 km 高的同步轨道上的卫星（GEO）间的轨道间链路（IOL），GEO 与 GEO 间的星间链路，LEO 与 LEO 间的链路，GEO 与地面之间的链路，飞机与 GEO 或 LEO 之间的链路，飞机与飞机之间的链路，地面间的链路等，如图 1.4 所示。

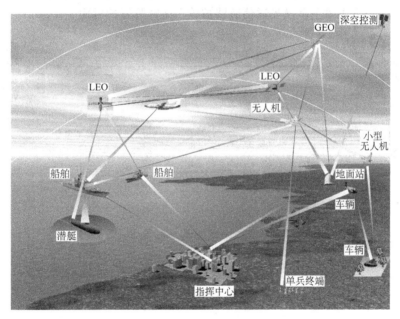

图 1.4　空间光通信网

## 1.3.3　空间光通信的应用领域

空间光通信系统是构建星际通信链路的先进方案，并可进一步构成宇宙空间宽带网，具有广阔的发展和应用前景。卫星激光通信的信息传播过程一般是由低轨道卫星将信息传输给数据中转卫星，或将数据传给地面站，或根据低轨道卫星的位置，经第二套激光通信线路传输给另一个数据中转卫星，最后再将数据传输给地面站。这种中转卫星如果是地球同步轨道卫星，则可利用两颗同步轨道卫星实现东、西半球之间的通信。

随着科学技术的发展，探索、开发和利用宇宙的科学任务正在阔步前进。现在宇宙空间已布满了各类星球和飞行器件，包括各类人造地球卫星、航天飞机、空间站及各类其他星

球。它们分别肩负不同的科研任务或需
要进行探索，这些空间系统都需进行互
连、传送与交换数据信息。图 1.5 说明
了一种空间数据中继转发站的构架概
念。这种空间网络可同时为很多应用服
务。例如，空间探测设备的数字显示，
星际或宇宙空间探测和科学研究，数据
信息的传送、交换与转发，并构建固定
地面终端与移动空载、舰载和车载的数
据通信等，将来都可通过激光数据链路
实现。

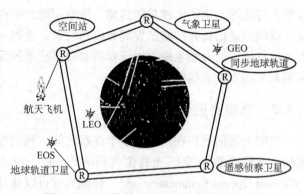

图 1.5　空间数据中继转发站的构架概念图

美国国家弹道导弹防御组织提出的激光通信链路计划图如图 1.6 所示。该研究计划是先
从地面对地面的激光通信链路开始，逐步进入飞机对地面、飞机与飞机、地面对卫星等激光
通信链路的研究，飞机对卫星激光通信链路被放在研究阶段的后面。

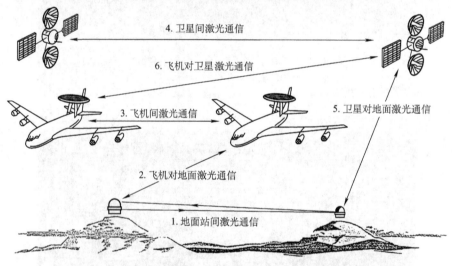

图 1.6　美国国家弹道导弹防御组织空间光通信链路计划图

对于不同的激光通信链路，如地地通信、飞机对地面通信、飞机之间通信、卫星对地面
通信、卫星间通信和飞机对卫星通信等，不同的通信系统所处的外部环境不同，载体的特性
也有很大差别，每种通信链路的技术指标要求也不一样。因此，各种通信链路的实现难度和
研制成本差异很大。基于这种情况，国外基本都是采取从易到难、从简单到复杂的顺序对空
间光通信技术进行研究。

各种空间光通信链路形式目前都有研究机构在进行研究，其中比较成熟的链路形式有低
轨卫星与同步轨道卫星间链路、卫星与地面间链路、飞机与飞机间链路、两个地面站之间链
路等。由于光通信相对于射频通信的优势，日本、西欧各国和美国的研究者都在致力于包括
低地球轨道卫星与同步轨道卫星之间、低轨道卫星对地以及深空对地的激光通信链路技术。
空间光通信是卫星通信发展的重要方向，也是实现未来超大容量通信的主要途径，它不仅在
民用通信业务领域占有十分重要的地位，而且在空间探索科学研究，特别在国防和导弹防御

领域具有十分重要的战略地位。

空间光通信最初用于军事目的，这主要是由于其良好的保密性以及大通信容量。空间光通信终端所发射的信号光束波束窄，有很强的指向性，并且发散角很小，可以控制到几毫弧度。因此只有在接收端附近很有限的范围内能够接收信号，这就使信号光束难以被截获、窃听。此外，由于光频率比电磁波频率高出许多，空间光通信也具有良好的抗电磁干扰性，如复杂电磁环境、电磁波炸弹等。而 1Gbit/s 的通信容量也足以满足战术乃至战略通信的需求。能耗低、结构简单、携带方便、组网快速灵活是空间光通信的另一突出优点。因此，空间光通信也适用于近程机动、保密专线通信。目前，空间光通信可广泛应用于军事野战通信网、空间机群指挥、海上舰艇编队间无线电静默期间通信、战时应急通信；可以架设在高山之间完成边防哨所和森林观察的通信；可以临时架设解决必要的战时指挥所之间的保密通信问题；可以实现与计算机的连网或作为移动通信的转接站；可以架设在海岸、岛屿或舰船上实现短距离的移动大气激光通信；可以通过无人机对敌方阵地或后方进行侦察并将数据通过激光通信链路实时传输至己方指挥中心。

### 1.3.4　空间光通信系统的组成

激光通信终端是用于建立激光通信链路的卫星有效载荷，卫星通过激光通信终端进行高速信息交换。激光通信终端与相关的卫星载荷的关系如图 1.7 所示。

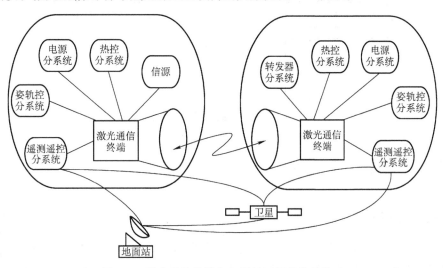

图 1.7　激光通信终端与相关的卫星载荷的关系

激光通信终端通过遥测遥控分系统接收建立激光链路的指令和相关的参数，如建立起始时间、卫星的轨道预报数据等，并通过遥测遥控分系统输出遥测参数，进行激光通信终端工作模式的切换，这些信息通过测控信道从其他卫星（如节点星）或地面站获得。激光通信终端的建立和保持需要即时地获得载体卫星的姿轨控分系统的姿态数据，以持续地保证通信链路的优良性能。同时，激光通信终端从电源分系统获得电源，依靠热控分系统来保证它的工作环境温度。

输入激光通信终端进行传输的高码速率信息来自于高分辨率 CCD 相机、多光谱相机、红外相机和合成孔径雷达等遥感和监控载荷，以及来自星载交换机的用于星间交换的信息，从激光通信终端输出的信息送入星载交换机进行分发。

激光通信终端的组织结构图如图 1.8 所示。激光通信终端由捕获、对准和跟踪（APT）子系统、通信子系统和接口子系统构成。APT 子系统由光学天线、粗瞄模块、精瞄模块、精跟踪模块、超前瞄准模块、信标光模块、APT 控制器等组成，通信子系统由接收机和发射机等组成，接口子系统由遥测遥控模块、数据接口模块、二次电源模块和 OBDH 接口模块等组成。

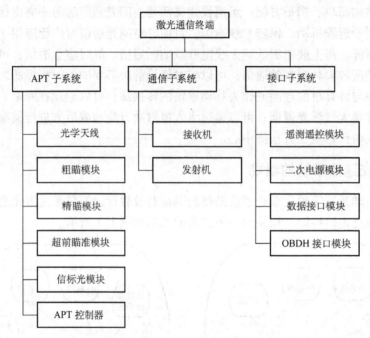

图 1.8　激光通信终端的组织结构图

# 1.4　空间光通信关键技术

## 1.4.1　激光器技术

用于建立激光链路的光源，一直是激光通信的关键技术之一。由于受到光传输介质及探测器的影响，对激光波长的研究主要集中在 800nm、1000nm 及 1550nm 三个波段，除去激光通信第一代气体激光器，其后用于星上的激光器研究主要集中在与以上三种波长对应的半导体激光器、固体激光器和光纤激光器。

### 1. 半导体激光器

半导体激光器是以半导体材料作为激光工作物质的激光器。它的优点在于超小的外形体积、极高的转换效率、简单的结构等。在已进行的星间、星对地试验中几乎都采用半导体激光器。但半导体激光器与别的激光器相比较，缺点是发射光功率较小、波长稳定性差、线宽较宽、调制速度较低，其中发射功率小是它最大的缺点。在 SILEX 系统中，信标光使用了 19 只半导体激光器，STRV–2 系统不管是信标还是信号都使用了多只激光器。针对发射功率限制，一种被称为主控振荡功率放大（MOPA）的半导体器件被采用。根据所公布资料中

MOPA 的参数可以看出，半导体激光器功率小的问题已获得初步解决，只要 MOPA 的功率环境能满足空间环境的要求，半导体激光器会被更广泛地应用于星间和星地激光链接。

**2. 固体激光器**

固体激光器因其体积大、转换效率低并未被星上应用看好，但随着探测灵敏度对调制方式进行选择，固体激光器波长稳定性好、发射功率可以做得很大的优点受到重视。特别是Nd：YAG 固体激光器，比较适合空间应用。Nd：YAG 激光器优异的性能使其可采用各种调制方式，虽然 1064nm 的波长落在 APD 的高增益区外，但基于 PSK 调制、直接采用光零差解调的检测方式，可使探测器灵敏度大幅提高，几乎等于量子极限。据资料报道，Nd：YAG 激光器在保证性能的情况下，已通过各种空间环境试验，满足空间飞行条件。长期以来，Nd：YAG 激光器的电光转换效率是它的一个突出缺点，现在这一情况已经部分得到改善，通过采用性能比较好的半导体激光二极管作为泵浦光源，可以提高 Nd：YAG 激光器的电光转换效率，使其达到较高的程度。

**3. 光纤激光器**

到目前为止，光纤通信技术已经是一项非常成熟的技术，不管是体积、转换效率、光束质量、发射功率、谱线宽度、波长稳定性还是调制速率，都可以通过对陆上已有的器件经过比较简单的技术加工而使其满足星上应用。在接收端已经存在的低噪前置光纤放大器，也可以满足接收端对灵敏度的要求。目前光纤激光器用于星上最大的问题是空间光到光纤的耦合问题。耦合问题包括耦合效率问题和耦合头的污染问题。目前已有 1550nm 的星间激光通信系统正在研究，如果耦合效率问题和耦合头的污染问题能很好地得到解决，光纤激光器及光纤前置放大器能满足空间环境要求，采用 1550nm 的光纤激光器高速星间、星地通信系统的链路建立应该没有多大问题。

## 1.4.2 捕获、瞄准、跟踪技术

所有的星间、星地激光通信系统，都将 APT（捕获、瞄准、跟踪技术）技术列为关键技术之一，在茫茫太空，以 μrad 量级的发散角度，在两个相对高速运动的终端之间建立通信链路，能准确地捕获、瞄准、跟踪变成了能进行通信的前提。APT 技术在理论上没有多大问题，但由于 APT 系统所采用的传感器的不同造成了 APT 系统之间的差异。早期的及已有飞行记录的激光通信系统，基本上都采用 800nm 的光波段建立链路，其捕获、跟踪都采用对该波段比较敏感的 CCD 或四象限作为传感器。随着 1064nm 和 1550nm 波段的广泛研究应用，与该波段相匹配的 APT 技术和元器件研究受到重视。捕获阶段由于对视场角的要求，只能采用大视场的 CCD 或四象限作为传感器，跟踪由于和通信联系更为紧密而出现了与通信波段、调制方式及放大策略密切相关的方法。

## 1.4.3 调制、接收技术

激光链路的调制与接收技术集中反映了通信系统的情况。调制方式大致分为调幅、调频、调相，与之对应的接收方式有直接强度探测和相干（外差）探测。调频调制方式在激光通信中，在组成系统的复杂性和灵敏度方面都没有优势，目前很少被采用。直接强度探测（DD），即非相干探测这种方法具有结构简单、成本低、易实现等优点。相干（外差）探测这种方法具有接收灵敏度高、抗干扰能力强等优点，但系统较为复杂，对元器件性能要求较高，特别是对波长的稳定性和谱线宽度要求较高。在 800nm 的通信波段，结合半导体激光器的特点，一般采用直接光强度调制（IM）/直接强度探测（DD）的方式，现在这一波段的调制速率单信道不超过 1Gbit/s。除系统简单外，这一波段的另一个优点是，能够采用对光有内置放大作用的 APD 探测器。在 1550nm 波段，更多地继承了陆地上光纤通信系统的特点，一般采用的也是幅度调制和解调的方式，但它的幅度调制是基于相位的幅度调制外加功率放大的方法，而接收端一般采用光纤前置放大加强探测的接收技术，对于该波段单信道调制速率 40Gbit/s 已经是几年前的报道。相干探测技术在激光通信中发展较晚也比较缓慢，主要原因是实际应用中光纤通信更适合需要。光纤通信中采用比较简单的幅度调制即可获得极高的传输速率，而传输距离和功率的问题通过简单的中继光纤放大器可以解决，这些优点抑制了相干技术的发展。

相干检测技术的发展，本来也是一个渐进的过程，先是外差和差分检测，最后的目标是零差检测。相干检测通常可比非相干直接探测在灵敏度上高约 10 ~ 20dB。但受限于激光器发射功率、频率稳定度及线宽，对激光相干技术 1064nm 和 1550nm 两个波段是可选的工作频段。相干系统最大的优点是检测灵敏度高，由于对系统元器件的要求比较高，在向零差 PSK 系统发展的过程中，形成了多种相干检测系统，其灵敏度比较如表 1.1。

**表 1.1    灵敏度比较表**

| 检测方式 | 解调方式 | 误码率 | 灵敏度（光子数/比特）/个 | 相对零差 PSK 系统的灵敏度下降/dB | 其他 |
|---|---|---|---|---|---|
| 零差系统 | PSK | $P_e \approx e^{-2NR}$ | 8 | 0 | |
| | ASK | $P_e \approx e^{-NR}$ | 平均 16<br>峰值 32 | 平均 -3<br>峰值 -6 | |
| | FSK | $P_e \approx e^{-NR/2}$ | 32 | -6 | |
| 同步外差系统 | PSK | $P_e \approx e^{-NR}$ | 16 | -3 | |
| | ASK | $P_e \approx e^{-NR/2}$ | 平均 32<br>峰值 64 | 平均 -6<br>峰值 -9 | |
| | FSK | $P_e \approx e^{-NR/2}$ | 32 | -6 | 需双本振 |
| 异步外差系统 | ASK | $P_e \approx \frac{1}{2}e^{-NR/2}$ | 平均 31<br>峰值 62 | 平均 -6.5<br>峰值 -9.5 | |
| | FSK | $P_e \approx \frac{1}{2}e^{-NR/2}$ | 31 | -6.5 | 需双本振 |
| 差分检测 | DPSK | $P_e \approx \frac{1}{2}e^{-NR}$ | 17 | -3.5 | 可不需微波本振 |

表 1.1 给出了不同的相干检测系统，在码速率为 1.25Gbit/s、误码率为 $10^{-7}$ 和波段为 1064nm 等条件下，各系统探测灵敏度（以光子数/比特表示）及相对于零差 PSK 系统，各检测系统灵敏度下降（dB）情况。从表格可以看出，零差 PSK 系统、同步外差 PSK 系统、差分检测 DPSK 系统能够满足 -53dBm 要求，其中零差 PSK 系统的灵敏度是最高，同步外差 PSK 次之，差分检测 DPSK 的灵敏度最低。

### 1.4.4 空间环境（尤其是空间辐射环境）适应性技术

激光通信终端是一个精密的光、机、电一体化装置，在轨运行的系统必须达到极高的精度。在空间环境十分苛刻的振动条件、温度与热循环条件、真空条件和辐射条件下，提高空间环境适应性，保持长期的、稳定的通信性能无疑是一个难题。

振动抑制是困扰卫星光通信的一个重要问题，从开环捕获、闭环跟踪到光通信的各个环节，该问题都成为影响系统性能的重要因素。最早提出的抑制措施主要集中在结构方面，采用对结构的被动控制和主动控制来抑制振动。被动控制是通过优化结构设计，依靠结构本身的阻尼消耗振动能量；主动控制是将外部的能量输入受控系统，与系统本身能量相互抵消来实现振动抑制。随着激光通信技术的深入发展，在注重结构抑制的同时，就通信系统设计本身也引入了对付振动的方法，大致可归结为以下几种方法：

1）通过调整带宽或是改变接收机的参数来改变接收功率，从而补偿发射机振动对通信系统性能的影响，适用于低频抑制。

2）调整探测阵列，即用 $N \times M$ 像素组成探测矩阵，基于在每像素中对信号噪声振幅的认识，通过调整探测阵列中每像素各自的增益，可以使误码率降到适用于低频抑制的最低水平。

3）调整波束宽度使用相位阵列技术，使用一个振动振幅测量单元和一个可调增益的天线。如果振动振幅测量单元探测到振动振幅在发生变化时，它将调整天线增益使之达到一个合适的值，达到新的振动水平，最终使通信系统性能达到优化。

4）功率控制按照振动改变发射功率，总体上既可以节省发射功率，又可以对振动达到有的放矢的目的。

5）采用多样性的星间链路。该方法基于星间组网，通过使用一系列不相关的传播链路来传输相同的信息，以避免使用性能非常差的信道，来增加通信链路有效连接的几率。

### 1.4.5 小型、轻量、低功耗一体化设计和制造技术

卫星的制造、发射和配置的费用是随其有效载荷、体积、重量、功耗的增加而急剧增加的，所以，小型化、轻量化、低功耗设计和制造设计技术对卫星是重要问题。机械力学设计必须首先确保在发射升空过程中的承受能力，而常规的工程设计会导致质量非常大的光学结构，以这种结构在发射升空过程中保持端机完整，并在在轨运行期间抵消卫星平台的抖动。常规设计带来的严重问题是发射及在轨运行成本的急剧增加和卫星平台工作寿命的降低。因此必须将机械设计技巧与系统设计技巧结合起来，以达到一个小型、轻量、低功耗的解决方案。

## 1.5 通信链路分析

光通信链路功率设计原则主要是保证在所要求的参数（通信距离、系统码率及误码率）条件下，光接收端机探测器上接收到的最小功率 $P_{rmin}$ 大于接收机灵敏度的要求。空间光通信的链路方程为

$$P_r = \left(\frac{\pi D_t}{\lambda}\right)^2 \left(\frac{\lambda}{4\pi L}\right)^2 \left(\frac{\pi D_r}{\lambda}\right)^2 P_t = G_t \left(\frac{\lambda}{4\pi L}\right)^2 G_r P_t \qquad (1-1)$$

式中，$G_t = \left(\dfrac{\pi D_t}{\lambda}\right)^2$ 是发射天线增益；$\left(\dfrac{\lambda}{4\pi L}\right)^2$ 是自由空间损耗；$G_r = \left(\dfrac{\pi D_r}{\lambda}\right)^2$ 是接收天线增益。

式（1-1）是在衍射极限角的情况下得出的，若激光发散角大于衍射极限角，则式（1-1）修正为

$$P_r = T_0 T_t T_r \frac{\pi^2 D_t^2 D_r^2}{16 L^2 \lambda^2} \left(\frac{\phi_0}{\phi_t}\right)^2 P_t = G_t \left(\frac{\lambda}{4\pi L}\right)^2 G_r T \left(\frac{\phi_0}{\phi_t}\right)^2 P_t \qquad (1-2)$$

式中，$G_t$ 为发射天线增益；$\left(\dfrac{\lambda}{4\pi L}\right)^2$ 为自由空间损耗；$G_r$ 为接收天线增益；$T = T_0 T_t T_r$ 为介质损耗，包括发射、接收光学系统透过率及大气、海水透过率；$\left(\dfrac{\phi_0}{\phi_t}\right)^2$ 为实际光束发散角与衍射极限角的比例系数。

根据激光传输模型，系统发射光端机激光的发射功率为

$$P_t = P_r \frac{\theta^2 l^2}{T_0 T_t T_r D_r^2} \qquad (1-3)$$

式中，$\theta$ 为通信光发散角；$l$ 为通信距离；$T_0$ 为大气透过率；$T_t$ 为发射光学系统透过率；$T_r$ 为接收光学系统透过率；$D_r$ 为接收光学系统口径。

# 本 章 小 结

本章的第 1 节主要从电通信及光纤通信的角度出发，分析了国内外的发展动态，光纤通信技术使得我们身处其中的社会发展至信息社会成为可能。光纤通信与尚存的铜线应用以及正在快速增长的无线系统共同构建了信息基础架构，满足了人们日益增长的通信需求。

本章的第 2 节主要介绍了光纤通信系统的基本组成及基本传输系统的原理。光纤通信系统具有通信容量大、中继距离长、保密性好、适应能力强、体积小、重量轻、便于维护等优点。

本章的第 3 节则介绍了空间光通信的定义、应用领域及系统组成。

本章的第 4 节和第 5 节主要介绍了空间光通信的关键技术和通信链路的分析。

通过本章的学习应达到：

➤了解光纤通信系统的发展历史，并熟悉其特点。

➤掌握光纤通信系统基本组成原理。

➤掌握光纤基本传输原理。

➤了解光纤通信系统的应用领域。

➤掌握空间光通信的关键技术。

➤了解空间光通信的通信链路。

## 习题与思考题

1. 什么是光纤通信？

2. 光纤的主要作用是什么?

3. 与电缆或微波等电通信方式相比,光纤通信有何优点?

4. 为什么说使用光纤通信可以节约大量有色金属?

5. 为什么说光纤通信具有传输频带宽,通信容量大?

6. 光纤通信所用光波的波长范围是多少?

7. 光纤通信中常用的三个低损耗窗口的中心波长分别是多少?

8. 空间光通信的关键技术有哪些?

9. 激光链路的调制及接收方式有哪些?区别是什么?

# 第 2 章　通信用光源

**【知识要点】**

　　光源是光发射机的主要器件，主要功能是实现信号的电—光转换。通过本章的学习使读者了解光纤通信系统所使用的光有源器件的基本要求、类型及在系统中的应用，重点掌握半导体光源的发光机理，半导体激光器的工作原理和特性。

　　光源是光纤传输系统中的重要器件。它的作用是将电数字脉冲信号转换为光数字脉冲信号并将此信号送入光纤线路进行传送。

　　目前，光纤通信系统中普遍采用的两大类光源是激光器（Laser Diode，LD）与发光管（Light Emitting Diode，LED）。在高速率、远距离传输系统中均采用光谱宽度很窄的分布反馈式激光器（DFB）和多量子阱激光器（MQW）。在采用多模光纤的数据网络中，现在使用了新型的垂直腔面发射激光器（VCSEL）。

## 2.1　光源性能的基本要求与类型

### 2.1.1　光纤通信对光源性能的基本要求

　　（1）发光波长与光纤的低衰减窗口相符

　　石英光纤的衰减—波长特性上有三个低衰耗的"窗口"，即 850nm 附近、1310nm 附近和 1550nm 附近。因此，光源的发光波长应与这三个低衰减窗口相符。AlGaAs-GaAs 激光二极管和发光二极管可以工作在 850nm 左右，InGaAsP-InP 激光二极管和发光二极管可以覆盖 1310nm 和 1550nm 两个窗口。

　　（2）足够的光输出功率

　　在室温下能长时间连续工作的光源，必须按光通信系统设计的要求，能提供足够的光输出功率。以单模光源为例，目前激光二极管能提供 $500\mu W \sim 2mW$ 的输出光功率（指尾纤输出，下同）；发光二极管可输出 $10\mu W$ 左右的输出光功率。为了适应中等距离（如 $10 \sim 25km$）传输要求，有的厂家研制出了输出光功率为 $100 \sim 300\mu W$ 左右的小功率激光器。

　　（3）可靠性高、寿命长

　　光纤通信系统一旦连接进网，就必须连续工作，不允许中断，因此要求光源必须可靠性高、寿命长。初期激光二极管的寿命只有几分钟，是无法使用的。现在的激光二极管寿命已达百万小时以上，这对多中继的长途系统来说是非常必要的。例如，北京到武汉约 1000km，若平均 50km 设一个中继站，单系统运行（无备用系统），则全程不少于 40 只激光二极管。若每只二极管的平均寿命为 $100 \times 10^4 h$，则从概率统计的角度每 $2.5 \times 10^4 h$（相当于 2.8 年）

就可能出现一次故障。

（4）温度稳定性好

光源的工作波长和输出光功率都与温度有关，温度变化会使光通信系统工作不稳定甚至中断，因此希望光源有较好的温度特性。目前较好的激光二极管已经不再需要用致冷器和 ATC 电路来保持工作温度恒定，只需有较好的散热器即可稳定工作。

（5）光谱宽度窄

由于光纤有色散特性，使较高速率信号的传输距离受到一定限制。若光源谱线窄，则在同样条件下的无中继传输距离就长。例如，单模 155Mbit/s 系统要求无再生传输全程总色散为 300ps/（nm·km），当采用普通单模光纤工作在 1550nm 窗口时，是一个色散限制系统。这时光纤色散约为 18~20ps/（nm·km）。如果光源谱宽为 1nm，只能传输 17km 左右；若光源谱宽为 0.2nm 时，传输距离可达 80km 以上。目前较好的激光二极管谱宽已可做到 <0.1nm。

（6）调制特性好

光源调制特性要好，即有较高的调制效率和较高的调制频率，以满足大容量高速率光纤通信系统的需要。

（7）与光纤的耦合效率高

光源发出的光最终要耦合进光纤才能进行传输，因此希望光源与光纤有较高的耦合效率，使入纤功率大，中继间距加大。目前一般激光二极管的耦合效率为 20%~30%。较高水平的耦合效率可超过 50%。

（8）尺寸小、重量轻

通信用光源必须尺寸小，重量轻，便于安装使用，利于减小设备的重量与体积。

## 2.1.2 一般光源的类型与应用特点

目前，光纤通信使用的光源均为半导体激光器（LD）和发光二极管（LED）。半导体光源最突出的优点是其工作波长可以对准光纤的低损耗、低色散窗口，此外它们还具有体积小、功耗低、易于实现内调制等特点，因而特别适用于光纤通信。半导体光源也存在非常突出的缺点，包括输出功率小、热稳定性差、远场发散角大。所谓远场发射角大，是指半导体光源发出的激光功率（与其他激光器相比）不够集中，大致分布在 30° 左右的立体角内，因而有相当一部分光功率不能耦合进光纤，这一部分丢失的光功率就是"入纤损耗"的主要机理。半导体光源的输出功率小和入纤损耗大，对于光通信应用的主要影响是限制了通信的无再生距离。半导体光源的热稳定性差，因而对端机的环境温度有严格要求，环境温度超过 40℃ 时应有监测和告警。

目前实用的 LD 有双异质结（DH）激光器、掩埋条形（HL）激光器、分布反馈（DFB）激光器和量子阱激光器（MQW）。输出功率大、阈值电流低、热稳定性好的量子阱激光器已完全达到商用水平。发光二极管分为边发光、面发光和超辐射三种结构。半导体光源的材料为 III-V 族化合物半导体单晶。传统的半导体材料单晶 Si 和 Ge，因为发光效率太低而不能制作光源，GaAs – GaAlAs 系列用于中心波长为 850nm 的短波长光源，InP – InGaAsP 系列则为 1310nm、1550nm 的长波长光源材料。光源的工作波长只取决于其材料的组成，与结构无关。同一波长的 LD 和 LED 采用相同组成的有源层（即发光层），它们的区别在于结构和工作原理不同。表2.1给出了半导体光源性能指标的大致量级。从表中可以看出：LD 的输出功率大，入纤耦合效率高，但稳定性较差；而 LED 的输出功率小，耦合损耗也较大，但稳定性好，寿命几乎不成问题，价格也较 LD 便宜。一般长途干线使用 LD 作光源，短距离的本地网发送机选用 LED。

表2.1　半导体光源性能指标的大致量级

| 项　　目 | LD | LED |
| --- | --- | --- |
| 工作波长/nm | 1310，1550 | 1100 ~ 1600 |
| 输出功率/mW | 5 ~ 10 | ≤1 |
| 入纤损耗/dB | 3 ~ 5 | 1.5 ~ 20 |
| 线宽/nm | <2 | 100 |
| 调制带宽 | 10GHz 以上 | 30MHz |
| 寿命/h | $10^5$ | $10^7$ |
| 用途 | 长距离，大容量 | 短距离，小容量 |

## 2.2　半导体光源

### 2.2.1　半导体光源的发光机理

半导件激光器是向半导体 PN 结注入电流，实现粒子数的反转分布，产生受激辐射，再利用谐振腔的正反馈，实现光放大而产生激光。

有源器件的物理基础是光和物质相互作用的效应。在物质的原子中，原子由原子核和绕核运动的电子组成。核外电子在进行高速运动的时候，轨迹并不是圆形，有时候距离原子核距离较近，有时候距离较远，所以电子的势能在不断变化，我们把电子具有的内能称为粒子的能级。电子在原子核外就存在许多能级，最低能级 $E_1$ 称为基态，能量比基态大的能级 $E_i$ （$i = 2，3，4\cdots$）称为激发态。

通常，绝大部分粒子处于基态，只有较少数的粒子被激发到高能级，且能级越高，处于该能级的粒子数越小。在热平衡状态时，粒子在各能级之间的分布符合费密统计规律，其数学表达式为

$$f(E) = \frac{1}{1 + \exp[(E - E_F)/k_0 T]} \tag{2-1}$$

式中，$f(E)$ 是能量为 $E$ 的能级被一个电子占据的几率，称为费密分布函数；$k_0 = 1.38 \times 10^{-23} \text{J/K}$，$k_0$ 为玻耳兹曼常数；$T$ 为热力学温度；$E_F$ 为费密能级，它与物质的特性有关。对于 $E_F$ 以下的所有能级，电子占据的可能性大于 1/2，对于 $E_F$ 以上的所有能级，电子占据的可能性小于 1/2。

电子在低能级 $E_1$ 的基态和高能级 $E_i$ 的激发态之间的位置变化叫做跃迁。电子在原子核外的跃迁有三种基本方式：自发辐射、受激辐射和受激吸收。为了简便起见，只考虑粒子的两个能级 $E_1$ 和 $E_2$，如图 2.1 所示，以此为例讨论上述三种过程。

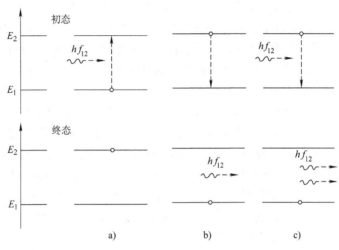

图 2.1　半导体光源的发光机理示意图
a）受激吸收　b）自发辐射　c）受激辐射

1）在正常状态下，电子处于低能级 $E_1$，在入射光作用下，它会吸收光子的能量跃迁到高能级 $E_2$ 上，这种跃迁称为受激吸收。电子跃迁后，在低能级 $E_1$ 留下相同数目的空穴，如图 2.1a 所示。

2）处于高能级 $E_2$ 上的电子是不稳定的，即使没有外界的作用，也会自发地跃迁到低能级 $E_1$ 上与空穴复合，释放的能量转为光子辐射出去，这种跃迁称为自发辐射，如图 2.1b 所示。自发辐射的特点是：各个处于高能级的粒子都是自发地、独立地进行跃迁，其辐射光子的频率不相同，所以自发辐射的频率范围是很宽的。即使有些粒子在相同的能级间跃迁，频率相同，但它们发射的方向和相位也是不同的。例如，普通的光、灯光等就是这种光，它们由不同频率、不同方向、不同相位和不同偏振方向的光子组成，叫做非相干光。

3）处于高能级 $E_2$ 的电子，受到入射光的作用，被迫跃迁到低能级 $E_1$ 上与空穴复合，释放的能量产生光辐射，产生两个光子，这两个光子不仅频率相同，而且相位、偏振方向、运动方向都相同，称它们为全同光子，这种跃迁称为受激辐射，如图 2.1c 所示。因受激辐射而产生的光子与激发光子相叠加，可以使入射的光得到放大。固体、液体、气体以及半导体激光器都是利用受激辐射过程来产生激光。

受激辐射是受激吸收的逆过程。电子在 $E_1$ 和 $E_2$ 两个能级之间跃迁，吸收的光子能量或辐射的光子能量都要满足玻尔条件，即

$$E_2 - E_1 = hf_{12} \qquad\qquad (2-2)$$

式中，$h$ 为普朗克常数，$h = 6.626 \times 10^{-34} \mathrm{J \cdot s}$；$f_{12}$ 为吸收或辐射的光子频率。

## 2.2.2 粒子数反转分布

产生受激辐射和产生受激吸收的物质是不同的。设在单位物质中，处于低能级和处于高能级的粒子数分别为 $N_1$ 和 $N_2$。当系统处于热平衡状态时，存在分布

$$\frac{N_2}{N_1} = \exp\left( -\frac{E_2 - E_1}{k_0 T} \right) \qquad (2-3)$$

式中，$k_0$ 为玻尔兹曼常数，$k_0 = 1.38 \times 10^{-23} \mathrm{J/K}$；$T$ 为热力学温度。

由于 $(E_2 - E_1) > 0$，$T > 0$，所以在这种状态下，总是 $N_1 > N_2$。这是因为电子总是首先占据低能量的轨道。受激吸收和受激辐射的速率分别比例于 $N_1$ 和 $N_2$ 且比例系数（吸收和辐射的概率）相等。如果 $N_1 > N_2$，即受激吸收大于受激辐射。当光通过这种物质时，光强按指数衰减，这种物质称为吸收物质。

通常情况下，粒子具有正常能级分布，总是低能级上的粒子数比高能级上的粒子数多。所以光的受激吸收比受激辐射强，因此光总是受到衰减。要想获得光的放大，必须使受激辐射强于受激吸收。也就是说，使 $N_2 > N_1$，当光通过这种物质时，会产生放大作用，这种物质称为激活物质。$N_2 > N_1$ 的分布和正常状态（$N_1 > N_2$）的分布相反，所以称为粒子（电子）数反转分布。处于粒子数反转分布的物质称为激活物质或增益物质。要想得到粒子数反转分布，一般采用光激励、放电激励、化学激励等方法，给物质能量，以求把低能级的粒子激发到高能级上去，这个过程叫泵浦。

## 2.2.3 激光振荡和光学谐振腔

粒子数反转分布是产生受激辐射的必要条件，但还不能产生激光。只有把激活物质置于光学谐振腔中，对光的频率和方向进行选择，才能获得连续的光放大和激光振荡输出。基本的光学谐振腔由两个反射率分别为 $R_1$ 和 $R_2$ 的平行反射镜 $\mathrm{M_1}$、$\mathrm{M_2}$ 构成，并被称为法布里—珀罗（Fabry-Perot, F-P）谐振腔，如图 2.2 所示。其中一个反射镜的反射率为 100%，另一个反射率为 95%。由于谐振腔内的激活物质具有粒子数反转分布，可以用它产生的自发辐射光作为入射光。入射光经反射镜反射，沿轴线方向传播的光被放大，沿非轴线方向的光被减弱。反射光经多次反馈，不断得到放大，方向性得到不断改善，结果增益大幅度得到提高。

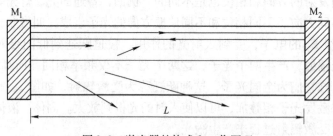

图 2.2 激光器的构成和工作原理

另一方面，由于谐振腔内激活物质存在吸收，反射镜存在透射和散射，因此光受到一定损耗。当增益和损耗相当时，在谐振腔内开始建立稳定的激光振荡。

以上激活物质和光学谐振腔只是为激光的产生提供了必要的条件。为了获得激光振荡，还必须满足一定的阈值条件和相位条件，下面对此进行讨论。

(1) 阈值条件

设增益介质单位长度的小信号增益系数为 $G_0$，损耗系数为 $\alpha_i$，两个反射镜 $M_1$、$M_2$ 反射系数分别为 $r_1$ 和 $r_2$。若暂不考虑其他损耗，则由于增益介质的放大作用，腔内光功率随距离的变化可表示为

$$P(z) = P(0)\exp(G_0 - \alpha_i)z \qquad (2-4)$$

式中，$P(0)$ 为 $z = 0$ 处的光功率。

光束在腔内经历一个来回后，两次通过增益介质，此时的光功率为

$$P(2L) = P(0)r_1 r_2 \exp\left[(G_0 - \alpha_i) \times 2L\right] \qquad (2-5)$$

要想产生振荡，必须满足 $P(2L) \geqslant P(0)$

即

$$r_1 r_2 \exp\left[(G_0 - \alpha_i) \times 2L\right] \geqslant 1 \qquad (2-6)$$

因此

$$G_0 \geqslant \alpha_i + (1/2L)\ln(1/r_1 r_2) = \alpha \qquad (2-7)$$

式中，$\alpha$ 称为光学谐振腔的平均损耗系数，它包括增益介质的本身损耗和通过两次反射镜的传输损耗。

式 (2-7) 即为激光器的阈值条件。只有在这种情况下，光信号才能不断得到放大，使输出光功率逐渐增强。高能级粒子不断向低能级跃迁产生受激辐射，使得低能级粒子数和高能级粒子数差减小，受激辐射作用降低，增益系数 $G_0$ 也减小，直至 $G_0 = \alpha$，激光器维持一个稳定的振荡，并输出稳定的光功率。

(2) 相位条件

要产生激光振荡，除了要满足上述阈值条件外，还要满足一定的相位条件，即受激辐射光在腔内往返一次后与原有的波叠加；若要在腔中形成谐振，叠加的波必须是相互加强的，即要求它们之间的相位差必须是 $2\pi$ 的整数倍，也就是往返一次的路径长度是波长的整数倍，以形成正反馈。这可写成

$$2L = q\lambda \qquad (2-8)$$

式中，$q$ 表示纵模的模数；$\lambda$ 为在谐振腔内的光波波长。

光学谐振腔的折射率为 $n$，则输出的激光波长是谐振腔内波长的 $n$ 倍。输出激光波长为

$$\lambda = \frac{2nL}{q} \qquad (2-9)$$

式中，$\lambda$ 为输出的激光波长；$n$ 为激活物质的折射率；$q$ 为纵模模数，$q = 1, 2, 3$。

综上所述，激光器产生激光必须具备以下几个条件：

1) 必须有激光工作物质，可在需要的光波范围内辐射光子；

2) 工作物质必须处于粒子数反转分布状态，并使小信号增益系数大于谐振腔的平均损耗系数，从而产生光的放大系数；

3) 必须有光学谐振腔进行频率选择及产生光反馈。

## 2.3 半导体激光器的工作原理

用半导体材料作激光物质的激光器，称为半导体激光器，或称为激光二极管（Laser Diode，LD）。

### 2.3.1 P-N 结半导体激光器的结构和原理

简单的 GaAs P-N 结半导体激光器的结构如图 2.3 所示，它的核心部分是一个 P-N 结，P-N 结由高掺杂浓度的 P 型 GaAs 半导体材料和 N 型 GaAs 半导体材料组成。激光就是由 P-N 结区发出的，因此 P-N 结也叫做作用区或有源区。由于 P 区和 N 区是同一种半导体材料，因此又称同质结半导体激光器。

P-N 结两个端面是按照晶体的天然解理面切开的，它们相当于反射镜。它们的反射系数在 0.32 左右。若将表面镀膜，可以得到很高的反射系数，这就组成了光学谐振腔。P-N 结如何实现粒子数反转分布，并使受激辐射大于受激吸收产生光的放大作用呢？

当 P 型半导体和 N 型半导体结合在一起时，由于 P 型半导体空穴极多，N 型半导体自由电子极多，所以，N 区中的电子向 P 区扩散，在靠近界面的地方剩下了带正电的离子。P 区的空穴向 N 区扩散，在靠近界面的地方剩下了带负电的离子。这样，在 P 区和 N 区的交界面及其两侧形成了带相反电荷的区域，形成一个电场，叫自建场，方向由 N 区指向 P 区。同时，在结的两边产生一个电位差 VD，叫作势垒。它阻碍多数载流子的扩散，而使少数载流子在自建场的作用下向相反的方向作漂移运动，最后扩散和漂移运动达到动态平衡。由于势垒的作用，就使得 P 区的能级比 N 区的能级提高了 eVD，如图 2.3 所示。

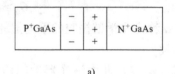

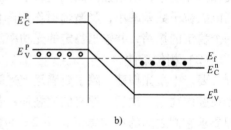

由于高掺杂，势垒很高，以至 N 区半导体的导带底部能级（$E_C$）比 P 区半导体价带顶部能级（$E_V$）还要低。根据费密统计分布定律，对于 $E_f$ 以下的所有能级，电子占据的几率大于 $1/2$；对于 $E_f$ 以上的所有能级，电子占据的几率小于 $1/2$。因此，N 区导带底部到费密能级 $E_f$ 之间的电子数大于 P 区价带顶 $E_V$ 到费密能级 $E_f$ 以上的电子数。这时没有产生粒子数反转。因此 P-N 结半导体激光器在没有

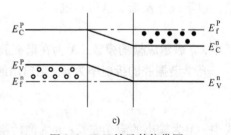

图 2.3 P-N 结及其能带图

a) P-N 结  b) P-N 结的能带图

c) 正向偏压下 P-N 结的能带图

外加电场的情况下，不能产生光的放大作用，也就不能产生激光振荡。

当在 P-N 结半导体激光器外加正向电压 U 时，由于耗尽层电阻很大，而 P 区和 N 区电阻很小，所以电压 U 基本上就加在了 P-N 结上，如图 2.3 所示。同时，热平衡状态被破坏，使扩散作用增强，N 区和 P 区的多数载流子将通过结区向对方注入。但是 P 区和 N 区有自

己的费密能级。在 N 区，用 $E_f^n$ 来表示，$E_f^n$ 以下的各个能级，电子占据的几率大于 1/2。在 P 区，用 $E_f^p$ 来表示，$E_f^p$ 以上的各个能级，电子占据的几率小于 1/2。当 P-N 结加上足够大的正向电压 U 而正向电流足够大时，P 区空穴和 N 区电子大量注入结区，在 P-N 结的空间电荷区形成粒子数反转分布区域，称为有源区，它可以产生光的放大作用。因而由自发辐射产生的少量光子，在有源区由于受激辐射就保持稳定的振荡，并经输出端输出一恒定光功率的激光。

半导体激光器的泵浦源是外加正向注入电流，在足够大的外加正向电流的作用下，产生了粒子数反转，实现光的放大。要产生光的振荡，还必须使放大系数大于谐振腔的损耗系数，才能起振，也就是必须满足一定的阈值条件。由于是电流注入式的激发，所以一般用注入电流来表示阈值条件。与阈值条件相对应的注入电流称为阈值电流，用 $I_{th}$ 来表示。

P-N 结是早期研制的半导体激光器，它有很大的缺点，即阈值电流太高，这主要是由于光波和载流子的限制不完善引起的。

首先，光波的限制不完善。因为 P 区和 N 区的材料相同，它们的折射指数也一样。形成 P-N 结后，结区的折射指数稍有提高，但提高不大。这样的结构导波作用很弱，有相当比例的光能进入无源区，这必将增大损耗，从而增大了阈值电流。其次，载流子的限制不完善。当载流子向结区注入时，它们并不完全限制在结区，P 区和 N 区都有部分载流子扩散，这样也将增大阈值电流。阈值大，激光器消耗的电功率多，不利于激光器在室温下稳定工作。要降低阈值电流，需要改进激光器的结构，使其能有效限制光波和载流子。为满足这一要求，制成了异质结半导体激光器。

## 2.3.2　异质结半导体激光器

异质结半导体激光器的"结"是由不同的半导体材料制成的。采用异质结的目的是为了有效限制光波和载流子，降低阈值电流，提高半导体激光器的电光转换效率。异质结半导体激光器分为单异质结半导体激光器和双异质结半导体激光器。根据工作波长的不同，所用的材料也不同，如图 2.4 所示。图 2.4 给出了可用于短波长光纤通信的单异质结半导体激光器和双异质结半导体激光器结构简图。它们是用 GaAs 材料和 GaAlAs 材料制成的。由于材料不同，因此它们的折射率、禁带宽度、损耗等都不同。单异质结半导体激光器的结构如图 2.4a 所示，它是由 N-GaAs、P-GaAs 和 P-Ga$_x$Al$_x$As 组成的三层结构。双异质结半导体激光器的结构如图 2.4b 所示。它是由 N-GaAs、P-GaAs、P-Ga$_x$Al$_x$As 和 N-Ga$_x$Al$_x$As4 部分组成的。

对同质结激光器，当加正向偏压时，所需的激励电流很大，结区和 P 区、N 区的折射指数很小，光导波效应不显著，因而加大了损耗，增加了激光器的阈值电流。异质结半导体激光器与同质结半导体激光器不同。它是利用不同材料的折射率对光波进行限制，利用不同材料的禁带宽度的不同对载流子进行限制。由于两种不同材料的折射指数相差较大，故光波导效应较显著，散射到激活区外的光能量较小，损耗下降。异质结对电子载流子和光波的双重限制，使其较同质结半导体激光器的阈值电流大大降低。

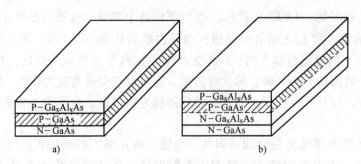

图 2.4 异质结半导体激光器的结构示意图

a）单异质结半导体激光器 b）双导质结半导体激光器

单异质结半导体激光器只在激活区的一侧限制载流子和光波，而双异质结半导体激光器则是在两侧都对载流子和光波进行限制。在加正向偏压时，载流子不易向外扩散，因而其浓度极大增加，增益大为提高。同时，由于两材料折射率的差异，光波导效应显著，因而损耗大大减小。这都使双异质结激光器的阈值较单异质结半导体激光器的阈值电流明显下降，可以在室温下连续稳定工作。

### 2.3.3 半导体激光器的发光波长

半导体发光器件所采用的半导体材料，根据不同的组合，其发光波长从可见光到红外光区域。发光波长基本上由半导体禁带宽度（即导带与价带的能级差）$E_g = hf$ 决定。由 $\lambda = \dfrac{c}{f}$ 得出 $\lambda = \dfrac{hc}{E_g}$，其中 $c$ 为光速（$c = 2.99792458 \times 10^8 \text{m/s}$）。

光子能量 $E$ 和波长 $\lambda$ 之间的变换关系为

$$E(\text{eV}) = 1.2398/\lambda(\mu\text{m}) \qquad (2-10)$$

例如：砷化镓半导体的带隙为 $1.36\text{eV}$，则砷化镓发光二极管的辐射波长 $1.2398\mu\text{m}/1.36\text{eV} = 910\text{nm}$。该波长处于近红外区，在掺入铝后可改变波长。因此短波长光源采用 GaAlAs，而长波长光源采用 InGaAsP。目前，光纤通信使用的光源，短波长的有 GaAlAs 激光器和 GaAlAs 发光二极管，长波长的有 InGaAsP 激光器和 InGaAsP 发光二极管。

## 2.4 半导体激光器工作特性

（1）P-I 特性

当激光器注入电流增加时，受激发射量增加，一旦超过 P-N 结中光的吸收损耗，激光器就开始振荡，于是光输出功率急剧增大。使激光器发生振荡时的电流称为阈值电流 $I_{\text{th}}$。只有当注入电流等于或大于阈值时，激光器才发射激光。

图 2.5 所示为 GaAlAs 激光器发射功率—电流（P-I）曲线，$P$ 为发射功率，$I$ 为注入电流。

（2）微分量子效率 $\eta_d$

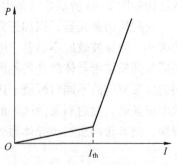

图 2.5 GaAlAs 激光器功率—
电流（P-I）曲线

激光器输出光子数的增量与注入电子数的增量之比,定义为微分量子效率,即

$$\eta_{d} = \frac{\Delta P_0/hf}{\Delta I/e} = \left(\frac{\Delta P_0}{\Delta I}\right)\left(\frac{e}{hf}\right) \qquad (2-11)$$

(3) 光谱特性

光源谱线宽度是衡量器件发光单色性的一个物理量。激光器发射光谱的宽度取决于激发的纵模数目,对于存在若干纵模的光谱特性可画出包络线,其谱线宽度定义为输出光功率峰值下降 3dB 时的半功率点对应的宽度。对于高速率系统采用的单纵模激光器,则以光功率峰值下降 20dB 时的功率点对应的宽度评定。

如果激光器同时有多个模式振荡,就称为多纵模(Multiple Longitudinal Mode,MLM)激光器。MLM 激光器通常有宽的光谱宽度,典型值为 10nm。谱宽很宽对高速光纤通信系统是很不利的,因此光源的谱宽应尽可能的窄,即希望激光器工作在单纵模状态,这样的激光器称为单纵模(Single Longitudinal Mode,SLM)激光器。

如图 2.6 和图 2.7 所示分别为短波长(850nm)、长波长(1550nm)激光器光谱特性。由图可知,谱线宽度愈窄的更接近于单色光。通常,对光源谱线宽度的要求为:

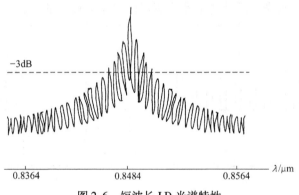

图 2.6　短波长 LD 光谱特性

1) 多模光纤系统,一般为 3 ~ 5nm,事实上这是初期激光器的水平。

2) 速率在 622Mbit/s 以下的单模光纤系统,一般要求谱宽为 1 ~ 3nm,即 InGaAsP 隐埋条型激光器,称为单纵模激光器,它在连续动态工作时为多纵模。

3) 速率大于 622Mbit/s 时的单模光纤系统,要求用动态单纵模激光器,其谱宽以兆赫兹来计量,不再以纳米来计量。例如,实用分布反馈型激光器或量子阱激光器等,其谱线宽非常窄,接近单色光,可以防止系统因出现模分配噪声而限制系统的中继段长。

(4) 温度特性

半导体激光器阈值电流随温度增加而加大,尤其是工作于长波段的 InGaAsP 激光器,阈值电流对温度更敏感。半导体激光器输出光功率—阈值电流曲线受温度的

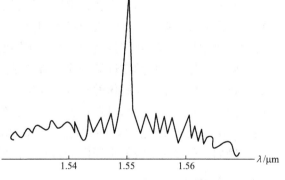

图 2.7　1.55μm 波长 LD 光谱特性

变化影响如图 2.8 所示。

为了得到稳定激光器输出特性，一般应使用各种自动控制电路来稳定激光器阈值电流和输出功率。长波长激光器常将温度控制和功率控制等组成一个组件。

近年来，国内外已研制出无制冷激光器。这种激光器的阈值电流在特定条件下不随温度变化，即不再用制冷器来控制温度，它适用于野外无人值守的中继站。

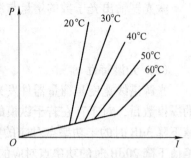

图 2.8　激光器阈值电流随温度的变化

## 2.5　其他激光器

### 2.5.1　分布反馈式激光器

图 2.9 所示为分布反馈式（Distributed Feedback Back，DFB）激光器结构示意图。DFB 激光器采用双异质掩埋条形结构。不同之处是它用布拉格光栅取代传统的 F-P 光腔作为光谐振器。F-P 腔激光器，其光的反馈是由腔体两端面的反射提供的，其位置是确定的，就在端面上。光的反馈也可以是分布方式，即由一系列靠得很近的反射端面的反射提供。

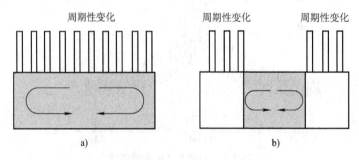

图 2.9　DFB 和 DBR 激光器结构示意图
a）DFB 激光器　b）DBR 激光器

DFB 激光器的基本工作原理，可以用布拉格（Brag）反射来说明。波纹光栅是由于材料折射率的周期性变化而形成的，它为受激辐射产生的光子提供周期性的反射点，如果变化的周期是腔体中光波波长的整数倍，那么就满足腔体内的驻波条件，这一条件为布拉格条件。只有满足变化周期为 1/2 波长整数倍的那个波长才能形成最强的反射光，该波长得到优先放大，形成激光振荡。这种效应可以抑制其他纵模，实现发光波长的单纵模工作。在制作器件时，通过改变其变化周期就可以得到不同的工作波长。

实际上，任何采用周期性波导来获得单纵模的激光器都称为分布反馈激光器，然而 DFB 激光器仅指周期性出现在腔体的有源增益区，如图 2.9a 所示。如果周期性出现在有源增益区的外面，如图 2.9b 所示，则称为分布布拉格反射（Distributed Brag Reflection，DBR）激光器。DBR 激光器的优点是它的增益区和它的波长选择是分开的，因此可对它们分别进行控制。例如，通过改变波长选择区的折射率，可以将激光器调谐到不同的工作波长而不改变其他工作参数。

DFB 激光器的制作工艺比 F-P 腔激光器的简单，虽然价格较贵，但高速光纤通信系统几乎全部采用 DFB 激光器。F-P 腔激光器只用在短距离的数字光纤通信系统中。

　　DFB 激光器的封装是 DFB 激光器昂贵的主要原因。对于 WDM 系统，在单个封装中封装有多个不同波长 DFB 激光器是很重要的。这种器件可以用做多波长激光器，也可以用做调谐激光器（根据所需的波长，阵列中只有一个激光器在工作）。这些激光器也可以以阵列的形式生长在单个基片上。4 或 8 个波长阵列的激光器在实验室已制作成功，但大批量生产还有困难。其主要原因是：作为一个整体，其阵列的生长是很低的，只要有一个不能满足要求，则整个阵列被放弃。

## 2.5.2　量子阱激光器

　　图 2.10 所示为多量子阱（MQW）激光器的结构示意图。多量子阱结构带来了阈值电流小、输出光功率大及热稳定性好的优点。

　　我们知道，半导体激光是有一定谱线宽度而不是单一频率（或单一波长）的光，而光纤是色散介质。当脉冲激光在光纤中传输时，脉冲光会展宽或变形，从而使数字信号传输产生误码。尤其是半导体激光器在进行高速率强度调制时，由于载流子和光子运输的瞬态特性，原来静态下的单纵模将可能变为多纵模，多纵模的谱线宽度远比单纵模宽。在高速率调制下（如 2.5Gbit/s）仍能保持单模的激光器称为动态单纵模激光器。量子阱分布反馈激光器就是动态单纵模激光器，这种激光器光输出仅有一个模式，或虽有 3 ～ 5 个纵模，但主、边模抑制比大于 30dB，其谱线半宽度一般小于 0.5nm。这么窄的脉冲光在传输时展宽小，误码率低。

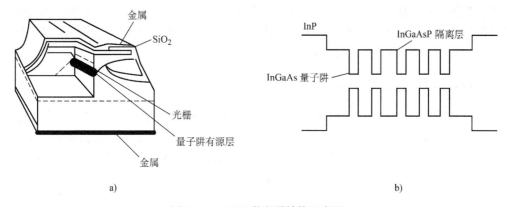

图 2.10　MQW 激光器结构示意图

a）管芯结构　b）五量子阱能级结构

　　半导体激光器输出光谱线宽度和模式特性与其光增益谱分布和选模机构有关。对法布里—珀罗腔激光器，光谱线一般为多模。量子阱分布反馈激光器，由于量子尺寸效应和分布反馈光栅的选模作用，可实现高速率调制下的动态单纵模输出。分布反馈用的光栅是一种被折波纹状结构，这种波纹状结构使光波导区的折射率呈周期性分布，其作用就像一个谐振腔。根据光的耦合波理论，折射率呈周期性分布的光栅对其中的光有选模（波长）作用。只有有源区的光波长和光栅相对应时，才能稳定地存在下去，而其他波长的光则衰减掉了。这样，量子阱分布反馈激光器射出的光的谱线就很窄，在高速率调制下就可实现动态单纵模输出。

### 2.5.3 光纤锁模激光器

产生激光超短脉冲的技术常称为锁模技术（Mode Locking）。这是因为一台自由运转的激光器中往往会有很多个不同模式或频率的激光脉冲同时存在，而只有在这些激光模式相互间的相位锁定时，才能产生激光超短脉冲或称锁模脉冲。实现锁模的方法有很多种，但一般可以分成两大类：主动锁模和被动锁模。主动锁模指的是通过由外部向激光器提供调制信号的途径来周期性地改变激光器的增益或损耗，从而达到锁模目的；而被动锁模则是利用材料的非线性吸收或非线性相变的特性来产生激光超短脉冲。

目前，最为广泛使用的一种产生飞秒（fs）激光脉冲的克尔透镜锁模（Kerr Lens Mode Locking）技术是一种独特的被动锁模方法。克尔透镜锁模实际上是利用了材料的折射率随光强变化的特性使得激光器运行中的尖峰脉冲得到的增益高出连续的背景激光增益，从而最终实现短脉冲输出。

一台激光器实现锁模运行后，在通常情况下，只有一个激光脉冲在腔内来回传输，该脉冲每到达激光器的输出镜时，就有一部分光通过输出镜耦合到腔外。因此，锁模激光器的输出是一个等间隔的激光脉冲序列。相邻脉冲间的时间间隔等于光脉冲在激光腔内的往返时间，即所谓的腔周期。一台锁模激光器所产生的激光脉冲的宽度是否短到飞秒量级主要取决于腔内色散特性、非线性特性及两者间的相互平衡关系。而最终的极限脉宽则受限于增益介质的光谱范围。

衡量一台飞秒激光器的重要技术指标为：脉冲宽度、平均功率和脉冲重复频率。此外，还有谱宽与脉宽积、脉冲的中心波长、输出光斑大小、偏振方向等。脉冲重复频率实际上告诉了我们激光脉冲序列中两相邻脉冲间的间隔。由平均功率和脉冲重复频率可求出单脉冲能量，由单脉冲能量和脉冲宽度可求出脉冲的峰值功率。

### 2.5.4 垂直腔面发射激光器

目前，采用多模光纤构建计算机互联网络已成为光纤传输技术的应用热点。多模光纤系统传统上采用短波长发光管，它存在传输带宽严重受限的问题。近年开发成功并投入应用的垂直腔面发射激光器（VCSEL）突破了发光管的一系列技术限制，极大地提高了传输带宽（可达数 Gbit/s 以上），已成为多模光纤局域网数据传输系统的新型光源。

（1）VCSEL 的结构

VCSEL 是英文 Vertical Cavity Surface Emitting Laser 首字母的缩写，形象地说，VCSEL 是一种电流和发射光束方向都与芯片表面垂直的激光器。

图 2.11 所示是 VCSEL 结构图。和常规激光器一样，它的有源区位于两个限制层之间，并构成双异质结（DH）构形。VCSEL 的结构特点使它的结构设计参数不同于常规激光二极管。它的主要结构设计参数包括腔长（$L$）、有

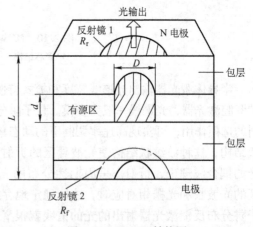

图 2.11 VCSEL 结构图

源区厚度（$d$）、有源区直径（$D$）和前、后反射镜的反射率（$R_f$、$R_r$）等。

（2）VCSEL 的特点

1）发光效率高。以 850nm 波长的 VCSEL 为例，在 10mA 驱动时可以获得高达 1.5mW 的输出光功率。

2）工作阈值极低，从几 mA 到十几 mA。

3）动态单一波长工作。

4）不仅可以单纵模方式工作，也可以多纵模方式工作，从而减少了多模光纤应用时的相干和模式噪声。这一特点十分重要，因为 VCSEL 主要应用于以多模光纤（62.5μm 芯径）为传输媒介的局域网（LAN）中。

5）温度稳定性好。

6）工作速率高。VCSEL 最引人注目的优点是它的速率高，其速率极限大于 3Gbit/s。

7）工作寿命长。VCSEL 的平均无故障寿命可达到 $3.3 \times 10^7$h，寿命的定义为输出光功率的 2dB 衰减。

8）对所有不同芯径的光纤（从单模光纤到 1nm 左右的大口径光纤）都有好的模式匹配。

9）价格低，产量高。

## 2.6 发光二极管

发光二极管（LED）的工作原理与激光器（LD）有所不同，LD 发射的是受激辐射光，LED 发射的是自发辐射光。LED 的结构和 LD 相似，大多是采用双异质结（DH）芯片，把有源层夹在 P 型和 N 型限制层中间，不同的是 LED 不需要光学谐振腔，没有阈值。发光二极管有两种类型；一类是正面发光型 LED，另一类是侧面发光型 LED，其结构如图 2.12 所示。和正面发光型 LED 相比，侧面发光型 LED 驱动电流较大，输出光功率较小，但由于光束辐射角较小，与光纤的耦合效率较高，因而入纤光功率比正面发光型 LED 大。

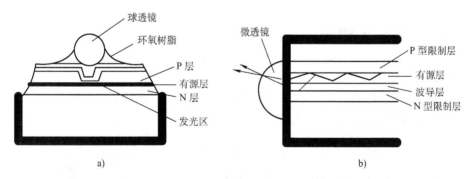

图 2.12　两类发光二极管（LED）

a）正面发光型　b）侧面发光型

和激光器相比，发光二极管输出光功率较小，谱线宽度较宽，调制频率较低。但发光二极管性能稳定，寿命长，输出光功率线性范围宽，而且制造工艺简单，价格低廉。因此，这种器件在小容量短距离系统中发挥了重要作用。

发光二极管具有以下工作特性。

（1）光输出特性

发光二极管的光输出特性，也即 P-I 特性。当注入电流较小时，发光二极管的输出功率曲线基本是线性的，所以 LED 广泛应用于模拟信号传输系统。但电流太大时，由于 PN 结发热而出现饱和状态，如图 2.13 所示。

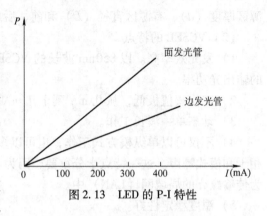

图 2.13　LED 的 P-I 特性

（2）光谱特性

发光二极管的发射光谱比半导体激光器宽很多，如长波长 LED 谱宽可达 100nm。发光二极管对光纤传输带宽的影响也因此比激光器大。因光纤的色散与光源谱宽成比例，故 LED 不能用于长距离传输。

（3）温度特性

温度对发光二极管的光功率影响比半导体激光器要小。例如，边发射的短波长管和长波长管，在温度由 20℃升到 70℃时，发射功率分别下降为 1/2 和 1/1.7（在电流一定时）。因此，对温控的要求不像激光器那样严格。

（4）发光管的频率调制特性

LED 的调制特性可以表示为

$$P(\omega) = \frac{P(0)}{\left[1 + (\omega\tau)^2\right]^{\frac{1}{2}}} \tag{2-12}$$

式中，$P(0)$ 是零频率时 LED 的发射功率；$P(\omega)$ 是频率为 $\omega$ 时 LED 的发射功率；$\tau$ 是有源区载流子的寿命时间，一般为 $10^{-8}$，比 LD 大一个数量级。

因此，LED 可调的速率低。边发光 LED 调制频率可大于 100MHz，面发光 LED 为 17～70MHz。一般说来 LED 有较好的线性，但输出光功率与驱动电流的关系是非线性的，仍不能满足模拟系统的线性要求，必须采取改善措施。

## 2.7　光源与光纤的耦合

怎样把光源发出的光有效地耦合进光纤是光发送机的一个重要设计问题。光源和光纤耦合的程度可以用耦合效率 $\eta$ 来衡量，它的定义为

$$\eta = \frac{P_F}{P_S} \tag{2-13}$$

式中，$P_F$ 为耦合入光纤的光功率；$P_S$ 为光源发射的光功率。

$\eta$ 的大小取决于光源和光纤的类型，LED 和单模光纤的耦合效率较低，LD 和单模光纤的耦合效率更低。图 2.14 给出了面发光二极管、边

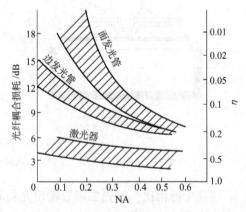

图 2.14　耦合效率和 NA 的关系

发光二极管和半导体激光器与光纤的耦合损耗的比较。

影响光源与光纤耦合效率的主要因素是光源的发散角和光纤的数值孔径 NA。发散角越大，耦合效率越低；数值孔径越大，耦合效率越高。此外，光源的发光面、光纤端面尺寸、形状以及二者间距都会直接影响耦合效率。

通常有两种方法来实现光源与光纤的耦合，即直接耦合和透镜耦合。直接耦合就是将光纤端面直接对准光源发光面，这种方法当发光面积大于纤芯时是一种有效的方法。直接耦合结构简单，但耦合效率低。面发光二极管与光纤的耦合效率只有 2% ~ 4%。半导体激光器的光束发散角比面发光二极管小得多，与光纤的耦合效率约为 10%。

当光源与发光面积小于纤芯面积时，可在光源与光纤之间放置聚焦透镜，使更多的发散光线汇聚进光纤来提高耦合效率。图 2.15 展示了面发光二极管与多模光纤的耦合结构。其中，图 2.15a 中光纤的端面做成球透镜，图 2.15b 中采用截头透镜，图 2.15c 中采用集成微透镜。采用这种透镜组合后，耦合效率可达到 6% ~ 15%。

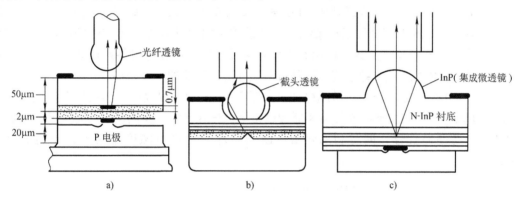

图 2.15　面发光二极管与光纤的透镜耦合

边发光二极管和半导体激光器的发光面尺寸比面发光二极管小得多，光束发散角也小，同样数值孔径光纤的耦合效率也比面发光二极管高，但它们的发散光束是非对称的，即垂直方向和平行方向的发散角不同，所以可以用圆柱透镜来降低这种非对称性，如图 2.16 所示。

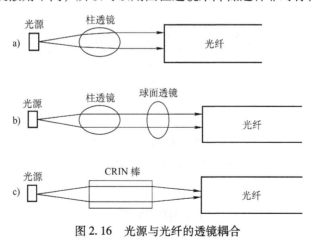

图 2.16　光源与光纤的透镜耦合

图 2.16a 所示透镜通常是一段玻璃光纤，垂直放置于发光面和光纤之间。图 2.16b 是在

圆柱透镜后再加进球透镜，进一步减小光束的发散，这种方法可以使 LD 与光纤之间的耦合效率提高 30%。图 2.16c 所示则利用大数值孔径的自聚焦透镜（GRIN 棒）代替柱透镜，或在柱透镜后加 GRIN 棒，则耦合效率可提高到 60%，甚至更高。

单模光纤的纤芯较细，模斑尺寸小，所以半导体激光器与单模光纤的耦合更困难。为了提高耦合效率，可以利用透镜来改变光源的光斑尺寸，使之与光纤的光斑尺寸一致。可以采用高频电弧或化学腐蚀方法在光纤端面形成一个半球透镜，这种方法可以使耦合效率达到 50% ~ 60%。

## 2.8 半导体光源在系统中的应用

LED 通常和多模光纤耦合，用于 1.3μm 波长的小容量短距离系统。因为 LED 发光面积和光束辐射角较大，而多模 SIF 光纤或 G.651 规范的 GIF 光纤具有较大的芯径和数值孔径，有利于提高耦合效率，增加入纤功率。LD 通常和 G.652 或 G.653 规范的单模光纤耦合，用于 1.3μm 或 1.55μm 大容量长距离系统，这种系统在国内外都得到了广泛的应用。分布反馈式激光器（DFB‒LD）主要和 G.653 或 G.654 规范的单模光纤或特殊设计的单模光纤耦合，用于超大容量的新型光纤系统，这是目前光纤通信发展的主要趋势。

在实际应用中，通常把光源做成组件，如图 2.17 所示。偏置电流和信号电流经驱动电路作用于 LD，LD 正向发射的光经隔离器和透镜耦合进入光纤，反向发射的光经 PIN 光敏二极管进入光功率监控器，同时利用热敏电阻和冷却元件进行温度监测和自动温度控制（ATC）。

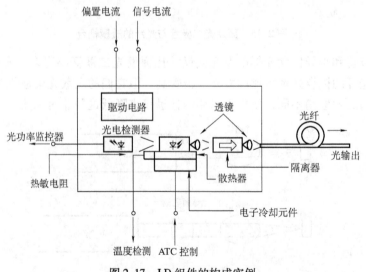

图 2.17 LD 组件的构成实例

## 本 章 小 结

有源光器件在光纤通信系统中起着举足轻重的作用。有源器件种类越来越多，如何选择这些光器件与如何在光纤通信系统中使用，是设计人员和现场技术人员需要面对的问题。为了正确选择和使用器件，必须要熟悉这些光器件的工作原理和相应的技术参数。

　　光源主要分为两大类：激光器（LD）和发光二极管（LED）。激光器的发光功率大，与光纤的耦合效率较高，单色性好，光源谱宽窄，主要应用在长距离、大容量的传输系统中。发光二极管发光功率小，与光纤的耦合效率较低，光源谱宽较宽，主要应用在短距离、小容量的传输系统中。

　　通过本章学习应达到：

➤掌握通信用光源的工作原理及基本结构，重点掌握 LD 和 LED。

➤掌握 LD 的激射条件（阈值条件和相位条件）。

➤掌握 LD 的瞬态工作特性、基本性质及主要参数。

➤掌握 LED 的模拟强度调制及预失真补偿。

# 习题与思考题

1. 半导体器件发光波长分别为 $\lambda = 0.85\mu m$，$1.3\mu m$，$1.55\mu m$，试求能级差 $E_g$。

2. 光源有哪些主要类型？试简述它们的主要特性。

3. 半导体激光器有哪些特性？

4. 试比较 DH、DFB、DBR、MQW 和 VCSEL 等激光器的异同。

5. 比较半导体激光器、发光二极管的异同。

6. 半导体激光器发射光子能量近似等于材料的禁带宽度，已知 GaAs 材料的 $E_g = 1.43eV$，某一 In-GaAsP 材料的 $E_g = 0.96eV$，求它们的发射波长。

7. 发光二极管有哪些特性。

8. 发光二极管与光纤采用直接耦合方式，令 NA = 0.14，试求面发光二极管的耦合效率 $\eta_c$。若采用边发光二极管，而 $\theta_\perp \approx 70°$ 和 $25°$，试求边发光二极管的耦合效率 $\eta_c$。

# 第 3 章　光通信信道

**【知识要点】**

光纤作为光纤通信系统的物理传输媒介，有着巨大的优越性。和电缆相比，光纤具有信息传输容量大、中继距离长、不受电磁场干扰、保密性能好等优点。本章从应用的角度，首先介绍光纤的结构与类型；然后用射线光学理论和波动光学理论重点分析光在阶跃型光纤中的传输情况，简要介绍光缆的构造、典型结构与光缆的型号；最后介绍大气吸收、散射、湍流及云层等对光通信的影响。本章不仅是深入学习光纤通信其他内容的基础，而且也是读者今后正确、灵活应用光纤通信的基础。

## 3.1　光纤的结构与类型

光纤是一种工作在光波段的介质波导，可将光波约束在波导内部和表面，并引导光波沿光纤轴传播的介质光波导，一般是双层或多层的同心圆柱体。其中，心部分是直径为 $2a$ 的纤芯，纤芯向外分别是包层（直径为 $2b$）和涂敷层，如图 3.1 所示。纤芯的折射率高于包层的折射率，从而构成一种光波导结构，使大部分的光被束缚在纤芯中传输。

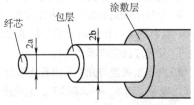

图 3.1　光纤的结构

光纤按照传导的模式划分可分为单模光纤和多模光纤。能够传输多种模式（基模和高阶模）的光纤叫多模光纤，而只能传输一种模式（基模）的光纤叫单模光纤。多模光纤的纤芯较粗，可以很容易将光功率注入到光纤，并且较容易将相同的光纤连接在一起，同时可以使用制造工艺简单、价格低廉、不需要外围电路和长寿命的 LED 作为光源。其缺点是存在较严重的模间色散，使其传输速率低、距离短，整体的传输性能差。但成本低，一般用于建筑物内或地理位置相邻的环境中；单模光纤的纤芯相应较细，传输频带宽、容量大、传输距离长，但需 LD 作为光源，成本较高，通常在建筑物之间或地域分散的环境中使用。

按照折射率分布划分，光纤可分为阶跃折射率分布光纤（阶跃光纤）和渐变折射率分布光纤（渐变光纤）。图 3.2 所示从上到下分别为阶跃单模光纤、阶跃多模光纤和多模渐变光纤的折射率分布以及光线在其中的传播路径。在单模光纤中只有一个导模传播，而在多模光纤中，可以传播成百上千个导模。

阶跃光纤的折射率分布特点是纤芯的折射率均匀，为 $n_1$，而包层的折射率为 $n_2$。在纤芯和包层之间的分界面上，折射率有一个不连续的阶跃性突变。

渐变光纤的纤芯折射率是半径 $r$ 的函数，记为 $n(r)$，在纤芯轴线上最大，为 $n_1$；而在纤芯的横截面内沿径向折射率逐渐减小，形成一个连续渐变的梯度或坡度，像一个抛物线，最后达到包层的折射率 $n_2$。在纤芯到分界面之间，折射率是渐变的，而不像阶跃光纤在分界面处突变。

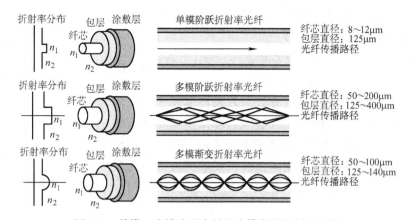

图 3.2　单模、多模阶跃光纤和多模渐变光纤的比较

光纤主要由硅酸盐玻璃、二氧化硅或塑料制成。前者主要适用于长距离传输,后两者主要适用于短距离传输,其中塑料光纤由于损耗较大,传输距离很短,主要应用于更小距离传输(几百米之内)和一些较恶劣的环境中,在恶劣环境中因其机械强度较好,所以以较前两种更具有优越性。

## 3.1.1　光纤的结构

光纤是一种纤芯折射率比包层折射率高的同轴圆柱形电介质波导,它由纤芯、包层与涂敷层三大部分组成,如图 3.3 所示。

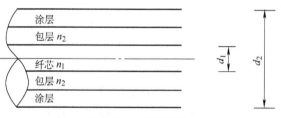

图 3.3　光纤的构造

纤芯位于光纤的中心部位(直径 $d_1$ 为 $9\sim50\mu m$),其成分是高纯度的二氧化硅,含量达 99.999%。此外,还掺有极少量的掺杂剂如二氧化锗、五氧化二磷等,掺有少量掺杂剂的目的是适当提高纤芯的光折射率($n_1$)。包层位于纤芯的周围(其直径 $d_2$ 约 $125\mu m$),其成分也是含有极少量掺杂剂的高纯度二氧化硅。而掺杂剂(如三氧化二硼)的作用则是适当降低包层的光折射率($n_2$),使之略低于纤芯的折射率。把光强限制在纤芯中。包层为光的传输提供反射面和光隔离,并起一定的机械保护作用。为了增强光纤的柔韧性、机械强度、可弯曲性和耐老化特性,还在包层外增加一层涂敷层,其主要成分是丙烯酸酯和硅橡胶等高分子材料,一般涂敷后的光纤外径约 1.5cm。

## 3.1.2　光纤的分类

光纤的分类方法很多,既可以按照光纤截面折射率分布来分类,又可以按照光纤中传输模式数的多少、光纤使用的材料或传输的工作波长来分类。

**1. 按折射率分布分类**

光纤按折射率的分布分类,可分为**阶跃光纤**与**渐变光纤**。

(1)阶跃光纤

阶跃光纤是指在纤芯与包层区域内,其折射率分布分别是均匀的,其值分别为 $n_1$ 与 $n_2$,

但在纤芯与包层的分界处，其折射率的变化是阶跃的，如图 3.4 所示。折射率分布的表达式为

$$n_{(r)} = \begin{cases} n_1, & r \leqslant a_1 \\ n_2, & a_1 < r \leqslant a_2 \end{cases} \qquad (3-1)$$

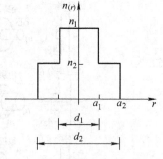

图3.4　阶跃光纤的折射率分布

阶跃光纤是早期光纤的结构方式，后来在多模光纤中逐渐被渐变光纤所取代（因渐变光纤能大大降低多模光纤所特有的模式色散），但用它来解释光波在光纤中的传播还是比较形象的。而现在当单模光纤逐渐取代多模光纤成为当前光纤的主流产品时，阶跃光纤结构又开始作为单模光纤的结构形式之一。

（2）渐变光纤

渐变光纤是指光纤轴心处的折射率 $n_1$ 最大，而随沿剖面径向的增加而逐渐变小，其变化规律一般符合抛物线规律，到了纤芯与包层的分界处，正好降到与包层区域的折射率 $n_2$ 相等的数值；在包层区域中其折射率的分布是均匀的，即为 $n_2$，如图 3.5 所示。

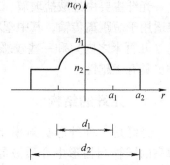

$$n_{(r)} = \begin{cases} n_1 \sqrt{1 - 2\Delta \left( \dfrac{r}{a_1} \right)^2} & r \leqslant a_1 \\ n_2 & a_1 < r \leqslant a_2 \end{cases} \qquad (3-2)$$

图3.5　渐变光纤的折射率分析

式中，$n_1$ 为光纤轴心处的折射率；$n_2$ 为包层区域折射率；$a_1$ 为纤芯半径；$\Delta = (n_1 - n_2)/n_1$ 称为相对折射率差。

至于渐变光纤的剖面折射率为何做如此分布，其主要原因是为了降低多模光纤的模式色散，增加光纤的传输容量。

**2. 按传播模式分类**

我们知道，光是一种频率极高（$3 \times 10^{14}$ Hz）的电磁波，当它在波导——光纤中传播时，根据波动光学理论和电磁场理论，需要用麦克斯韦方程组来解决其传播方面的问题。而通过烦琐地求解麦克斯韦方程组之后就会发现，当光纤纤芯的几何尺寸远大于光波波长时，光在光纤中会以几十种乃至几百种传播模式进行传播，如 TM$_{mn}$ 模、TE$_{mn}$ 模、HE$_{mn}$ 模等（其中 $m$、$n = 0$，1，2，…）。其中 HE$_{11}$ 模被称为基模，其余的皆称为高次模。

光纤按传播的模式分类，可分为多模光纤与单模光纤。

（1）多模光纤

当光纤的几何尺寸（主要是纤芯直径 $d_1$）远远大于光波波长（约 $1\mu m$）时，光纤中会存在着几十种乃至几百种传播模式。不同的传播模式会有不同的传播速度与相位，因此经过长距离的传输之后会产生时延，导致光脉冲变宽。这种现象叫做光纤的模式色散（又叫模间色散）。计算多模光纤中传播模式数量的经典公式为 $N = V^2/4$，其中 $V$ 为归一化频率。如当 $V = 38$ 时，多模光纤中会存在 300 多种传播模式。模式色散会使多模光纤的带宽变窄，降低其传输容量，因此多模光纤仅适用于较小容量的光纤通信。多模光纤的折射率分布大都为抛物线分布，即渐变折射率分布。其纤芯直径 $d_1$ 大约为 $50\mu m$。

（2）单模光纤

根据电磁场理论与求解麦克斯韦方程组发现，当光纤的几何尺寸（主要是芯径）可以与光波长相比拟时，如芯径 $d_1$ 在 $5 \sim 10 \mu m$ 范围，光纤只允许一种模式（基模 $HE_{11}$）在其中传播，其余的高次模全部截止，这样的光纤叫做单模光纤。由于它只允许一种模式在其中传播，从而避免了模式色散的问题，故单模光纤具有极宽的带宽，特别适用于大容量的光纤通信。其实，准确地讲要实现单模传输，必须使光纤的各参量满足一定的条件，即其归一化频率 $V \leqslant 2.4048$。因为

$$V = \frac{2\pi a_1}{\lambda} NA \qquad (3-3)$$

所以可以解得光纤的纤芯半径应满足下式才能实现单模传输

$$a_1 \leqslant \frac{1.2024\lambda}{\pi NA} \qquad (3-4)$$

式中，$a_1$ 为纤芯半径；$\lambda$ 为光波波长；NA 为光纤的数值孔径。

例如，对于 $NA = 0.12$ 的光纤要在 $\lambda = 1.3 \mu m$ 以上实现单模传输时，光纤纤芯的半径应为

$$a_1 \leqslant \frac{1.2024 \times 1.3}{0.12 \times \pi} \mu m = 4.2 \mu m \qquad (3-5)$$

即纤芯直径 $d_1 \leqslant 8.4 \mu m$ 方可。由于单模光纤的纤芯直径非常细小，所以对其制造工艺提出了更为苛刻的要求。

**3. 按工作波长分类**

光纤按工作波长分类，可分为短波长光纤与长波长光纤。

（1）短波长光纤

在光纤通信发展的初期，人们使用的光波之波长在 $0.6 \sim 0.9 \mu m$ 范围内（典型值为 $0.85 \mu m$），习惯上把在此波长范围内呈现低衰耗的光纤称作短波长光纤。短波长光纤属早期产品，目前很少采用。

（2）长波长光纤

后来随着研究工作的不断深入，人们发现在波长 $1.31 \mu m$ 和 $1.55 \mu m$ 附近，石英光纤的衰耗急剧下降，如图 3.6 所示。不仅如此，而且在此波长范围内石英光纤的材料色散也大大减小。因此人们的研究工作又迅速转移，并研制出在此波长范围衰耗更低，带宽更宽的光纤，习惯上把工作在 $1.0 \sim 2.0 \mu m$ 波长范围的光纤称为长波长光纤。长波长光纤因具有衰耗低、带宽宽等优点，特别适用于长距离、大容量的光纤通信。

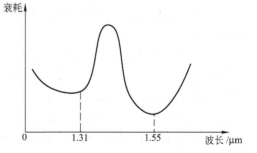

图 3.6　石英光纤的衰耗谱线

**4. 按套塑类型分类**

光纤按套塑类型分类，可分为紧套光纤与松套光纤。

（1）紧套光纤

紧套光纤是指二次、三次涂敷层与预涂敷层及光纤的纤芯、包层等紧密结合在一起的光纤。目前，此类光纤居多。未经套塑的光纤，

其衰耗—温度特性本是十分优良的，但经过套塑之后其温度特性下降。这是因为套塑材料的膨胀系数比石英高得多，在低温时收缩较厉害，压迫光纤发生微弯曲，增加了光纤的衰耗。

（2）松套光纤

松套光纤是指经过预涂敷后的光纤松散地放置在塑料管之内，不再进行二次、三次涂敷。松套光纤的制造工艺简单，其衰耗—温度特性与机械性能也比紧套光纤好，因此越来越受到人们的重视。

**5. 按 ITU – T 建议分类**

按照 ITU – T 关于光纤类型的建议，可以将光纤分为 G. 651 光纤（渐变型多模光纤）、G. 652 光纤（常规单模光纤）、G. 653 光纤（色散位移光纤）、G. 654 光纤（截止波长光纤）和 G. 655 光纤（非零色散位移光纤）。

现在实用的石英光纤通常有阶跃型多模光纤、渐变型多模光纤和阶跃型单模光纤 3 种。

# 3.2　光在光纤中的传输

当小圆孔尺寸大小的数量级远远大于光的波长时，光直接通过圆孔，投入圆孔后面的屏幕上；当小圆孔的大小量级可以与光的波长比拟即相当时，才观察到衍射光斑。因此，当空间尺度远大于光波长时，可以用较成熟的几何光学分析法分析光在物质中的运动；当空间尺度与光波长相当时，应采用复杂而严密的波动理论分析法。由此可见，几何光学分析法是严密的波动理论在一定条件下的近似。

## 3.2.1　几何光学的光纤传输

光是一种频率极高的电磁波，而光纤本身是一种介质波导，因此光在光纤中的传输理论是十分复杂的。要想全面地了解它，需要应用电磁场理论、波动光学理论，甚至量子场论方面的知识。对于多模光纤，由于其光纤的纤芯为 $50\mu m$，或 $62.5\mu m$，远远大于光波的波长（约 $1\mu m$），因而可以采用几何光学分析法；而对于单模光纤，其光纤纤芯小于 $10\mu m$，与光波的波长同一数量级，因而用几何光学分析法不合适，应采用波动理论进行严格的求解。为了便于理解，我们先从几何光学的角度来讨论光纤的导光原理。

### 1. 反射与折射

我们知道，光线在均匀介质中传播是以直线方向进行的，但在到达两种不同介质的分界面时，会发生反射与折射现象。图 3.7 给出了光在介质折射率为 $n_1$ 和 $n_2$ 的介质分界面的反射和折射现象。

其中，入射角 $\theta_1$ 定义为入射光线与分界面垂直线（常称为法线）之间的夹角，反射角 $\theta_{1r}$ 定义为反射光线与分界面垂直线之间的夹角，折射角 $\theta_2$ 定义为折射光线与分界面垂直线之间的夹角。从介质 $n_1$ 入射到介质 $n_2$ 的光信号的能量一部分反射回介质 $n_1$，一部分透射到介质 $n_2$，且 $\theta_1$、$\theta_2$、$\theta_{1r}$ 满足如下关系：

$$\theta_{1r} = \theta_1 \qquad (3-6)$$

$$n_1\sin\theta_1 = n_2\sin\theta_2 \qquad (3-7)$$

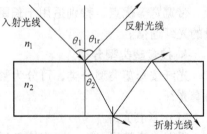

图 3.7　光在两种介质界面上的反射和折射

式（3-6）即为大家熟知的反射定律，式（3-7）为折射定律，又称斯涅尔（Snell）定律。

**2. 全反射定律**

由斯涅尔定律可以得到，如果 $n_1 > n_2$，则有 $\theta_2 > \theta_1$。当折射角 $\theta_2 > 90°$ 时，这意味着发生了全反射，如图 3.8 所示。我们称满足 $(n_1 \sin\theta_1)/n_2 = 1$ 的入射角 $\theta_1$ 为全反射的临界角，记为 $\theta_c$，则有

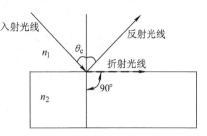

图 3.8　光在两种介质界面上的反射和全反射

$$\theta_c = \arctan \frac{n_2}{n_1} \qquad (3-8)$$

不难理解，当光在光纤中发生全反射现象时，由于光线基本上全部在纤芯区进行传播，没有光跑到包层中去，所以可以大大降低光纤的衰耗。早期的阶跃光纤就是按这种思路进行设计的。可见光在阶跃光纤中的传输是由光在纤芯和包层分界面上的全反射导引向前的，其传输路径如图 3.9a 所示。其在纤芯中的传输速度为

$$v = \frac{c}{n_1} \qquad (3-9)$$

式中，$c$ 为光在真空中的速度，$c = 2.997\ 924\ 58 \times 10^5 \text{km/s}$；$n_1$ 为纤芯中的折射率。

渐变光纤的纤芯折射率是连续变化的，其分布在光纤的轴心处最大，而随沿剖面径向的增加折射率逐渐变小。采用这种分布规律是有其理论根据的。假设光纤是由许多同轴的均匀层组成，且其折射率由轴心向外逐渐变小，可以将其看成 $n_0 > n_1 > n_2$（$n_0$、$n_2$ 分别对应纤芯最大的折射率和包层的折射率）的均匀介质，因而光线由光密介质向光疏介质行进时，由于折射，光线不断向光纤的中心轴线方向偏移，到达与包层的分界面时全反射返回；由光疏介质向光密介质行进时，光线不断折射，其传输路径如图 3.9b 所示。

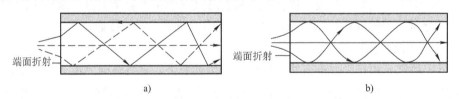

图 3.9　阶跃光纤和渐变光纤中的光传输

a）阶跃光纤中的光传输　b）渐变光纤中的光传输

**3. 光纤的数值孔径 NA**

上面讨论了光在光纤中的传播，现在来讨论从光源输出的光通过光纤端面送入光纤的条件。这是光纤通信和电通信的一个重要差别。对电信号来说，只要把放大器的输出端与传输线连接起来，电信号就被送入线路。而对光通信来说，情况就比较复杂了。入射在光纤端面上的光，其中一部分是不能进入光纤的，而能进入光纤端面的光也不一定能在光纤中传输，只有符合某一特定条件的光才能在光纤中发生全反射而传播到远方。

从空气中入射到光纤纤芯端面上的光线被光纤捕获成为束缚光线的最大入射角 $\theta_{max}$ 为临界光锥的半角（见图 3.10），称为光纤的数值孔径（Numerical Aperture），记为 NA。

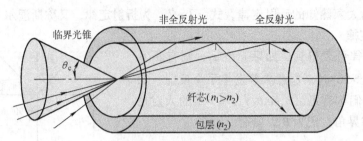

图 3.10 临界光锥与数值孔径

它与纤芯和包层的折射率分布有关，而与光纤的直径无关。对于阶跃光纤，NA 为

$$NA = \sin\theta_c = \sqrt{n_1^2 - n_2^2} = n_1\sqrt{2\Delta} \tag{3-10}$$

式中，$\Delta = (n_1 - n_2)/n_1$ 是光纤纤芯和包层的相对折射率差。

式（3-10）根据光纤端面上斯涅尔反射定律和光纤纤芯与包层分界面处的全反射定律，很容易推导出来。

NA 表示光纤接收和传输光的能力，NA（或 $\theta_c$）越大，光纤接收光的能力越强，从光源到光纤的耦合效率越高。对于无损耗光纤，在 $\theta_c$ 内的入射光都能在光纤中传输。NA 越大，纤芯对光能量的束缚越强，光纤抗弯曲性能越好。但 NA 越大，经光纤传输后产生的信号畸变越大，限制了信息传输容量，所以要根据实际使用场合，选择适当的 NA。

### 3.2.2 光波动理论的传输方程

虽然几何光学的方法对光线在光纤中的传播可以提供直观的图像，但对光纤的传输特性只能提供近似的结果。光像无线电波、X 射线一样，实际上都是电磁波，会产生光的反射、折射、干涉、衍射、吸收、偏振、损耗等。只有通过求解由麦克斯韦方程组导出的波动方程分析电磁场分布（传输模式）的性质，才能更准确地获得光纤的传输特性。

#### 1. 波动方程及标量近似

在光纤中显然采用柱坐标系方便，然而在柱坐标系下，只有纵向分量 $E_z$ 和 $H_z$ 满足标量的亥姆霍兹方程，而横向分量 $E_t$、$H_t$ 不满足此方程。但在光纤通信中应用的光纤要避免纤芯过细无法耦合或对接，全都将相对折射率差做的很小，$\Delta \ll 1$，即所谓的弱导条件。在弱导条件下，光纤中的光线几乎平行于 $z$ 轴，即大部分光线为近轴光线，此时 $E_z$ 和 $H_z$ 分量很小，横向分量 $E_t$、$H_t$ 占优势，电磁波接近于平面波，此时 $E_t$、$H_t$ 满足标量亥姆霍兹方程，称为标量近似。

在标量近似下，用 $\psi$ 代表横向分量 $E_t$ 或 $H_t$

$$\frac{\partial^2 \psi}{\partial r^2} + \frac{1}{r} \times \frac{\partial \psi}{\partial r} + \frac{1}{r^2} \times \frac{\partial \psi}{\partial \theta} + (k^2 - \beta^2)\psi = 0 \tag{3-11}$$

式中，$\beta$ 是纵向传播常数，取值范围为

$$n_2 k_0 < \beta < n_1 k_0 \tag{3-12}$$

由于光纤是圆对称结构，电磁场在 $\theta$ 方向上必然以 $2\pi$ 为周期。设解的形式为

$$\psi = E(r)\exp(jv\theta)\exp(\omega t - \beta z) \tag{3-13}$$

将式（3-13）代入式（3-11）得到

$$\frac{d^2 E}{dr^2} + \frac{1}{r} \times \frac{dE}{dr} + \left[ (n_1^2 k_0^2 - \beta^2) - \frac{v^2}{r^2} \right] E = 0 \qquad (3-14)$$

对于均匀折射率光纤，芯区的折射率 $n_1$ 是常数，式（3-14）是贝塞尔方程。方程中的参数 $v$ 是 $\theta$ 方向上电场变化的周期数，称为贝塞尔方程的阶。

**2. 归一化变量**

模式是波动理论的概念。在波动理论中，一种电磁场的分布称为一个模式。在射线理论中，通常认为一个传播方向的光线对应一种模式，有时也称为射线模式。

光纤传输模式的电磁场分布和性质取决于特征参数 $\mu$、$\omega$ 和 $\beta$ 的值。$\mu$ 和 $\omega$ 决定纤芯和包层横向（$r$）电磁场的分布，称为横向传输常数；$\beta$ 决定纵向（$z$）电磁场分布和传输性质，所以称为（纵向）传输常数。

为了描述光纤中传输的模式数目，在此引入一个非常重要的结构参数，即光纤的归一化频率，一般用 $V$ 表示，其表达式如下

$$V = \frac{2\pi a}{\lambda} \sqrt{n_1^2 - n_2^2} \qquad (3-15)$$

式中，$a$ 为纤芯半径，传输模式数目随 $V$ 值的增加而增多。当 $V$ 值减小时，不断发生模式截止，模式数目逐渐减少。特别值得注意的是，当 $V < 2.405$ 时，只有 $HE_{11}$（$LP_{01}$）一个模式存在，其余模式全部截止。$HE_{11}$ 称为基模，由两个偏振态简并而成。由此得到单模传输条件为

$$\frac{2a\pi}{\lambda} \sqrt{n_1^2 - n_2^2} \leqslant 2.405 \qquad (3-16)$$

对于给定的光纤（$n_1$、$n_2$ 和 $a$ 确定），存在一个临界波长 $\lambda_c$，当 $\lambda < \lambda_c$ 时，是多模传输，当 $\lambda > \lambda_c$ 时，是单模传输，这个临界波长 $\lambda_c$ 称为截止波长。

**3. 标量模**

在弱导波近似情况下得到的为标量模，标量模可被认为矢量模的线性叠加，所以标量模是简并模。标量模又称线性偏振模（Linearly Polarized Mode）可以用 $LP_{mn}$ 来表示。不同的 $m$ 和 $n$ 值，场分布和传输特性不同。光纤中只传输一种标量模 $LP_{01}$ 的光纤为单模光纤，传输两种及两种以上标量模的光纤为多模光纤。

## 3.3 光纤传输的基本特性

光信号经光纤传输后会产生损耗和畸变（失真），因而输出信号和输入信号不同。对于脉冲信号，不仅幅度要减小，而且波形要展宽。产生信号畸变的主要原因是光纤中存在色散。损耗和色散是光纤最重要的传输特性。损耗限制系统的传输距离，色散则限制系统的传输容量。

### 3.3.1 光纤损耗

由于损耗的存在，在光纤中传输的光信号，不管是模拟信号还是数字脉冲，其幅度都要减小。光纤的损耗在很大程度上决定了系统的传输距离。

**1. 吸收损耗**

吸收损耗是由制造光纤材料本身及其中的过渡金属离子和氢氧根离子（$OH^-$）等杂质

对光的吸收而产生的损耗，前者是由光纤材料本身的特性所决定的，称为本征吸收损耗。

（1）本征吸收损耗

本征吸收损耗在光学波长及其附近有紫外吸收损耗和红外吸收损耗两种基本的吸收方式。紫外吸收损耗是由光纤中传输的光子流将光纤材料中的电子从低能级激发到高能级时，光子流中的能量将被电子吸收，从而引起的损耗。红外吸收损耗是由于光纤中传播的光波与晶格相互作用时，一部分光波能量传递给晶格，使其振动加剧，从而引起的损耗。

（2）杂质吸收损耗

光纤中的有害杂质主要有过渡金属离子，如铁、钴、镍、铜、锰、铬等和 $OH^-$。

（3）原子缺陷吸收损耗

通常在光纤的制造过程中，光纤材料受到某种热激励或光辐射时将会发生某个共价键断裂而产生原子缺陷，此时晶格很容易在光场的作用下产生振动，从而吸收光能，引起损耗，其峰值吸收波长约为 630nm 左右。

**2. 散射损耗**

（1）线性散射损耗

任何光纤波导都不可能是完美无缺的，无论是材料、尺寸、形状和折射率分布等，均可能有缺陷或不均匀，这将引起光纤传播模式散射性的损耗，由于这类损耗所引起的损耗功率与传播模式的功率呈线性关系，所以称为线性散射损耗。

1）瑞利散射。瑞利散射是一种最基本的散射过程，属于固有散射。对于短波长光纤，损耗主要取决于瑞利散射损耗。值得强调的是，瑞利散射损耗也是一种本征损耗，它和本征吸收损耗一起构成光纤损耗的理论极限值。

2）波导散射损耗在光纤制造过程中，由于工艺、技术问题及一些随机因素，可能造成光纤结构上的缺陷，如光纤的纤芯和包层的界面不完整、芯径变化、圆度不均匀、光纤中残留气泡和裂痕等。

（2）非线性散射损耗

光纤中存在两种非线性散射，它们都与石英光纤的振动激发态有关，分别为受激拉曼散射和受激布里渊散射。

**3. 弯曲损耗**

光纤的弯曲有两种形式：一种是曲率半径比光纤的直径大得多的弯曲，我们习惯称为弯曲或宏弯；另一种是光纤轴线产生微米级的弯曲，这种高频弯曲习惯称为微弯。在光缆的生产、接续和施工过程中，不可避免地出现弯曲。

微弯是由于光纤受到侧压力和套塑光纤遇到温度变化时，光纤的纤芯、包层和套塑的热膨胀系数不一致而引起的，其损耗机理和弯曲一致，也是由模式变换引起的。

**4. 光纤损耗系数**

为了衡量一根光纤损耗特性的好坏，在此引入损耗系数（或称为衰减系数）的概念，即传输单位长度（1km）光纤所引起的光功率减小的分贝数，一般用 $\alpha$ 表示损耗系数，单位是 dB/km。在最一般的条件下，在光纤内传输的光功率 $P$ 随距离 $z$ 的变化，可以用下式表示

$$\frac{dP}{dz} = -\alpha P \tag{3-17}$$

设长度为 $L$（km）的光纤，输入光功率为 $P_i$，则输出光功率应为 $P_o = P_i \exp(-\alpha L)$，得到

损耗系数 $\alpha$ 为

$$\alpha = \frac{10}{L} \lg \frac{P_i}{P_o} \tag{3-18}$$

式中，$L$ 为光纤长度，以 km 为单位；$P_i$ 和 $P_o$ 分别为光纤的输入和输出光功率，以 mW 或 μW 为单位。

光纤损耗谱特性如图 3.11 所示。

单模光纤的第一低损耗窗口位于 0.85μm 附近；第二低损耗窗口位于 1.30μm 附近；第三低损耗窗口位于 1.55μm 附近，根据光纤的光功率损耗，同时考虑到光源、光检测器和包括光纤在内的光器件的使用，目前应用的三个低损耗窗口为：

1）第一低损耗窗口短波长 0.85μm 附近。

2）第二低损耗窗口长波长 1.31μm 附近，即 S 波段。

3）第三低损耗窗口长波长 1.55μm 附近，即 C 波段；它位于 1528～1565nm 段。习惯将 1528～1545nm 段称为蓝波段，将 1350～1450nm 段称为红波段。

1561～1620nm 段定义为 L 波段或第四窗口；1350～1450nm 段为第五窗口。

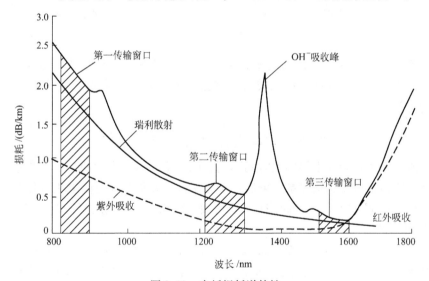

图 3.11 光纤损耗谱特性

实验曲线的损耗值为：对于单模光纤，在 0.85μm 时约为 2.5dB/km；在 1.31μm 时约为 0.4dB/km；在 1.55μm 时仅为 0.2dB/km，已接近理论值（理论极限为 0.15dB/km）。

## 3.3.2 光纤色散

### 1. 色散的概念

色散（Dispersion）是在光纤中传输的光信号，由于不同成分的光的时间延迟不同而产生的一种物理效应。光纤色散是光纤通信的另一个重要特性，光纤的色散会使输入脉冲在传输过程中展宽，产生码间干扰，增加误码率，这样就限制了通信容量。因此制造优质的、色散小的光纤，对增加通信系统容量和加大传输距离是非常重要的。色散一般包括模式色散、材料色散和波导色散。

（1）模式色散

所谓模式色散，用光的射线理论来说，就是由于轨迹不同的各光线沿轴向的平均速度不同所造成的时延差，它取决于光纤的折射率分布，并和光纤材料折射率的波长特性有关。

模间时延主要存在于多模光纤中。在光纤中，光能量首先被分配到光纤中存在的模式上去，然后由不同的模携带能量向前传播。由于不同的模的传播路径不同，因此到达目的地时不同的模之间存在时延差。对于多模光纤，其纤芯为 $50\mu m$，远大于光的波长 $1.3\mu m$，因而波动理论与几何光学分析的结论是一致的。可以将一个模式看成是光线在光纤中一种可能的行进路径。由于不同的路径其长度不同，因而对应的不同的模式其传播时延也不同。设有一光脉冲注入长为 $L$ 的阶跃型光纤中，可以用几何光学求出其最大的时延差 $\delta\tau$，如图 3.12 所示。

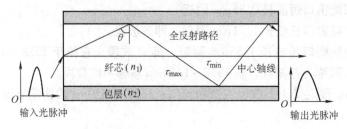

图 3.12　模间时延差

设一单色光波注入光纤中，其能量将由不同的模式携带，速度最快的模（路径最短）与中心轴线光线相对应，速度最慢的模（路径最长）与沿全反射路径的光线相对应，可求出最大的时延差

$$\delta\tau = \tau_{\max} - \tau_{\min} = \frac{L}{c/n_1} - \frac{L/\sin\theta}{c/n_1} = \frac{Ln_1^2}{cn_2} = L\tau \qquad (3-19)$$

由于不同的光线在光纤中传输的时间不同，因而输入一个光脉冲时，其能量在时间上相对集中，经光纤传输后到达输出端，输出一个光脉冲，其能量在时间上相对弥散，通过合理设计光纤，模式色散可以减小（如渐变光纤），甚至没有（如单模光纤）。

（2）材料色散

材料色散是由于光纤的折射率随波长而改变，以及模式内部不同波长成分的光（实际光源不是纯单色光），其时间延迟不同而产生的。这种色散取决于光纤材料折射率的波长特性和光源的谱线宽度。一般情况下，材料色散往往是用色散系数这个物理量来衡量，色散系数定义为单位波长间隔内各频率成分通过单位长度光纤所产生的色散，用 $D_m(\lambda)$ 表示，单位是 $ps/(nm \cdot km)$。在已知材料色散系数的前提下，材料色散的表达式可根据色散系数的定义导出，材料色散用 $\tau_m$ 表示。

$$\tau_m(\lambda) = D_m(\lambda)\Delta\lambda L \qquad (3-20)$$

式中，$\Delta\lambda$ 为光源的谱线宽度，即光功率下降到峰值光功率一半时所对应的波长范围；$L$ 是光纤的传播长度。

（3）波导色散

波导色散是由于光纤中模式的传播常数是频率的函数而引起的。它不仅与光源的谱宽有关，还与光纤的结构参数（如 $V$）等有关。对于普通的单模光纤，波导色散相对于材料色散较小，它与光纤波导参数有关，随 $V$、光纤的纤芯、光波长的减小而变大。波导色散为负色散。

**2. 色散对光纤传输系统的影响**

色散对光纤传输系统的影响，在时域和频域的表示方法不同。如果信号是模拟调制的，色散限制带宽（Bandwith）；如果信号是数字脉冲，色散产生脉冲展宽（Pulse Broadening）。所以，色散通常用 3dB 光带宽 $f_3$dB 或脉冲展宽 $\Delta\tau$ 表示。

用脉冲展宽表示时，光纤色散可以写成

$$\Delta\tau = (\Delta\tau_n^2 + \Delta\tau_m^2 + \Delta\tau_w^2)^{1/2} \qquad (3-21)$$

式中，$\Delta\tau_n$、$\Delta\tau_m$、$\Delta\tau_w$ 分别为模式色散、材料色散和波导色散所引起的脉冲展宽的均方根值。

光纤带宽的概念来源于线性非时变系统的一般理论。如果光纤可以按线性系统处理，其输入光脉冲功率 $P_i(t)$ 和输出光脉冲功率 $P_o(t)$ 的一般关系为

$$\int_{-\infty}^{+\infty} h(t-t') P_i(t') dt \qquad (3-22)$$

冲激响应 $h(t)$ 的傅里叶（Fourier）变换为

$$\int_{-\infty}^{+\infty} h(t) \exp(-2\pi jft) dt \qquad (3-23)$$

一般，频率响应 $|H(f)|$ 随频率的增加而下降，这表明输入信号的高频成分被光纤衰减了。受这种影响，光纤起了低通滤波器的作用。将归一化频率响应 $|H(f)/H(0)|$ 下降一半或减小 3dB 的频率定义为光纤 3dB 光带宽 $f_3$dB，由此得到

$$|H(f_3 dB)/H(0)| = 0.5 \qquad (3-24)$$

或

$$T(f) = 10\lg|H(f_3 dB)/H(0)|dB = -3dB \qquad (3-25)$$

光功率总是要用光电子器件来检测，而光检测器输出的电流正比于被检测的光功率，即

$$20\lg \frac{I_2(f)}{I_1(f)} = 20\lg \frac{1}{2}dB = -6dB \qquad (3-26)$$

于是有 3dB 光带宽对应于 6dB 电带宽。

**3. 色散补偿**

色散对通信尤其是高比特率通信系统的传输有不利影响，但我们可以采取一定的措施来降低或补偿。有如下几种方案。

（1）零色散波长光纤

在某一波长范围，如 $\lambda > 1.27\mu m$，由于材料色散与波导色散符号相反，因而在某一波长上可以完全相互抵消。对于普通的单模光纤，波长为 $\lambda = 1.30\mu m$，选用工作于该波长的光纤其色散最小。

（2）色散位移光纤（DSF）

减少光纤的纤芯使波导色散增加，可以把零色散波长向长波长方向移动，从而在光纤最低损耗窗口 $\lambda = 1.55\mu m$ 附近得到最小色散。将零色散波长移至 $\lambda = 1.55\mu m$ 附近的光纤称为 DSF。

（3）色散平坦光纤（DFF）

将在 $\lambda = 1.30\mu m$ 和 $\lambda = 1.55\mu m$ 范围内，色散接近于零的光纤称为 DFF。

（4）色散补偿光纤（DCF）

普通单模光纤的色散典型值为 1ps/（nm·km），在特定波长范围内；DCF 的色散符号与其相反，即为负色散。这样，当 DCF 与普通单模光混合使用时，色散得到了补偿。为了得到好的补偿效果，通常 DCF 的色散值很大，典型值为 -103ps/（nm·km），所以只需很短的 DCF 就能补偿很长的普通单模光纤。

（5）色散补偿器

色散补偿器，如光纤光栅 FG、光学相位共轭 OPC 等，其原理都是让原先跑得快的波长经过补偿器时慢下来，减少不同波长由于速度不一样而导致的时延。

### 3.3.3 光纤的非线性

由于光纤很细，纤芯中电场强度很高，又由于光纤中衰减很小，非线性现象的作用时间可以持续较长，这就使得光纤中的非线性效应不能被忽视。光纤非线性特性对光信号传输的影响比较复杂，可以造成功率损耗、新频率成分的产生和光信号畸变等。在现代光纤通信系统中，随着光源发射功率的增加、光纤损耗进一步的降低、多信道传输方式的采用，光纤中的非线性愈来愈明显，已经成为影响光通信发展的主要因素。在石英光纤中，由于材料结构的反演对称性，非线性效应由三阶极化率产生。非线性现象本质上是在非线性介质中传输的光场进行能量和动量交换的过程。对光纤中非线性传输特性的研究，原则上可以将光纤材料的三阶极化率代入麦克斯韦方程，通过推导非线性耦合波方程得到各种非线性光学现象的耦合波方程，最终利用耦合波方程对各具体非线性光学现象进行研究。但是，非线性耦合波方程的推导极其复杂。本节不做具体的数学推导（具体可参见有关专门文献），只重点介绍各种非线性光学现象。任何介质（如玻璃光纤）对光功率的响应都是非线性的。由于光注入光纤介质产生了电偶极子，电偶极子反过来与光波会产生相互调制的作用。在光功率小时引起小的振荡（即线性响应），在光功率大时振荡产生非线性响应。电偶极子的极化强度 $P$ 与光场 $E$ 的关系为

$$P = \varepsilon_0 \left[ k^1 E + k^2 EE + k^3 E \cdot E \cdot E + \cdots \right] \tag{3-27}$$

式中，$\varepsilon_0$ 为真空中的电介常数；$k^n$ 为系统 $n$ 阶响应系数，$n = 1$ 时为线性系统，$n > 1$ 时为非线性的高阶响应。

对于各向同性介质（如光纤），第二项是正交的，因而该项消失，第三项引起的非线性效应很大，常被称为克尔效应。它主要有两类：一类是由于光纤的折射率随输入光功率的变化引起的；另一类是由散射产生的。当光纤中光功率保持低电平时，玻璃光纤的折射率一直为常数。当光纤中的光功率提高后，光纤的折射率受到传输信号光强度的调制而发生变化。在光强度调制系统中，当光信号与声波或光纤材料中振动的分子相互作用时，会散射光并把能量向更长的波长转移。非线性受激散射可分为布里渊散射和拉曼散射两种形式。

### 3.3.4 非线性折射率波动效应与非线性受激散射

非线性折射率波动效应可分为三大类：自相位调制（SPM）、交叉相位调制（XPM）及四波混频（FWM）。非线性受激散射可分为布里渊散射和拉曼散射两种形式。

**1. 非线性折射率波动效应**

（1）自相位调制

由克尔效应可知，强光场将瞬时改变光纤的折射率，光强 $I$ 与折射率变化 $\delta n$ 的关系为

$$\delta n = \sigma I \qquad (3-28)$$

式中，$\sigma$ 是非线性克尔系数。

当有一光波信号在光纤中传输时，其相位随距离而变化，方程为

$$\phi = (nz + \phi_0) + \frac{2\pi}{\lambda}\sigma I(t)z \qquad (3-29)$$

前一项是线性相移，后一项为非线性相移。如果输入的光信号是强度调制，则非线性相移引起相位调制，这种效应称为 SPM。

SPM 的相位调制能够产生新的频率，同时展宽了光脉冲的频谱，在波分复用系统中如果这种调制现象较严重，展宽的光谱会覆盖到相邻的信道。另外，SPM 能带来好处，它能够与光纤的正色散作用，从而暂时压缩传输的光脉冲。

（2）交叉相位调制

交叉相位调制（XPM/CPM）准确地讲，是与自相位调制产生方式相同的另一种非线性效应。然而自相位调制是光脉冲对自身相位的影响，交叉相位调制是用来描述光脉冲对其他信道信号光脉冲相位的影响，仅在多信道系统中才发生。

（3）四波混频

当有三个不同波长的光波同时注入光纤时，由于三者的相互作用，产生了一个新的波长或频率，即第四个波，新波长的频率是由入射波长组合产生的新频率。这种现象称为四波混频效应。

四波混频效应能够将原来各个波长信号的光功率转移到新产生的波长上，从而对传输系统性能造成破坏。在波分复用系统中，混合产生的新波长会与其他信号信道的波长完全一样，严重破坏信号的眼图并产生误码。四波混频效应的效率与波长失配、波长间隔、注入光波长的强度、光纤的色散、光纤折射率、光纤的长度等有关。色散在四波混频效应中起了重要的作用。通过破坏相互作用的信号间的相位匹配，色散能减少四波混频效应产生的新波长数目。目前，1550nm 波长附近的波分复用系统能够传输的波长数目受到了严格限制。

**2. 非线性受激散射**

（1）受激拉曼散射

当一个强光信号在光纤中引发了分子共振时，拉曼非线性效应发生了，这些分子振动调制信号光后产生了新的光频，除此之外，还将放大新产生的光。在室温下，大部分新产生的频率都处于光载波的低频区，对于二氧化硅玻璃，新峰值频率比光载频低 13THz。换言之，当信号波长为 1.55μm 时，将在 1.65μm 处产生新的波长。

光纤中的光信号与光纤的材料分子相互作用产生受激拉曼散射（SRS）。虽然 SRS 会产生前后两个方向的散射光，但采用光隔离器可以滤除后向传输的光。SRS 的门限值取决于光纤的特性、传输信道的数目、信道间隔、每个信道的平均光功率及再生段的距离。单信道系统的 SRS 的门限值约为 1W，明显高于受激布里渊散射 SBS 的门限值。

从光信号传输的角度，在单信道通信中，SRS 会导致光纤通信系统中信号光功率的附加衰减，同时，由于泵浦脉冲与其产生的斯托克斯脉冲的相互错位，如果在接收端不加光滤波器对斯托克斯脉冲抑制的话，将会造成码间串扰。在多信道系统中，SRS 将造成各信道之间的能量转换，产生信道串扰。另外，SRS 在通信中也有其有用的一面。由于 SRS 具有增益特性，而且可以在光纤中积累，因此这种效应可被利用制作成光纤放大器。SRS 光纤放大器具

有很宽的增益谱宽（5~10THz），可用于宽光谱的波分复用光纤通信系统中。另外，SRS 光纤放大器还具有响应时间快、饱和输出功率大、易于耦合等优点。由于这些特性，SRS 光纤放大器在光放大器中占有一席之地。利用 SRS 还可以制成光纤激光器，由于拉曼增益宽度很宽，因此拉曼激光器的输出光波长可以在很宽的范围内调节。

（2）受激布里渊散射

当一个窄线宽、高功率信号沿光纤传输时，将产生一个与输入光信号同向的声波，此声波波长为光波长的一半，且以声速传输。理解非线性布里渊效应的一个简单方法是将声波想象为一个把入射光反射回去的移动布拉格光栅，由于光栅向前移动，因此反射光经多普勒频移到一个较低的频率值。对于工作于 1.55μm 的二氧化硅光纤，布里渊频偏约为 11GHz，且决定于光纤中的声速，反射光线宽，还取决于声波的损耗，它可在几十至几百兆赫兹的范围内变动。

利用 SBS 的耦合波方程及光纤的受激布里渊增益特性进行分析，分析表明 SBS 具有以下特点。

1）阈值特性。只有当入射激光强度超过一定的激励阈值后，才能产生 SBS 效应；只有当输入泵浦光功率达到或超过这一临界值时，SBS 过程才能充分表现出来。SBS 的阈值泵浦功率定义为：光纤输入端输出的斯托克斯光功率与光纤输出端输出的泵浦光功率相等时所对应的输入端泵浦光功率。

2）SBS 光也具有良好的方向性、高的光谱单色性和高亮度特性。

3）调制特性。SBS 光与入射激光的调制时间特性有很大的关系，散射强度会随入射激光的调制时间特性的不同有相应地降低。

4）后向散射。SBS 光的方向与入射激光传输方向相反。

5）偏振特性。SRS 光的偏振方向与入射激光相同时，两者作用最强烈，垂直时，两者不发生作用。

6）泵浦特性。入射激光的光谱宽度对 SBS 光强度的影响很大，入射激光的光谱宽度愈窄，泵浦效率愈高。

根据石英光纤中 SBS 的特点，从信号传输角度看，它主要将引起光信号功率的衰减，并对光发射机构成危害，为消除 SBS 的影响，需在通信系统中的光源器件前加光隔离器。另外，由于 SBS 频移较小，在目前信道间距大于 100GHz 的多信道系统中，不存在信道串扰问题，但随着信道间距的进一步减小，还会产生信道串扰问题。通过计算我们会发现，SBS 的增益系数比 SRS 的大两个数量级。也就是说，在光纤中产生 SBS 的激励阈值要比 SRS 低得多。

但是，在光纤通信系统中，由于信号光的光谱线宽度远远大于 SBS 散射光的谱线宽度，因此目前在光纤通信中主要关注 SRS 问题，对 SBS 的影响基本不予考虑。SBS 的增益特性也可以用于制造光纤放大器和激光器。

## 3.3.5 光纤标准与在系统中的应用

当今，光纤制造技术日趋完善，再加上器件和系统的飞速发展带来了光纤品种不断推陈出新，特别是网络业务呈指数式增长势态，使得光纤网带宽每 6~9 个月就可翻一番。为切实满足网络业务高速发展的需要，光纤通信业内的科研工作者不懈地努力开发新光纤、新器件、新系统来实现高速率、大容量、远距离光纤通信。正是高速率、大容量、远距离光纤通信促使光纤的性能研究由最初的衰减、色散转向非线性效应、偏振模色散、色散斜率、色散绝对值大小等。与之相应的推出了一个供不同光纤通信系统选用的光纤系列，如 G.651、G.652、G.653、G.654、G.655、全波光纤等色散补偿光纤。

**1. G.651 型光纤与 G.652 型光纤**

光纤通信系统发展初期，传输距离短、传输速率低、传输容量小，故系统对光纤性能的要求仅仅停留在"衰减"一个性能上，与之适应的光纤为 G.651 型光纤。

通信系统发展中期，传输距离延长、传输速率提高、传输容量增大，这时系统对光纤性能的要求就由"衰减"一个性能指标转向"低衰减"、"高带宽"两个性能，从而诞生了 G.652 型光纤。

G.652 型光纤的损耗特性具有三个特点：

1）在短波长区内的衰减随波长的增加而减小，这是因为在这个区域内，与波长的 4 次方成反比的瑞利散射所引起的衰减是主要的。

2）损耗曲线上有由羟基（键 OH）引起的几个吸收峰，特别是 1.385μm 上的峰。

3）在 1.6μm 以上的波长上，由于弯曲损耗和二氧化硅的吸收而使衰减有上升的趋势。

因此，在 G.652 型光纤内有 3 个低损耗窗口的波长，即 850nm，1310nm 和 1550nm。其中损耗最小的波长是 1550nm。在 G.652 型光纤中，其零色散波长为 1310nm（这就是说，在 1310nm 波长处，单模光纤的材料色散和波导色散一为正、一为负，大小也正好相等），也就是在光纤损耗第二小的这个波长上。对损耗最小的 1550nm 波长而言，其色散系数大约为 17ps/（nm·km），限制了其在 1550nm 波段传输宽带和传输距离。

通常，G.652 型单模光纤在 C 波段 1530～1565nm 和 L 波段 1565～1625nm 的色散较大，一般为（17～22）ps/（nm·km）。在开通高速率系统，如 10Gbit/s 和 40Gbit/s 及基于单通路高速率的 WDM 系统时，可采用色散补偿光纤来进行色散补偿，使整个线路上 1550nm 处的色散大大减小，使 G.652 型光纤既可满足单通道 10Gbit/s、40Gbit/s 的 TDM 信号，又可满足 DWDM 的传输要求。但 DCF 同时引入较大的衰减，因此它常与光放大器一起工作，置于 EDFA 两级放大之间，这样才不会占用线路上的功率余度。

**2. G.653 型光纤与 G.654 型光纤**

人们通过改变光纤的折射率分布来改变波导色散，从而使光纤的总色散在 1550nm 波长上为零，这样便研究开发出了在 1550nm 波长上兼有最低衰减和最大宽带的 G.653 型色散移位光纤。G.653 型光纤是第二代单模光纤，其特点是在波长 1.55μm 色散为零，损耗又最小。这种光纤适用于大容量长距离通信系统，特别是 20 世纪 80 年代末期 1.55μm 分布反馈激光器（DFB-LD）研制成功，90 年代初期 1.55μm 掺铒光纤放大器（EDFA）投入应用，突破通信距离受损耗的限制，进一步提高了大容量长距离通信系统的水平。

正是跨洋海底光缆线路需要用极低衰减的光纤，人们又开发出了衰减极小的 G.654 型光纤。G.654 型光纤是一种截止波长大于 1310nm，专门用于 1550nm 波段（衰减最小窗口）的海底光纤通信系统用光纤。这种光纤实际上是一种用于 1.55μm 改进的常规单模光纤，目的是增加传输距离。此外还有色散补偿光纤，其特点是在波长 1.55μm 具有大的负色散。这种光纤是针对波长 1.31μm 常规单模光纤通信系统的升级而设计的，因为当这种系统要使 EDFA 以增加传输距离时，必须把工作波长从 1.31μm 移到 1.55μm。用色散补偿光纤在波长 1.55μm 的负色散和常规单模光纤在 1.55μm 的正色散相互抵消，以获得线路总色散为零损耗又最小的效果。

### 3. G. 655 型光纤

G. 652 型光纤为光信号的传输提供了很高的带宽，但它不令人完全满意之处在于其零色散波长在光纤损耗第二小的这个波长上，而没有在损耗最小的 1550nm 波长上。而这个特性对一个光纤通信系统来说意味着：如果这个光纤通信系统对损耗特性是最优的，那么它对色散限制特性就不是最优的；如果这个光纤通信系统对色散限制特性最优，那么它对损耗限制特性就不是最优的。

为了使光纤通信系统对损耗限制特性和色散限制特性都是最优的，人们又研制出色散位移光纤（DSF），即将光纤的零色散波长从 1310nm 处移动到 1550nm 处，而光纤的损耗特性不发生变化。也就是将零色散波长移动到损耗最小的波长上。但是零色散波长最大的问题是容易产生四波混频现象。所以，为了避免产生四波混频非线性的影响，同时又使 1550nm 处的色散系数值较小，就产生了 NZ - DSF 光纤。NZ - DSF 光纤的色散值大到足以允许 DWDM 传输，并且使信道间有害的非线性相互作用减至最低，同时又小到足以使信号以 10Gbit/s 的速率传输 300 ~ 400km 而无需色散补偿。

按照光纤在 1550nm 处的色散系数的正负，G. 655 型光纤又分为两类：正色散系数 G. 655 型光纤和负色散系数 G. 655 型光纤。典型的 G. 655 型光纤在 1550nm 波长区的色散值为 G. 652 型光纤的 1/4 ~ 1/6，因此色散补偿距离也大致为 G. 652 型光纤的 4 ~ 6 倍，色散补偿成本（包括光放大器、色散补偿器和安装调试）远低于 G. 652 型光纤。另外，由于 G. 655 型光纤采用了新的光纤拉制工艺，具有较小的极化模色散，单根光纤的极化模色散一般不超过 0.05ps/km1/2。即便按 0.1ps/km1/2 考虑，这也可以完成至少 400km 长的 40Gbit/s 信号的传输。

### 4. 全波光纤

全波光纤也可称作无水峰光纤，它几乎完全消除了内部的氢氧根（OH⁻）离子，从而可以比较彻底地消除由之引起的附加水峰衰减。光纤衰减将仅由硅玻璃材料的内部散射损耗决定，在 1385nm 处的衰减可低至 0.31dB/km。由于内部已清除了氢氧根，因而光纤即便暴露在氢气环境下也不会形成水峰衰减，具有长期的衰减稳定性。因为它消除了 OH 损耗所产生的尖峰，所以与普通 G. 652 型光纤相比，全波光纤具有以下优势。

1）在 1400nm 处存在较高的损耗尖峰，所以普通 G. 652 型光纤仅能使用 1310nm 和 1550nm 两个窗口。由于 1310nm 处的色散为零，在这个波长窗口仅能够使用一个波长，所以理想情况下，普通 G. 652 型光纤除 1310nm 窗口外，还可以使用 1530 ~ 1625nm 的波分复用窗口。而全波光纤消除了水峰，在理想情况下，全波光纤覆盖 G. 652 型全部波段以外，还可开辟 1400nm 窗口，所以它能够为波分复用系统（WDM）提供自 1335 ~ 1625nm 波段的传输通道。

2）在 1400nm 波段，全波光纤的色散只有普通光纤在 1550nm 波段的一半，所以对于高传输速率，全波光纤 1400nm 波段的无色散补偿传输距离将比传统的 1550nm 波段的无色散补偿传输距离增加 1 倍。

3）因为全波光纤可以使用 1310nm、1400nm 和 1550nm 三个窗口，所以全波光纤将有可能实现在单根光纤上传输语音、数据和图像信号，实现三网合一。

4）全波光纤增加了 60% 的可用带宽，所以全波光纤为采用粗波分复用系统（CWDM）

提供了波长空间。例如，1400nm 窗口的波长间距为 2.5nm 时，就可以提供 40 个粗波分复用波长，而 1550nm 窗口提供 40 个波长时，其波长间距为 0.8nm。显然，1400nm 粗波分复用的波长间距比传统的间距更宽，而更宽的波长间距使系统对元器件的要求大大降低，所以 CWDM 的价格低于 DWDM 的价格，从而使电信运营商的运行成本降低。

目前，全波光纤的标准化工作取得了很大的进展，已经获得了国际技术标准的支持。1999 年 7 月，美国电信协会（TIA）投票通过了低水峰光纤的详细指标。1999 年 10 月，国际电器技术协会（IEC）第一工作组通过了将低水峰光纤纳入 B.13 新光纤类别。1999 年 10 月，ITU－T 第 15 专家小组在日本奈良通过了将低水峰光纤（全波光纤）纳入到 G.652 型增补项。所以，全波光纤已经解决了缺乏标准支持的问题。

开辟 1400nm 窗口必须要有一系列有源和无源器件的支持。目前适用于这一波长区的光源有 EA、DFB 和 FP，光接收器件有 PD 和 APD，光放大器有拉曼放大器和量子阱半导体光放大器，无源器件有薄膜滤波器、光纤布拉格光栅等。因此，开发和利用光纤 1400nm 传输窗口的条件和时机已比较成熟。

目前，1400nm 波段商用化也取得了一定的进展。例如，朗讯科技将有两套使用 1400nm 窗口的 WDM 系统面市。一套是在 WaveStar AllMetro 系统中增加 1400nm 窗口，此系统可在一根光纤中传输 1400nm 和 1550nm 两窗口的信号。此系统具有光放系统，应用在高速率的大城市骨干环网。第二套是 1400nm 城市接入网系统 Allspectra 系统。此系统使用粗波分复用（大约 20nm 信道间隔），使用全波光纤可提供 16 或更多的波长信道，而普通光纤只能提供大约 10 个信道。此粗波分复用产品应用在短距离环网（40km 以内）。

**5. 有关单模光纤的国家标准**

2000 年，信息产业部武汉邮电研究院参照 ITU－T 有关单模光纤的最新建议，起草了单模光纤系列的最新国家标准，如 GB/T 9771.1《非色散位移单模光纤特性》（G.652A、G.652B）；GB/T 9771.3《波长段扩展的非色散位移单模光纤特性》（G.652C）；GB/T 9771.4《色散位移单模光纤特性》（G.653）；GB/T 977.2《截止波长位移单模光纤特性》（G.654）；GB/T 9771.5《非零色散位移单模光纤特性》（G.655A、G.655B）。

## 3.4　光缆

光导纤维是一种传输光束的细微而柔韧的媒质。光导纤维电缆由一捆光纤组成，简称为光缆。光缆是数据传输中最有效的一种传输介质，它的优点和光纤的优点类似，主要有以下几个方面。

1）频带较宽。

2）电磁绝缘性能好。光纤电缆中传输的是光束，由于光束不受外界电磁干扰与影响，而且本身也不向外辐射信号，因此它适用于长距离的信息传输及要求高度安全的场合。当然，抽头困难是它固有的难题，因为割开的光缆需要再生和重发信号。

3）衰减较小，可以说，在较长距离和范围内信号是一个常数。

4）中继器的间隔较大，因此可以减少整个通道中继器的数目，降低成本。根据贝尔实验室的测试，当数据的传输速率为 420Mbit/s 且距离为 119 千米无中继器时，其误码率为 $10^{-8}$，传输质量很好。而同轴电缆和双绞线每隔几千米就需要接一个中继器。

光缆设计的任务是，为光纤提供可靠的机械保护，使之适应外部使用环境，并确保在敷设与使用过程中光缆中的光纤具有稳定可靠的传输性能。光缆的制造技术与电缆是不一样的。光纤虽有一定的强度和抗张能力，但经不起过大的侧压力与拉伸力；光纤在短期内接触水是没有问题的，但若长期处在多水的环境下会使光纤内的氢氧根离子增多，增大光纤的衰耗。因此制造光缆不仅要保证光纤在长期使用过程中的机械物理性能，而且还要注意其防水防潮性能。

### 3.4.1　常用光缆的典型结构

根据缆芯结构，光缆可分为层绞式、骨架式、带状式和束管式四大类。图 3.13 所示为各类光缆的典型结构示意图。我国和欧亚各国多采用前两种结构。

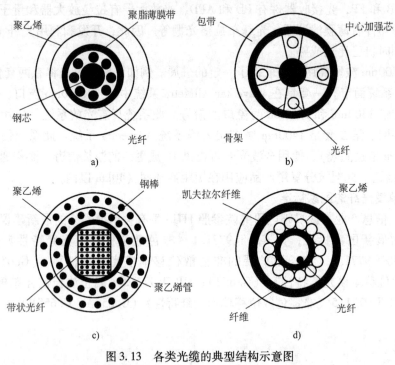

图 3.13　各类光缆的典型结构示意图
a）层绞式　b）骨架式　c）带状式　d）束管式

（1）层绞式光缆结构

层绞式光缆结构与一般的电缆结构相似，能用普通的电缆制造设备和加工工艺来制造，工艺比较简单，也较成熟。这种结构由中心加强件承受张力，而光纤环绕在中心加强件周围，以一定的节距绞合成缆，光纤与光纤之间排列紧密。在光纤通信初期，多采用紧套光纤的层绞式结构，但由于光纤直接绕在光缆中的加强芯上，所以难以保证在其施工与使用过程中不受外部侧压力与内部应力的影响。因此层绞式光缆的抗侧压性能较差，通常采用松套光纤以减小光纤的应变。

（2）骨架式光缆结构

骨架式光缆结构是在中心加强件的外面制作一个带螺旋槽的聚乙烯骨架，在槽内放置光纤绳并充以油膏，光纤可以自由移动，并由骨架来承受轴向拉力和侧向压力，因此骨架式结构光纤具有优良的机械性能和抗冲击性能，而且成缆时引起的微弯损耗也小，属于松套结构光缆。其缺点是加工工艺复杂，生产精度要求较高。

（3）带状式光缆结构

带状式光缆是一种高密度结构的光纤组合。它是将一定数目的光纤排列成行制成光纤带，然后把若干条光纤带按一定的方式排列扭绞而成。其特点是空间利用率高，光纤易处理和识别，可以做到多纤一次快速接续。缺点是制造工艺复杂，光纤带在扭绞成缆时容易产生微弯损耗。

（4）束管式光缆结构

束管式光缆的特点是中心无加强元件，缆心为一充油管，一次涂覆的光纤浮在油中。加强件置于管外，既能做加强用，又可作为机械保护层。由于构成缆芯的束管是一个空腔，因此又称为空腔式光缆。由于束管式光缆中心无任何导体，因而可以解决与金属护层之间的耐压问题和电磁脉冲的影响问题。这种结构的光缆因为无中心加强件，所以缆芯可以做得很细，减小了光缆的外径，减轻了重量，降低了成本，而且抗弯曲性能和纵向密封性较好，制作工艺较简单。

### 3.4.2　光缆的制造与分类

**1. 光缆的制造过程**

1）光纤的筛选：选择传输特性优良和张力合格的光纤。

2）光纤的染色：应用标准的全色谱来标识，要求高温不褪色不迁移。

3）二次挤塑：选用高弹性模量，低线胀系数的塑料挤塑成一定尺寸的管子，将光纤纳入并填入防潮防水的凝胶，最后存放几天（不少于两天）。

4）光缆绞合：将数根挤塑好的光纤与加强单元绞合在一起。

5）挤光缆外护套：在绞合的光缆外加一层护套。

**2. 光缆的分类**

1）按敷设方式分类：有架空光缆、管道光缆、地埋光缆和海底光缆。

2）按光缆结构分类：有束管式光缆、层绞式光缆、骨架式光缆、带状式光缆、非金属光缆和可分支光缆。

3）按用途分类：有长途通信用光缆、短途室外光缆、混合光缆和建筑物内用光缆。

## 3.5　光纤特性的测量

光纤的特性参数很多，基本上可分为几何特性、光学特性和传输特性三类。几何特性包括纤芯与包层的直径、偏心度和不圆度；光学特性主要有折射率分布、数值孔径、模场直径和截止波长；传输特性主要有损耗、带宽和色散。每个特性参数有多种不同的测量方法，国际标准和国家标准对各个特性参数规定了基准测量方法和替代测量方法。在光纤通信系统的应用中，当使用条件变化时，几何特性和大多数光学特性基本上是稳定的，一般可以采用生产厂家的测量数据。损耗、带宽、色散和截止波长，不同程度地受使用条件的影响，直接关系到光纤传输系统的性能，也是我们要特别关注的指标。

### 3.5.1　单模光纤模场直径的测量

从理论上讲，单模光纤中只有基模（$LP_{01}$）传输，基模场强在光纤横截面的存在与光纤的结构有关，而模场直径就是衡量光纤模截面上一定场强范围的物理量。对于均匀单模光纤，基模场强在光纤横截面上近似为高斯分布，通常将纤芯中场强分布曲线最大值 $1/e$ 处所对应的宽度定义为模场直径。简单说来，它是描述光纤中光功率沿光纤半径的分布状态，或者说是描述光纤所传输的光能的集中程度的参量。因此测量单模光纤模场直径的核心就是要测出这种分布。

测量单模光纤模场直径的方法有：横向位移法和传输功率法。

下面介绍传输功率法。取一段 2m 长的被测光纤，将端面处理后放入测量系统中，测量系统主要由光源和角度可以转动的光电检测器构成。光纤的输入端应与光源对准。另外，为了保证只测主模（$LP_{01}$）而没有高次模，在系统中加了一只滤模器，最简单的办法是将光纤打一个直径 60mm 的小圆圈。当光源所发的光通过被测光纤，在光纤末端得到远场辐射图，用检测器沿极坐标作测量，即可测得输出光功率与扫描角度间的关系。然后，按模场直径的定义公式输入 $P$ 和 $\theta$ 值，由计算机按计算程序算出模场直径。

### 3.5.2　光纤损耗的测量

光纤损耗是光纤的一个重要传输参数。由于光纤有衰减，光纤中光功率随距离是按指数的规律减小的。但是，对于单模光纤或近似稳态的模式分布的多模光纤衰减系数是一个与位置无关的常数。测量光纤的损耗有很多种办法，下面只介绍其中的两种办法。

#### 1. 截断法

截断法是测量精度最好的办法，但是其缺点是要截断光纤。这种测量方法的测量如图 3.14 所示。

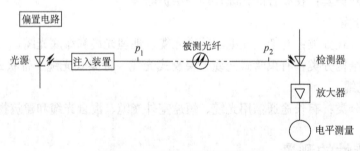

图 3.14　截断法光纤损耗测量图

取一条被测的长光纤接入测量系统中，并在图中的"$p_2$"点位置用光功率计测出该点的光功率 $P_2$。然后，保持光源的输入状态不变，在被测量光纤靠近输入端处"$p_1$"点将光纤截断，测量"$p_1$"点处的光功率 $P_1$。知道"$p_1$"、"$p_2$"点间的距离为 $L$，因此，将这些值代入式（3-30）

$$\alpha = \frac{10}{L}\lg\frac{p_1}{p_2} \qquad (3-30)$$

即可算出这段光纤的平均衰减系数（单位为 dB/km）。

#### 2. 背向散射法

用背向散射法测量光纤损耗的原理与雷达探测目标的原理相似。在被测光纤的输入端射入一个强的光脉冲，这个光窄脉冲在光纤内传输时，由于光纤内部的不均匀性将产生瑞利散射（当然遇到光纤的接头及断点将产生更强烈的反射）。这种散射光有一部分将沿光纤返回向输入端传输，这种连续不断向输入端传输散射光称为背向散射光。从物理概念上看，这种背向散射光就将光纤上各点的"信息"送回了输入端。靠近输入端的光波传输损耗少，故散射回来的信号就强，离输入端远的地方光波传输损耗大，散射回来的信号就弱。人们就用这种带有光纤各点"信息"的背向散射对光纤的损耗等进行测量。这个测量仪器称为光时域反射仪（Optical Time Domain Reflectometer，OTDR）。一条有代表性的测量曲线如图 3.15 所示。

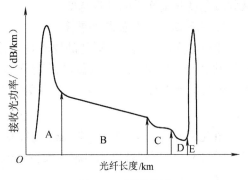

图 3.15　测量曲线

　　图 3.15 中 A 为输入端反射区；B 为恒定斜率区，用以确定损耗系数；C 为连接器、接头或局部缺陷引起的损耗；D 为介质缺陷（如气泡）引起的反射；E 为输出端反射区，用以确定光纤长度。

　　曲线上 A、E 两个很强的回波对应于光纤的输入端面和输出端面引起的反射。曲线 C 点对应于一个光纤接头引起的散射回波。D 点可能对应于光纤中的一个气泡引起的散射回波。由于现在利用 OTDR 机器对光纤链路的损耗进行测量时，能直观、直接从 OTDR 机器内读出所需数据，所以这里不作定量讨论。

　　光时域反射仪的工作原理是：首先用脉冲发生器调制一个光源使光源产生窄脉冲光波，经光学系统耦入光纤。光波在光纤中传输时出现散射，散射光沿光纤返回，途中经过光纤定向耦合器输入光电检测器，经光电检测器变为电信号，再经放大及信号处理送入显示器。其中对信号处理的原因是，背向散射光非常微弱，淹没在一片噪声中，因此，要用取样积分器积分，在一定时间间隔对微弱的散射信号取样并求和。在这过程中，由于噪声是随机的，在求和时抵消掉了，从而将散射信号取了出来。用 OTDR 除了可以测量光纤的损耗以外，还可以观察光纤沿线的损耗情况，以及某损耗突然变化点的装置，光纤接头的插入损耗等。OTDR 还有一个工程上的重大用处，能够方便地找出光纤的断点。现在用 OTDR 测量光纤损耗是最常用的一种方法。优点是测量非破坏性，功能多，使用方便。但是，在使用时始终有一段盲区。另外，用 OTDR 从光纤两端测出的衰减值有差别，通常取平均值。

### 3.5.3　光纤色散与宽带的测量

　　光纤的色散特性是影响光纤通信传输容量和中继距离的一个重要因素。在数字通信中，如色散大，光脉冲展宽就严重，在接收端就可能因脉冲展宽而出现相邻脉冲的重叠，从而出现误码。为了避免出现这种情况，只好使码元间隔加大，或使传输距离缩短。显然这就使得传输容量降低，中继局距离变短，这是人们所不希望的。在模拟传输中，同样由于色散大，不同频率的模拟光信号频谱不相同，在接收端就会使模拟信号出现严重失真。同样为了避免出现这种情况，只好使传输模拟带宽下降，或传输距离缩短，这也是人们所不希望的。为此，高码率、宽带宽模拟信号的光纤通信系统中对光纤的色散就要认真考虑。如前所述，因为光纤色散造成光脉冲的波形展宽，这是从时域观点分析的情况，若是从频域角度来看，光纤有色散就表示光纤是有一定传输带宽的。因此脉冲展宽和带宽是从不同角度描述光纤传输特性的两个紧密联系的参量。

从测量方法上与此对应也有两种方法：一种是从时域角度测量光脉冲的展宽；另一种是从频域角度测量光纤的基带宽度。

### 1. 用时域方法测量脉冲展宽

用时域方法测量脉冲展宽的原理是：首先为了使问题还不至于复杂，假设输入光纤和从光纤输出的光脉冲波形都近似成高斯分布。可以证明，脉冲通过光纤后的展宽 $\Delta\tau$ 与其输入、输出波形宽度 $\Delta\tau_1$ 和 $\Delta\tau_2$ 的关系为

$$\Delta\tau = \sqrt{\Delta\tau_2^2 - \Delta\tau_1^2} \tag{3-31}$$

由此可见，$\Delta\tau$ 不是 $\Delta\tau_2$ 与 $\Delta\tau_1$ 的简单相减的关系。所以，只要将测出来的 $\Delta\tau_1$ 和 $\Delta\tau_2$ 代入式（3-31）即可以算出脉冲展宽 $\Delta\tau$。求出 $\Delta\tau$ 以后，再根据脉冲的展宽 $\Delta\tau$ 和相应的带宽计算公式

$$B = 0.44/\Delta\tau \tag{3-32}$$

将 $\Delta\tau$ 代入式（3-32）中可求出相应的光纤每千米带宽。若 $\Delta\tau$ 的单位用 ns，则 $B$ 的单位是 GHz。用时域法测量光纤的脉冲展宽（进而计算出光纤带宽的原理：首先用一台脉冲信号发生器去调制一个激光器。从激光器输出的光信号通过分光镜分为两路：一路进入被测光纤（由于色散作用，这一路的光脉冲信号被展宽），经光纤传输到达光电检测器 1 和接收机 1，送入双踪取样示波器并显示出来，这个波形相当于 $P_\text{o}(t)$；另一路，不经过被测光纤，通过反射镜直接进入光检测器 2 和接收机器 2，然后也被送入双踪示波器显示出来。由于这个波形没有经过被检测光纤，故相当于被测光纤输入信号的波形，即相当于 $P_\text{i}(t)$。从显示出的脉冲波形上分别测得 $P_\text{i}(t)$ 的宽度 $\Delta\tau_1$ 和 $P_\text{o}(t)$ 的宽度 $\Delta\tau_2$，最终算出带宽 $B$。最后还应该指出，用这种方法测量单模光纤比较困难，因为其 $\Delta\tau$ 太小。

### 2. 用频域法测量光纤带宽

频域法测量，就是用一个扫频振荡器产生的频率连续变化的正弦信号去调制激光器，从而研究光纤对不同频率调制的光信号的传输能力。具体地说，就是要设法测出光纤传输已调制光波的频率响应特性。得到了频率响应特性后，即可按一般方法求出光纤的带宽。

设 $P_\text{i}(f)$ 为输入被测光纤的光功率与调制频率 $f$ 间的关系，$P_\text{o}(f)$ 为被测光纤输出的光功率与调制频率 $f$ 关系，则被测光纤的频率响应特性 $H(f)$ 为 $H(f) = P_\text{o}(f)/P_\text{i}(f)$，若以半功率点来确定光纤的带宽 $f_\text{c}$。即 $10\lg H(f) = 10\lg[P_\text{o}(f)/P_\text{i}(f)] = 10\lg\dfrac{1}{2}\,\text{dB} = -3\text{dB}$。$f_\text{c}$ 称为光纤的 3dB 光带宽。

由于测量光纤的频率响应特性，需要测出输入光纤的光功率特性和从光纤输出的光功率特性，即需要得到两个信号，故用一条短光纤的输出光功率来代替被测光纤的输入光功率。由扫频信号发生器输出一个频率连续可调的正弦信号，利用这个信号去对激光器的光信号进行强度调制，然后将这个已调光信号耦合入光开关，由光开关依次送出两路信号，一路光信号进入短光纤，经过光电检测器送入频谱分析仪。用短光纤的输出信号来代替被测光纤的输入信号（由于光纤短，经过传输后信号变化很小，故可以认为是输入信号）。另一路光信号是经过光开关送入被测光纤，由连续的正弦波调制的光信号经过光纤传输，携带了被测光纤对不同调制频率光信号的反应，从光纤输出，经光电检测器送入频谱分析仪。这样频谱分析仪中就得到了被测

光纤的输入和输出两种光信号，因此就可得到被测光纤的频率响应，从而测出光纤的带宽。

## 3.6　大气吸收和散射对空间光通信的影响

激光的传输受到大气原子和分子的影响。大气的第一个影响就是光子的吸收，第二个影响是光子的散射。与闪烁不同，由于吸收和散射所造成的损失是个时间不变过程。吸收和散射所造成的大气传输可以通过程序（如 HITRAN、FASCODE 和 LOWTRAN 等）准确地建立模型进行计算。程序都已经经过标准标定，但是参数变换上有些困难。光通信传输激光波长与其相应透射率的关系如图 3.16 所示。

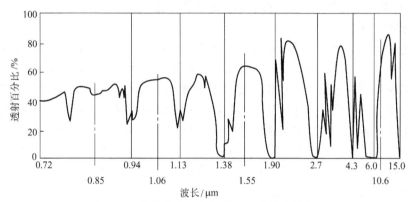

图 3.16　传输激光波长与其相应透射率的关系

### 3.6.1　大气吸收

激光在大气中传输时，会受到大气成分的吸收而衰减。综合考虑大气各吸收成分的吸收特性影响，从图 3.16 中可以看到，当激光穿过整层大气时，由于氮气、氧气、臭氧等分子的吸收，在可见光波段 $400 \sim 600\text{nm}$，只有少数分子存在较弱的吸收线，可见光区内透射率较高。在红外区域 $800 \sim 2000\text{nm}$，吸收是由于分子振动和转动吸收光谱产生的，吸收特性较复杂。激光在大气中传输时，在吸收带间存在透射率较高的波段，称为大气窗口。激光在大气传输中常用的几个大气窗口是 $8000 \sim 14000\text{nm}$、$3000 \sim 5000\text{nm}$、$1000\text{nm}$ 附近和可见光波段。

### 3.6.2　散射

激光在大气中传播时，除了受到选择性吸收以外，还会发生散射作用。纯散射不引起激光光束总能量的损耗，但会改变激光光束能量原来的空间分布，所以经散射后，会导致原来传播方向上激光光束能量的衰减。

对一波长为 $\lambda$ 的单色激光光束，在不均匀媒质内传播距离 $x$ 后，由于纯散射作用，将使激光光束沿 $x$ 方向的衰减为

$$P_\lambda(x) = P_\lambda(0)\exp[-\gamma(\lambda)x] \qquad (3-33)$$

式中，$P_\lambda(0)$ 和 $P_\lambda(x)$ 分别为在散射前和经过 $x$ 距离散射后的单色激光光束功率；$\gamma(\lambda)$ 为散射系数。

因而纯散射所决定的媒质透射率为

$$\tau_s(x,\lambda) = \frac{P_\lambda(x)}{P_\lambda(0)} = \exp[-\gamma(\lambda)x] \qquad (3-34)$$

一般情况下，大气中的散射有两类散射源的作用所构成，即大气分子的散射和大气中悬浮微粒（通常称为气溶胶）的散射。所以上式中的散射系数可以分成下列两项之和：

$$\gamma(\lambda) = \gamma_m(\lambda) + \gamma_\alpha(\lambda) \qquad (3-35)$$

式中，$\gamma_m(\lambda)$ 和 $\gamma_\alpha(\lambda)$ 分别表示分子散射系数和悬浮微粒的散射系数。

由于散射系数随激光光束波长变化，所以透射率 $\tau_s$ 应是波长的函数。如能求出散射系数 $\gamma(\lambda)$，就可以计算出给定大气路程长度 $x$ 的纯散射透射率 $\tau_s(x,\lambda)$。

被散射激光的波长与引起散射的粒子尺寸之间的关系，可以将散射现象分为 3 类，即瑞利（Rayleigh）散射、米氏（Mie）散射和无选择性散射。

### 1. 瑞利散射

当激光光束波长比粒子半径大得多时，所产生的散射称为瑞利散射。因为此时散射元基本上是大气中的气体分子，所以有时也称瑞利散射为分子散射。一般发生在上层大气中。

激光光束被散射的过程，可以被当做激光光束的光子与散射粒子之间的碰撞过程来处理。为简单起见，只考虑弹性碰撞过程，因此激光光束被散射后，只改变原来激光光束的传播方向，而不改变激光光束总能量的光谱分布。设有一个小体元 $dv$，其中包含 $N_s = n_s dv$ 个散射粒子，如果它受到光谱辐照度为 $E_i(x,\lambda)$ 的平行激光束的照射。沿路程 $dx$ 被散射的功率 $dP_s$ 在沿空间方向 $\phi$（散射角）的单位立体角内，小体元中的被粒子散射掉的某一波长激光光束功率，与散射粒子数目成正比，即

$$\frac{d[dP_s(\lambda)]}{d\Omega} = I_s(\lambda) = \alpha_\lambda(\phi) n_s P_i(\lambda) dx \qquad (3-36)$$

式中，$I_s(\lambda)$ 是散射的辐射强度；$\alpha_\lambda(\phi)$ 是比例系数，它是散射角 $\phi$ 和波长的函数；$n_s$ 是散射粒子的浓度；$P_i(\lambda)dx$ 是入射到厚度为 $dx$ 的体积元上的某一波长的激光光束功率。

将式（3-36）改写为

$$\frac{d^2 P_s(\lambda)}{d\Omega} = I_s(\lambda) = \alpha_\lambda(\phi) n_s P_i(\lambda) dx \qquad (3-37)$$

只考虑纯散射，忽略吸收，则有

$$P_i(\lambda) = P_s(\lambda) + P_\tau(\lambda) \qquad (3-38)$$

式中，$P_i(\lambda)$ 为入射光功率；$P_s(\lambda)$ 为光散射功率；$P_\tau(\lambda)$ 为透射光功率。

因此被散射的激光光束功率为

$$d^2 P_s(\lambda) = P_i(\lambda)\alpha_\lambda(\phi) n_s d\Omega dx = -d^2 P_\tau(\lambda) \qquad (3-39)$$

因为 $d\Omega = (\sin\phi) d\phi d\theta$，所以式（3-39）对 $\Omega$ 积分即得

$$dP_\tau(\lambda) = -P_i(\lambda) n_s \left[\int_0^{2\pi} d\theta \int_0^\pi \alpha_\lambda(\phi)\sin\phi d\phi\right] dx \qquad (3-40)$$

$$\frac{dP_\tau(\lambda)}{P_i(\lambda)} = -n_s \left[2\pi \int_0^\pi \alpha_\lambda(\phi)\sin\phi d\phi\right] dx \qquad (3-41)$$

再对 $dx$ 积分，得

$$\frac{P_\tau(\lambda)}{P_i(\lambda)} = \exp\left[-(n_s 2\pi x)\int_0^\pi \alpha_\lambda(\phi)\sin\phi d\phi\right] \qquad (3-42)$$

与式（3-33）或式（3-34）比较，得

$$\gamma(\lambda) = 2\pi n_s \int_0^\pi \alpha_\lambda(\phi)\sin\phi d\phi \qquad (3-43)$$

令

$$\gamma(\lambda) = n_s\beta(\lambda) \qquad (3-44)$$

式中，$\beta(\lambda)$ 是每个散射粒子对入射激光光束的散射截面，一般称为微分散射截面。

如以媒质和散射粒子的有关参数给出式（3-42）的积分，则在激光光束波长比粒子半径大很多的情况下，可以证明，散射系数为

$$\gamma(\lambda) = \frac{4\pi^2 n_s V_s^2 (n^2-n_0^2)^2}{(n^2+2n_0^2)^2} \frac{1}{\lambda^4} \qquad (3-45)$$

式中，$\gamma(\lambda)$ 是散射系数（$cm^{-1}$）；$n_s$ 是散射粒子的浓度（$cm^{-3}$）；$V_s$ 是散射粒子团体积（$cm^3$）；$\lambda$ 是激光的波长（$\mu m$）；$n$ 是散射粒子的折射率；$n_0$ 是支撑粒子的媒质折射率。

对于在空气中的球形微细小水珠，在没有吸收带的可见光和极近红外激光区，由于折射率 $n=1.33$，$n_0=1$，所以可将式（3-45）化为

$$\gamma(\lambda) = 0.872 n_s A^3/\lambda^4 \qquad (3-46)$$

式中，$A$ 是散射水珠的横截面积（$cm^2$）。

由式（3-46）可以得出结论：

只要与激光波长相比较，散射粒子直径与激光波长相比较，散射粒子直径很小，则在乘积 $n_s A^3$ 项相同时，大量的小粒子或少量的大粒子都可以得到同样的散射。

由式（3-45）或式（3-46）还可以看出，瑞利散射的散射系数与激光光束波长的 4 次方成反比。故短波激光光束（如紫外光）要比长波激光光束（如红外光）的散射强烈得多。

**2. 米氏散射和无选择性散射**

当粒子的尺寸和激光光束波长差不多时，产生的散射是米氏散射；当粒子尺寸比激光光束波长大得多时，则产生无选择性散射。

由式（3-37）可以看出，对于球形散射粒子，由于散射的辐射强度 $I_s(\lambda)$ 与方位角 $\theta$ 无关，只是散射角 $\phi$ 的函数。所以只要把 $I_s(\lambda)$ 对整个立体角积分，就可得到散射粒子对单一波长所散射的总单色激光光束功率，在此基础上，按前面类似的方法，由式（3-43）得具有同一散射截面的粒子群的散射系数为

$$\gamma(\lambda) = k(\lambda) n_s \pi b^2 \qquad (3-47)$$

式中，$k(\lambda)$ 是散射面积比；$\pi b^2$ 是散射粒子的横截面积，且

$$k(\lambda) = \frac{\beta(\lambda)}{\pi b^2} \qquad (3-48)$$

对于 $m$ 种不同类型的粒子群散射系数为

$$\gamma(\lambda) = \pi \sum_{j=1}^m n_{sj} k_j(\lambda) b_j^2 \qquad (3-49)$$

式中，$n_{sj}$ 是半径为 $b_j$ 的 $j$ 型散射粒子的浓度；$k_j(\lambda)$ 是 $j$ 型粒子的散射面积比。对于散射粒子浓度随半径连续变化的粒子情况，式（3-49）应该用下列积分代替

$$\gamma(\lambda) = \pi \int_{b_2}^{b_1} b^2 k_s(\lambda) n_s(b) \mathrm{d}b \qquad (3-50)$$

式中，散射面积比 $k_s(\lambda)$ 可由几何光学或电磁理论方法推得。图 3.17 所示是球形水滴散射面积比 $k(\lambda)$ 随水滴尺寸的变化曲线。

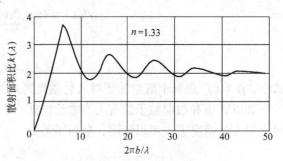

可见，当粒子半径 $b$ 比激光波长小很多时，$k(\lambda)$ 随波长 $\lambda$ 的缩短而迅速增加。直到 $b=0.8\lambda$ 时，$k(\lambda)$ 达到极大值 3.6。随着比值 $b/\lambda$ 的进一步增大，$k(\lambda)$ 值作衰减振荡式变化。但对于足够大的 $b/\lambda$ 值，$b/\lambda$ 逐渐趋于 2，并且与波长几乎无关。

图 3.17　球形水滴散射面积比 $k(\lambda)$ 随水滴尺寸的变化曲线

所以当 $b \gg \lambda$ 时，变为无选择性散射；而当 $b \approx \lambda$ 时为米氏散射。

### 3.6.3　能见度、透明度和大气透过率的关系

通常，在描述大气的吸收和散射时常有能见度和透明度的要求，这就需要确定能见度、透明度和大气透过率的关系。

大气透明度的定义为白光通过 1km 的大气透过率。

能见度（又称为气象视距、能见距离、气象学距离、可见距离等）的定义为人眼对着地平线天空刚好能看见大的（视角大于 $30'$）黑色目标的最大距离，严格的定义指在可见区指定波长 $\lambda_0$ 处（通常取 $0.55\mu m$）的目标和背景对比度降低到 2% 时的距离，2% 的对比度是人眼刚好能辨认目标和背景的典型平均值。

大气水平能见度 $V_M$ 与大气消光系数 $\alpha(\lambda_0)$ 可用下列关系描述

$$V_M = \frac{3.912}{\alpha(0.55)} \qquad (3-51)$$

式中，$V_M$ 为水平能见度；$\alpha(0.55)$ 为人眼敏感的绿光（$\lambda=0.55\mu m$）的大气消光系数。对于不同波长，需对上式进行修正

$$V_M(\lambda) = \frac{3.912}{\alpha(\lambda)} \left(\frac{\lambda}{0.55}\right)^q \qquad (3-52)$$

对不同情况的能见度 $V_M$，$q$ 取自于 Kruse 等给出的经验常数值。当大气能见度好时，气象学距离大于 80km，则 $q$ 为 1.6；中等能见度大气 $q$ 取 1.3；对浓厚的雾能见度很差小于 6km 时，可取 $q=0.585 V_M^{1/3}$。

某个波长的透过率 $T(\lambda)$ 和气象学距离的关系为

$$T(\lambda) = \exp\left\{\left[-\frac{3.912}{V_M}\left(\frac{\lambda_0}{\lambda}\right)^q\right]l\right\} \qquad (3-53)$$

式中，$\lambda_0=0.55\mu m$。

透明度 $\tau$ 和能见度的关系为

$$\ln\tau = -3.912/V_M \qquad (3-54)$$

一般情况透明度和能见度的关系如表 3.1 所示。

表 3.1　透明度和能见度的关系

| 大气状态 | 透明度 | 能见距离/km |
|---|---|---|
| 大气绝对透明 | 0.99 | 300 |
| 透明度特别高 | 0.97 | 150 |
| 空气很透明 | 0.96 | 100 |
| 良好透明度 | 0.92 | 50 |
| 中等透明度 | 0.81 | 20 |
| 空气少许浑浊 | 0.66 | 10 |
| 空气浑浊 | 0.36 | 4 |
| 空气很浑浊 | 0.12 | 2 |
| 薄雾 | 0.015 | 1 |
| 雾 | $2 \times 10^{-4} \sim 8 \times 10^{-10}$ | $0.5 \sim 0.2$ |
| 浓雾 | $10^{-9} \sim 10^{-34}$ | $0.2 \sim 0.05$ |

透明度和透过率的关系为

$$\tau = \frac{1}{\lambda_2 - \lambda_1} \int_{\lambda_1}^{\lambda_2} T(\lambda) \, d\lambda \qquad (3-55)$$

式中，$\lambda_1$，$\lambda_2$ 为可见光区域两端的波长；$T(\lambda)$ 在此为可见光区域 1km 大气光谱透过率。

### 3.6.4　空间光通信激光光谱透过率计算

对于大气传输模型软件，目前国际上使用较多的有美国的 Lowtran、Modtran 和法国的 6S 等软件。其中，Lowtran 是 Modtran 的子集，其分辨率较低，为 20 个波数，计算步进 5 波数；而 Modtran 的分辨率是 5 个波数，计算步进 1 个波数。另外，Modtran 考虑的环境条件影响相对要全面一些。Lowtran 和 Modtran 可以计算整层大气、部分分层大气、水平层等各种大气传输路径，从可见到红外全部波段。Hitran 是用于计算大气线状吸收谱，基本上是由各种大气成分的数据库组成。法国的 6S 软件用于计算大气传输过程，但主要是整层大气。另外，6S 软件只有可见波段，红外波段不能计算。

对于激光束的大气传输问题，由于激光束单色性极强，实际上可以认为线光谱在大气传输，目前普遍使用 Fascode 模型计算。利用不同软件计算的大气透过率情况示意如图 3.18 ～图 3.21 所示。

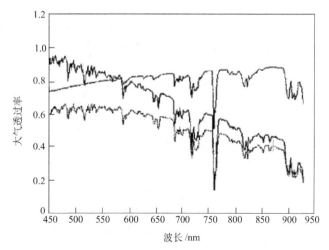

图 3.18　采用 Lowtran 计算的大气透过率

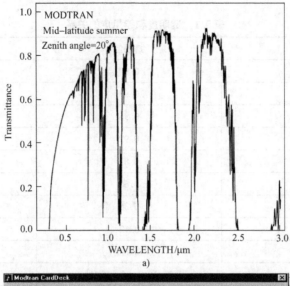

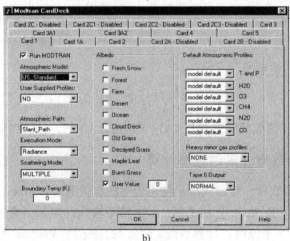

图 3.19　采用 Modtran 计算的大气透过率曲线和界面

a）曲线　b）界面

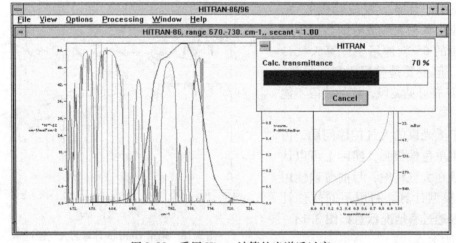

图 3.20　采用 Hitran 计算的光谱透过率

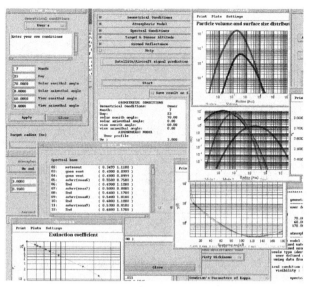

图 3.21　法国 6S 软件界面

采用 Lowtran 7 大气模型软件时不同链路大气的透过率，如图 3.22 ~ 图 3.25 所示。

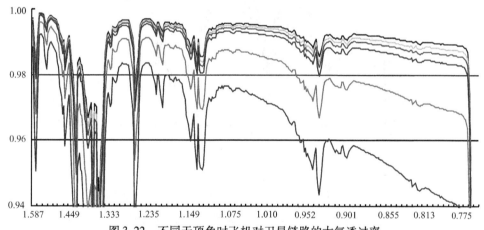

图 3.22　不同天顶角时飞机对卫星链路的大气透过率
注：图中曲线代表天顶角从上到下分别为 0°、30°、40°、50°、60°、80°。

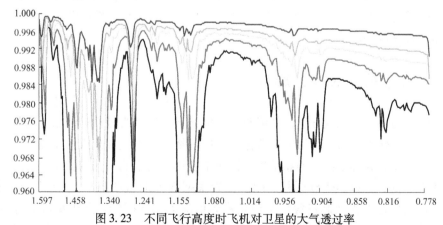

图 3.23　不同飞行高度时飞机对卫星的大气透过率
注：图中曲线代表飞行高度从上到下分别为 20km、16km、12km、10km、8km、6km。

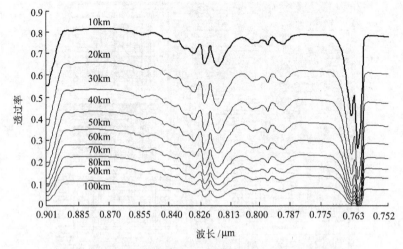

图 3.24　不同通信距离时飞机对地面的大气透过率

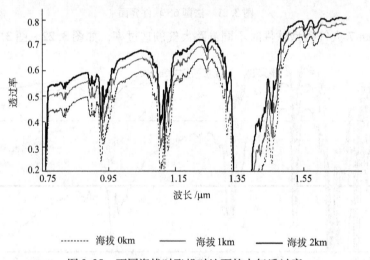

-------- 海拔 0km　　——— 海拔 1km　　——— 海拔 2km

图 3.25　不同海拔时飞机对地面的大气透过率

从图 3.22 和图 3.23 可以看出，天顶角越大，飞行高度越低，大气透过率越低。对于飞机与地面链路的情况如图 3.24 和图 3.25 的计算，结果表明卫星对地面激光传输，大气透过率随地面站海拔高度和通信距离的增加而增加。

## 3.7　大气湍流对光通信的影响

在空间激光通信中，大气分子及气溶胶粒子消光将造成激光能量的衰减，而且大气湍流将严重影响激光传输的质量。当激光在湍流大气中传播时，大气湍流折射率场的起伏导致了激光波阵面的畸变，破坏了激光的相干性，而相干性退化将削弱激光的质量，主要表现在光束相位的随机起伏、光束的随机漂移、能量在光束截面上的重新分布（畸变、展宽、破碎等）以及由此而引起的光强起伏等。这种光强起伏即为大气闪烁，此现象可能导致通信突发性错误，甚至是几毫秒的通信中断。大气闪烁、传输光束的随机漂移、靶面上破碎光斑的等效尺度及其间距等都是实现空间激光通信亟待解决的问题。

### 3.7.1　大气湍流基础理论

大气湍流是大气中的大气分子团相对于大气整体平均运动的一种不规则的运动，是些大小不一的涡旋的无规则运动，它使得大气中局部的参数，如温度、压强、速度和折射率等，产生随空间位置和时间的随机变化。但因为涡流并不是完全不规则的运动，所以描述这些变化的物理量是时间和空间的随机变量，它们围绕某一平均值随机起伏。

流体由规则的层流转变为无规则的湍流运动，由无量纲的雷诺（Reynolds）数作为判据。雷诺数定义为

$$Re = \frac{V_0 l}{v_0} \tag{3-56}$$

式中，$V_0$ 为流体的流速（m/s）；$l$ 为流体的特征尺度（m）；$v_0$ 为流体的运动黏度（$m^2 \cdot s^{-1}$），通常在 $15 \times 10^{-6} m^2 \cdot s^{-1}$ 的量级。若 $V_0 = 1m/s$，$l = 15m$，则有 $Re = 10^{-6}$，它表征此时的气流已经是完全的湍流。

对大气湍流物理量的描述，用大气湍流模型是一个有效的方法。著名的柯尔莫果洛夫（Kolmogorv）湍流模型认为，湍流内各流层由于内摩擦产生的热能，而使动能重新分配。此外，太阳的加热、重力、风也会影响动能的分配。

在地球表面的几毫米到几米范围内的大气温度起伏的结构函数 $D_T (r)$ 遵守各向同性的 2/3 次方定律，即

$$D_T (r) = C_n^2 r^{2/3} \tag{3-57}$$

式中，$r$ 为光束直径；$C_n^2$ 是折射率结构常数（$m^{-2/3}$），它描述了大气折射率起伏的强度，可以用它来表示湍流的强弱。

式（3-57）在 $l_0 \ll r \ll L_0$ 内成立。$L_0$ 是湍流的外尺度，它表示大气在近地面的一定高度内平均湍流速度使湍流获得一定的动能。如果这种变化形成了尺度相当于这一高度的湍流，平均能量场能将能量输送给湍流的尺度为湍流的外尺度。在湍流内同时还有热能的损耗。$l_0$ 是湍流的内尺度，它表示在这个尺度上所有的动能转为热能，没有动能再传给湍流。当 $r \ll l_0$ 时，$D_T (r)$ 随 $r^2$ 变化。在地面上几米范围内，$l_0 \approx \frac{h}{2}$，$h$ 是离地面的高度。$C_n^2$ 是最重要的参数，因湍流会因季节、气象和昼夜而发生变化，结构参数也就会随时间和空间而变化。图 3.26 所示是合肥地区 $C_n^2$ 随高度的变化。

根据达维斯（Davis）的划分，按 $C_n^2$ 值的大小将湍流划分为强湍流（$C_n^2 > 2.5 \times 10^{-13}$），弱湍流（$C_n^2 < 6.4 \times 10^{-17}$），中湍流（$6.4 \times 10^{-17} < C_n^2 < 2.5 \times 10^{-13}$）。

塔塔尔斯基（Tatarskii）证明，在惯

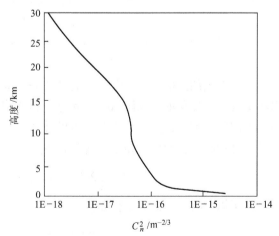

图 3.26　合肥地区光学折射率结构常数 $C_n^2$ 随高度分布

性区内随机温度场可用空间功率谱密度 $\phi_n(k)$ 来描述，这里 $k$ 是空间波矢。

$$\phi_n(k) = 0.033 C_n^2 k^{-11/3} \tag{3-58}$$

对于具有一定内尺度 $l_0$，

$$\phi_n(k) = 0.033 C_n^2 k^{-11/3} \exp\left[\frac{-k^2}{(5.92/l_0)^2}\right] \tag{3-59}$$

而当有一定的外尺度 $L_0$ 时，有

$$\phi_n(k) = 2.54 \times 10^{-4} <\delta_n^2> L_0^3 \ (1 + k^2/k_0^2)^{-11/6} \tag{3-60}$$

式中，$k_0 = 2\pi/L_0$；$<\delta_n^2>$ 为折射率起伏的方差，和 $C_n^2$ 有近似关系

$$C_n^2 \approx 1.9 L_0^{2/3} <\delta_n^2> \tag{3-61}$$

以上谱量的有效区域为：$2\pi/L_0 < k < 2\pi/l_0$。

由折射率 $n$ 的不均匀性引起的相位漂移为

$$\phi = k\int n \mathrm{d}z \tag{3-62}$$

类似地，可定义相位结构函数 $D_\phi(r)$，计算后得

$$D_\phi(r) = 2.91 k^2 r^{5/3} \int_0^L C_n^2(z) \mathrm{d}z \tag{3-63}$$

式中，$z$ 是沿光传输路径的积分变量；$L$ 是路径总长度；$k = 2\pi/\lambda$，引进大气相关长度 $r_0$ 为

$$r_0 = \left(0.423 k^2 \int_0^L C_n^2(z) \ \mathrm{d}z\right)^{-3/5} \tag{3-64}$$

则 $D_\phi(r)$ 化为

$$D_\phi(r) = 6.88 \left(\frac{r}{r_0}\right)^{5/3} \tag{3-65}$$

当积分路径与天顶方向之间有夹角 $\beta$ 时

$$r_0 = \left[0.423 k^2 \sec(\beta) \int_0^L C_n^2(z) \ \mathrm{d}z\right]^{-3/5} \tag{3-66}$$

$r_0$ 是大气光学中重要的参数，它在物理上表示光波通过湍流传输的衍射极限，取值范围为几厘米至几十厘米，对于 $C_n^2$ 是常数，如水平传输

$$r_0 = 1.68 (C_n^2 L k^2)^{-3/5} \tag{3-67}$$

$r_0$ 可以实测出，如用一个两通道的 Hartmann 探测器作差分像运动的监测即可测出实时的 $r_0$。

描述大气湍流的另一个参数是它的等晕角 $\theta_0$。由于大气湍流中众多涡旋的无规则运动，当两束细光束相距的空间距离，或者是一粗光束直径超过一定值时，它们穿过湍流后将产生明显不同的波前差，此即为大气湍流的非等晕性。能够产生近似相等波前差（$\leqslant \lambda/6.3$）的区域为等晕区，其对应的角度为等晕角 $\theta_0$

$$\theta_0 = \left[2.91 k^2 \sec(\beta) \int_0^L C_n^2(z) \ z^{5/3} \mathrm{d}z\right]^{-3/5} \tag{3-68}$$

对于均匀有限高的大气模型

$$C_n^2(z) = \begin{cases} C_n^2 & 0 \leqslant z \leqslant h_0 \\ 0 & z > h_0 \end{cases} \tag{3-69}$$

式中，$h_0$ 为等晕区与非等晕区的临界距离。

于是有

$$\theta_0 = 0.567 \frac{r_0}{h_0} \tag{3-70}$$

如果湍流只存在于高度为 $z_0$ 的一层，则

$$C_n^2(z) = C_n^2 \delta(z - z_0) \tag{3-71}$$

此时

$$\theta_0 = \frac{r_0}{3z_0} \tag{3-72}$$

当角间距为 $\theta$ 时所产生的非等晕性波前差为

$$\delta_1 = \left(\frac{\theta}{\theta_0}\right)^{5/3} \tag{3-73}$$

由于 $r_0 \sim \lambda^{6/5}$，对于可见光（0.5μm），$\theta_0$ 在几个角秒的量级，而对红外光可达到几十个角秒的量级。

## 3.7.2 激光在湍流中的传输

对激光传输的影响是大气分子团的折射率的随机变化所致的闪烁效应引起的。它导致了光束强度起伏、相位起伏、光束扩展、光束漂移和像点抖动等现象。当观察大气中的目标时，目标一闪一闪抖动的现象就叫闪烁。目标的闪烁表明来自目标的激光光束经过大气湍流传输，到达接收系统的强度的数值和方向（频率、相位和偏振）发生了变化。

产生大气闪烁的根本原因是地面附近大气层的某一区域内大气光学性质的不均匀性。当一束激光通过某一温度变化的区域时，由于空气密度和折射率的变化，会使激光偏离原来的方向，也就是激光能量在光束截面内的角分布发生了变化。由于这种不均匀性是不稳定的，随机变化的，因而对大气闪烁的影响也是无规则的，随机变化的。

我们在考虑大气湍流对激光的影响时，假设激光光束是高斯光束，大气湍流对传输光束的影响程度及形式与光束直径 $d$ 及湍流尺度 $l$ 的相对大小有关。当 $d \ll l$，即光束直径远小于湍流尺度时，湍流的主要作用是使光束产生随机偏折，即光束偏移；当 $d \cong l$ 时，湍流的作用是使光束截面发生随机偏转，引起到达角起伏，在靶面上则表现为像点抖动；当 $d > l$ 时，将产生闪烁、相位起伏、光束扩展等湍流效应。$l$ 的大小通常为几毫米到几米，而不同尺度的湍涡将各自起着相应的作用，因此大气湍流效应是一种综合效应，就空间激光通信而言，大气闪烁是着重需要考虑的问题。

远处目标在接收系统上的激光光束通量的变化叫闪烁调制，闪烁调制是一种振幅调制。大气湍流的闪烁效应产生不规则的脉冲幅度调制。在湍流不强和传输路程不远时，闪烁的对数强度方差为

$$\delta_{Ln}^2 = C_0 C_n^2 K_0^{7/6} r^{11/6} \tag{3-74}$$

式中，$Ln$ 表示对数振幅；$r$ 是激光传输距离（m）；$C_0$ 是常数，对球面波和平面波分别取 0.496 和 1.24，对球面波取 0.496；$K_0 = 2\pi/\lambda$。

激光束在近地面水平传输时，若传输距离相对较短，$\delta_{Ln}^2$ 可达到 1 以上。实验表明，$\delta_{Ln}^2$ 在达到 1~2 后将不再随湍流强度增大和传输距离加大而增大，反而有可能减小，这种现象称为闪烁饱和效应，如图 3.27 所示。可见光波段激光向上行或向下行穿过大气层时，$\delta_{Ln}^2$ 值

约为 0.02，此时这种强度起伏不会对激光应用有明显的影响。

激光接收系统接收闪烁信号时，接收孔径与湍流的对数强度起伏的相关距离 $(\lambda r)^{1/2}$ 有关。当接收孔径小于湍流的对数强度起伏的相关距离时，式（3-73）成立；反之，就产生孔径平均效应，强度起伏减小。图 3.28 给出相关距离和传输距离的关系。

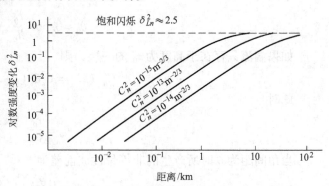

图 3.27　对数强度起伏与距离间的关系

调制度与激光源的发射口径有关，通常大的发射口径光学天线有较小的调制度。当激光以球面波传播时，其影响比平面波传播时减小到 1/2.4。调制度还和接收系统的光学孔径有关，口径越大，平滑效应越大。当口径大到一定程度时，激光光束强度在口径范围内的起伏因平均作用而趋于饱和。此外，闪烁调制的峰值频率与光束传播路径上的横截面风速成正比。

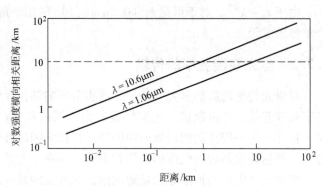

图 3.28　相关距离和传输距离的关系

大气湍流的另一影响是由于大气闪烁引起的远处目标方向的变化。激光束的传播方向以一个统计平均方向为中心，作随机跳动，表现为光斑位置的跳动。跳动范围可用方向抖动来度量，它是激光束真实的束散角方向与统计平均方向之间的偏角。角度的变化为

$$(\Delta\theta)^2 = 1.048 \ (A_c)^{-1/3} r C_n^2 \tag{3-75}$$

式中，$A_c$ 是接收机的接收孔径面积；$r$ 是目标距离，像点的跳动与波长无关。这种跳动的频率为几到几十赫兹。方向抖动角与地理位置和气象等有关，最大不超过 $50\mu\mathrm{rad}$。

### 3.7.3　飞机与地面间激光通信激光湍流数值仿真

分别仿真计算几个地区的湍流影响，考察不同地域大气湍流对激光通信的影响。

（a）昆明：高空无强湍流带

夜间：$C_n^2 = 2.1 \times 10^{-15} \exp(-h/0.18) + 5.1 \times 10^{-17} \exp(-h/7.2)$，

白天：$C_n^2 = 2.3 \times 10^{-22} h^{10} \exp(-h/0.61) + 4.0 \times 10^{-15} \exp(-h/0.3) +$
$\qquad 1.8 \times 10^{-17} \exp(-h/7.5)$

（b）合肥冬季：对流层有冷空气活动，湍流较强

夜间：$C_n^2 = 2.3 \times 10^{-22} h^{10} \exp(-h/0.79) + 3.9 \times 10^{-16} \exp(-h/0.19) +$
$\qquad 1.2 \times 10^{-16} \exp(-h/3.3)$

白天：$C_n^2 = 5.3 \times 10^{-20} h^{10} \exp(-h/0.61) + 4.0 \times 10^{-15} \exp(-h/0.3) +$
$\qquad 1.8 \times 10^{-17} \exp(-h/7.5)$

（c）兴隆冬季：高空有强湍流带

夜间：$C_n^2 = 9.68 \times 10^{-23} h^{10} \exp(-1.01h) + 3.1 \times 10^{-16} \exp(-h/1.5) +$
$\qquad\qquad 8 \times 10^{-11} \exp(-h/0.1)$

图 3.29 所示为以上五种模式下大气湍流强度随高度的变化。当高度大于 10km 时，大气湍流强度一般小于 $1 \times 10^{-17} \mathrm{m}^{-2/3}$，并且随高度的增加，大气湍流强度迅速减小，因此，通常认为在 10km 高度以上大气湍流对激光传输的影响很小。

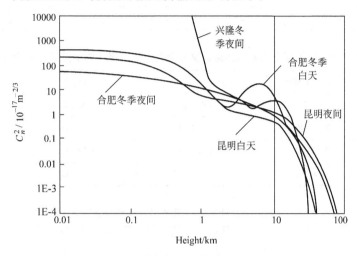

图 3.29　五种实测地域条件下大气湍流强度随高度的变化

对于大气湍流影响，以地面发射飞机接收上行链路对湍流影响进行分析计算。图 3.30 所示为仿真计算时有湍流（右）和无湍流（左）光强分布。

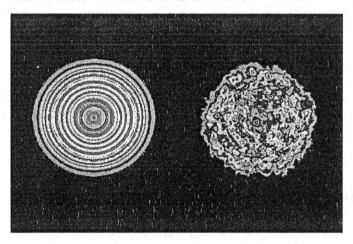

图 3.30　激光湍流大气传输四维数值仿真计算时有湍流（右）
和无湍流（左）光强分布

分别对不同情况的激光斯托列尔比进行计算，这里的斯托列尔比定义为：接收口径内的光能在有大气湍流和无大气湍流时的比值，可称作"口径平均斯托列尔比"。表 3.2～表 3.5 所示为不同情况下激光传输斯托列尔比情况。

表 3.2　不同地区计算的大气湍流激光传输斯托列尔比情况

| 地 区 | 昆明夜间 | 昆明白天 | 合肥冬季夜间 | 合肥冬季白天 | 兴隆冬季夜间 |
|---|---|---|---|---|---|
| 最大值 | 1.81839 | 2.83390 | 1.47563 | 2.70068 | 2.32228 |
| 最小值 | 0.15258 | 0.09526 | 0.29832 | 0.10540 | 0.83443 |
| 均值 | 0.79408 | 0.79434 | 0.84798 | 0.77285 | 1.44764 |
| 方差 | 0.35689 | 0.52987 | 0.26171 | 0.48316 | 0.29490 |

表 3.3　数据拟合的不同地区计算的大气湍流激光传输斯托列尔比情况

| 地 区 | 合肥冬季夜间 | 合肥冬季白天 | 昆明夜间 | 昆明白天 |
|---|---|---|---|---|
| 最大值 | 1.59876 | 3.97766 | 1.45181 | 2.71450 |
| 最小值 | 0.18195 | 0.15829 | 0.34103 | 0.10686 |
| 均值 | 0.80160 | 0.88837 | 0.85897 | 0.76856 |
| 方差 | 0.30952 | 0.71745 | 0.23986 | 0.45830 |

表 3.4　不同海拔高度计算的大气湍流激光传输斯托列尔比情况

| 海拔高度/m | 0 | 100 | 200 | 300 | 400 | 500 |
|---|---|---|---|---|---|---|
| 最大值 | 1.59876 | 1.48724 | 1.43574 | 1.42262 | 1.41186 | 1.402930 |
| 最小值 | 0.18195 | 0.30726 | 0.37452 | 0.39982 | 0.41907 | 0.433960 |
| 均值 | 0.80160 | 0.82492 | 0.86834 | 0.87509 | 0.88022 | 0.884320 |
| 方差 | 0.30952 | 0.24109 | 0.22475 | 0.21395 | 0.20606 | 0.200013 |

表 3.5　不同发散角计算的大气湍流激光传输斯托列尔比情况

| 发散角/μrad | 50 | 100 | 200 | 300 | 400 | 500 |
|---|---|---|---|---|---|---|
| 最大值 | 2.63619 | 1.37947 | 1.38740 | 1.32874 | 1.31269 | 1.19120 |
| 最小值 | 0.43430 | 0.36995 | 0.35998 | 0.34709 | 0.29165 | 0.15070 |
| 均值 | 1.07612 | 0.85195 | 0.85076 | 0.84141 | 0.83247 | 0.70141 |
| 方差 | 0.36625 | 0.24121 | 0.23982 | 0.21025 | 0.20093 | 0.14900 |

同时，湍流还会引起光束的偏折，如表 3.6 所示。

表 3.6　湍流引起光束的偏折

| 链路距离 $L$/km | 10 | 20 | 30 | 40 | 60 | 80 |
|---|---|---|---|---|---|---|
| 天顶角 $\theta$/（°） | 0 | 60 | 70.53 | 75.52 | 80.41 | 82.82 |
| $\Delta x$/cm | 0.21 | 0.5 | 0.52 | 1.72 | 7.03 | 8.14 |
| $\Delta y$/cm | 0.66 | 1.8 | 3.54 | 4.32 | 10.15 | 14.02 |
| 光束偏折角/μrad | 6.92 | 9.34 | 11.92 | 11.62 | 20.58 | 20.26 |

注：$\Delta x$、$\Delta y$ 为飞机接收口径处光斑质心与光轴分别在 $x$、$y$ 方向上的平均偏移量。

第 3 章 光通信信道 73

从上述表中可以看出，湍流引起的激光光束口径平均斯托列尔比最小值约为 0.1，而最大值可上升到 4 左右，其方差与不同的地区、地面站所在海拔高度、激光发散角有关。

## 3.8 云层影响

云层影响传播光束有四种不同的方式：吸收、反射、光束干涉和脉冲干涉。图 3.31 所示为云层样式和出现的近似范围。可见，在 35000 英尺（ft，1ft = 0.3048m）以上很少有云层出现。

图 3.32 给出了在各种云雨条件下平均粒子尺寸和相应粒子密度的典型值。可以看出，湿气或雾的高密度小粒子变化到大雨的低密度大粒子聚集。相对于粒子尺寸的通信波长某些条件可以产生比其他条件更为严重的影响。

图 3.33 给出了几种云层条件下作为波长的函数的一些代表性衰减。表 3.7 给出了一些特定云层的衰减长度和在一个衰减长度上测得的相应平均云层密度。在一个特定链路上的总衰减依赖于波长、在云层中的传播距离和高度。

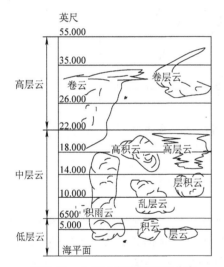

图 3.31　大气中各种云层的分布

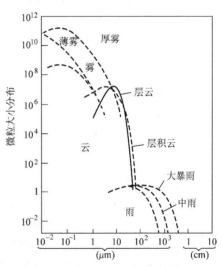

图 3.32　各种云雨条件下平均粒子尺寸和相应粒子密度的典型值

表 3.7　一些典型的云层参数

| 云层类型 | 云层高度 | 衰减长度/m | 平均密度（在衰减长度上）/（g/cm³） |
| --- | --- | --- | --- |
| 积雨云 | 中 | 25 | 120 |
| 雨层云 | 中 | 55 | 51 |
| 高积云 | 中 | 65 | 18 |
| 高层云 | 中 | 45 | 30 |
| 层积云 | 低 | 20 | 27 |
| 层云 | 低 | 15 | 62 |

（续）

| 云层类型 | 云层高度 | 衰减长度/m | 平均密度（在衰减长度上）/ (g/cm³) |
|---|---|---|---|
| 积云 | 低 | 50 | 10 |
| 卷层云 | 高 | 350 | 5 |
| 卷积云 | 高 | 350 | 5 |
| 卷云 | 高 | 350 | 3 |

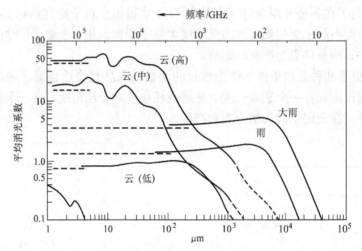

图 3.33　云/雨信道衰减系数与光学波长的关系曲线

## 3.9　气动光学效应

机载激光通信由于飞机的运动导致空气密度不断变化，使之在光通信终端表面或窗口流动形成一层薄薄的附面层。这个附面层会造成光束相位失真、光轴的偏折、光束的扩散，一般用斯托列尔比表示。研究附面层对通信的影响属于气动光学的范畴。

### 3.9.1　气动光学基础

气动光学效应是由平台经过流场时产生的折射率变化引起的，空气动力学的流场造成的光学像差可分为两类：一类是滞流现象包括分层和湍流边界层切面层和弱湍流；另一类是非黏滞性或位流。

随机流场附面层包括湍流边界层和剪切层，后者在流动间断点被增强（如机身突出部位或者凹处）。3 个空气动力学参数决定了施加到通过这些随机气流光束上的光学像差：场波动密度 $\rho'$，沿光轴的相关长度 $l_z$，以及通过扰动的总光程 $L$，波前方差为

$$\sigma^2 = 2G^2 \int_0^L < \rho'^2 < l_z \mathrm{d}z, l_z \ll L \tag{3-76}$$

式中，$G$ 为 Gladstone-Dale 参数，将介质折射率与密度波动建立关系。

上述方程假定是各向同性湍流。例如，如果不满足 $l_z \ll L$ 条件，通常在剪切层的情况

下，上述表达式对实际光学像差估计过高。

表 3.8 描述了几种有密切关系流场的主要气动光学特性，并用几个实例说明该表的几个要点。

**表 3.8　3 种马赫数范围内的气动光学效应**

| 气动光学现象 | $Ma < 0.3$ | $0.3 < Ma < 8$ | $Ma > 8$ |
|---|---|---|---|
| 边界层/剪切层混合层 | • 不可压缩流动状态<br>• 常态气动光学效应，可忽略（热能的进入可能产生）<br>• 强烈的光学像差<br>• 借助于经典流体力学计算特征 | • 可压缩流动状态<br>• 理想气体定律有效<br>• 随机流体相位方程<br>• 在弱像差范围内<br>$$S \cong I/I_0 \cong \exp[-(K\sigma)^2] \cong \exp(-\phi^2)$$<br>分辨力损失<br>$$\theta_\beta = \frac{\theta_D}{S^{1/2}}$$<br>• 在强像差范围内<br>$$S \propto (l_z/\sigma)^2$$<br>分辨力损失<br>$$\theta_\beta = 4\sigma/l_z [-\ln(1-p)]^{1/2}$$<br>• 正常像差补偿<br>• 带宽要求大于 10kHz<br>• 窗口的热控制也许是必不可少的 | • 理想气体定律无效<br>• 重要的空气化学性能<br>• 电离/等离子体引起光束反射/折射/吸收和辐射效应 $I$ 波长越长，损失越大<br>• 辐射声强度随速度递增，很可能产生湍流场<br>• 光学窗口的热控制必不可少<br>• 气流的再辐射效应对探测器背景噪声产生强烈影响 |
| 黏性流动/激波 | • 可忽略的影响 | • Boresite 误差，散焦借助低次自适应光学可调节，除非迎角迅速变化<br>• 相位误差按 $\Delta\phi \propto KG \int_0^L \rho' \mathrm{d}z$ 增加<br>• 激波强度是绝热指数。马赫数和冲激角的函数<br>• 流体再辐射能量会造成探测器热噪声 | • 非黏性场强按<br>$\phi \propto \rho' R$（$R$——流场半径曲率）增加<br>• 激波产生的电离/等离子体结构分解波前 |

**1. 空气动力学原理**

普通（平面）气流的运动用两个无量纲参数表征，雷诺数（$Re$）和马赫数（$Ma$），定义为

$$\begin{cases} Re = \dfrac{VW}{v} \\ Ma = \dfrac{V}{a} \end{cases} \tag{3-77}$$

式中，$V$ 为流体速度；$W$ 为流体模型大小；$v$ 为运动黏度；$a$ 为声速。

气动光学系统的气动光学场的复杂性随着 $Ma$ 和 $Re$ 的增加而增加，对非常低的流速，压缩效应可以忽略不计，如果没有人为地加入热能，几乎没有光学像差。当 $Ma$ 增加到超出 0.3 压缩效应时，当然在舱壁（机载平台表面上）的流速必定为零，并且在离开壁时增加到自由气流的速度。随后加速，在接近表面的地方产生旋转气流，导致稳态或非稳态密度变化。

当气流被压缩，并且从自由气流速度被加速到舱壁处静止时，它已被加热。假设这是一个绝热过程，可用下式近似表示这个加热过程

$$T_{\mathrm{w}} = bT_0 \left[1 + r\frac{(\gamma-1)}{2}M_0^2\right] \tag{3-78}$$

式中，$T_W$ 为绝热壁温；$T_0$ 为自由气流温度；$M_0$ 为自由气流马赫数；$r$ 为回收参数（$r=$ 0.85 层状，0.89 湍流）；$\gamma$ 为绝热指数，等压与等容时的比热之比。在大多数气动光学条件下，$\gamma \approx 1.4$（空气）；$b$ 为恒压反射真空气体效应，马赫数低于 6 时，$b \approx 1.0$；$M_0 > 8$ 时，$b \approx 0.5$。

当 $M_0$ 继续增大时，流体温度和速度的改变导致密度不断增大。由式（3-76）看到将产生更大的光学像差。进一步增大到超声速气流，产生局部超声速流状态，在此处出现激波，它产生附加反射和折射效应。在超声范围内（$Ma$ 为 1~8），驻点温度引起热光窗口畸变。在某些情形下，窗口冷却剂必不可少。当 $Ma$ 达到 8 以上时，由于气体加热产生分解和电离作用。这些等离子体引入了另一级别的光学畸变，它具有特别强的振动吸收谱带。在这样的高超音速状态下，出现了声场和湍流场之间强烈的耦合，因为被辐射的声能随 $Ma$ 增大变化非常强烈，甚至可能超过了某一临界 $Ma$。

**2. 机载平台产生的空气动力学流场**

（1）边界层

将边界层流称为附壁黏性层，它们是由于舱壁处无滑动速度条件引起的，在气动表面上自然出现的。这些边界层可以是层流边界层，也可以是湍流边界层。

1）层流边界层。

层流边界层性能良好且稳定流动，边界层中的流体质点相互平稳地流过。从飞行器表面气体飞行速度为零时加速气体的结果使整个边界层的平均温度改变。对于大多数边界层流来说，在整个层内静压力保持不变，因此密度将发生变化。对于层流边界层，密度的变化是平稳的，这些理想流场通常没有多少光学能量衰变。如果存在流体外部加热或冷却，则例外。加热或冷却这两种情况都可能产生明显的系统光学像差。另外，在有加速流体（如在平台外凹出部位所发生的流动）的情况下，会产生非黏性透镜效应，这些效应通常产生低级弱光学像差，如聚焦、倾斜、像散。当今用来推算这些非黏性流场强度的最佳方法是计算流体力学。

2）湍流边界层。

湍流边界层与层流边界层的不同在于层流中的流层相互经过的有序活动受到破坏，且移动过程变成无序运动，尽管这种无序运动被认为是统计含义。已经推导出湍流边界层流的换算关系式如式（3-76），这些关系式推算了对光学性能的不利影响。通常，在雷诺数为 $10^5 \sim 5 \times 10^5$ 范围内的实际飞行条件下，边界层成为湍流层。

湍流边界层的物理过程非常复杂，即使研究工作已经进行了将近 100 年，人们对其并不了解。在大气中标定的运行高度和马赫数，邻近气动表面存在湍流边界层。可以将湍流看作是一批具有变化标度尺度和不相同折射率的"湍流"的集合。这些随机流把波前像差加到传输光辐射上。湍流所包含的标度尺度，所覆盖的光谱区范围从边界层厚度的几倍到小于局部厚度的 1/1000。标度尺度数在整个边界层内变化，但是一般假设为在 $l_z$ 上有明显区别，$l_z$ 为典型的密度波动相关长度（光学扰动），对于附着的充分形成的亚音速湍流边界层，其标度尺度大约为局部边界层厚度的 10%。依据式（3-76），边界层厚度为 $L$，而 $l_z \approx 0.1L$。湍流边界层厚度沿本体距离增加到厚度为 0.8。图 3.34 所示为一个附着边界层的示意图，$L$ 大约等于 0.015$X$，$X$ 为从平台前沿到光学台的流体距离。对位于气动外形突出部位附近的光学装置，$X$ 相对较小，而对于在平台后部附近的装置，$X$ 可能相当大。对运输类飞行器边界层厚度在有用的光学位置会在 $100 \sim 500 \text{mm}$ 之间变化。作为一般规则，为了减少总的边界层路程长度，光学装置应该在飞行载体上更向前一些。另外，获得经过随机流光学位相变化的估计值，需要的气动参数为不稳定密度 $\rho'$。

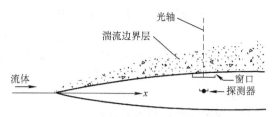

图 3.34 附着在机载平台的湍流边界层

湍流边界层在前沿附近形成，并在此区域内按 $L \approx X^{0.8}$ 增长。式中，$X$ 为距前沿飞机运动方向的距离。沿光轴的密度波动标度尺度从黏性极限（大约几毫米）变成 TBL 厚度；典型值为厚度的 10%（在实例中，保守假定 $L \infty X$）

通过对空气动力学广泛的研究发现，湍流边界层内的密度波动的大小受舱壁上密度 $\rho_w$ 和自由来流密度 $\rho_0$ 之差的激发。另一方面，这种密度之差是由于温度增加和边界层内的流体加速引起的速度波动而造成的。处于无激波和假定横越边界层零压力梯度状态壁上的密度为

$$\rho_w = \rho_0 \left[ 1 + r \frac{(\gamma - 1)}{2} M_0^2 \right]^{-1} \tag{3-79}$$

为估计波动密度，假定湍流边界层的密度产生改变，即峰值密度出现在全部湍流边界层的中间，并且其平均值为舱壁和自由流密度差的 10% 左右。它产生了类似三角形的波动密度分布，通常采用一个加权平均值推算光学损失。本书将特性波动密度作为流体中的峰值。

（2）明腔和剪切层

不管是借助于明腔还是壳体的凹进部分，去掉边界层之下的舱壁形成剪切层。剪切层还可以产生在转台的出口或是出自飞行器圆柱形突出部位，剪切层本来就比附着边界层光学衰减得更多。此外，它们在明腔轮廓内能产生更大的声学效应。

实物窗口在机载平台上起到两个重要作用：首先，使光学装置与相对外部气动光学环境隔离开；其次，如果窗口是机体平嵌式，则它可在光学孔径上提供可预知的流动。然而，窗口也会有很多缺陷，包括：透射性能差，尤其是当波长超过 $10 \mu \text{m}$ 时；产生光学像差，固有的或是环境产生的（如压力或热激发）；在仪器通带内的强热辐射（红外辐射）。

可以代替实体窗口的是明型腔，它与飞行器周围的外部气流互相作用。存在于明型腔上的中速和超声速流动速度的最重要的气动力学现象称为空腔共振。通常将此称为在腔内存在有序的单频压力变化。如果不受控制，这些压力波动可能会引起设置在腔内部的光学元件的有害振动。这种有害振动以及由此产生的空腔湍流引起总光学性能降低。另外，未受控制的空腔共振结构的实质是潜在有害的，必须不惜任何代价加以避免。

假设气流从左到右遍及空腔横截面上。通常在空腔前缘生成剪切层，该剪切层膨胀并与层叠固有机身边界层及空腔流场互相作用（见图 3.35）。风洞和机载平台试验给出自由剪切层的厚度为 $L = 0.25X$，$X$ 为从形成点沿流动方向的距离。沿光轴 $Z_0$ 的相关长度大约为 $L$ 的 20%。

**3. 大气状态方程**

大气是由若干气体按一定比例组成的干燥均匀混合物。假设大气作为完全气体来处理，

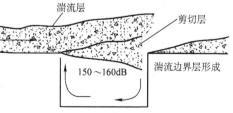

图 3.35 剪切层在机载平台前缘形成

也即大气中任一点的压力 $P$，密度 $\rho$ 和温度 $T$ 满足完全气体状态方程

$$P(z) = \rho(z)RT(z)/M \tag{3-80}$$

式中，$T(z)$ 表示大气运动温度；$M$ 为混合气体的平均分子量，从地球表面到大约 90km 的高度，$M$ 基本保持不变，近似等于 $28.964 \times 10^{-3} kg/mol$；$R$ 为气体常数，其值为 8.31432J/（K·mol）。

当大气处于流体静力学平衡状态时，下式成立

$$d\rho(z) = -\rho(z)g(z)dz \tag{3-81}$$

式中，$z$ 为几何高度（海拔高度）；$g(z)$ 为与 $z$ 有关的重力加速度。

由式（3-80），式（3-81）得

$$\frac{dp}{p} = -\frac{Mg(z)}{RT}dz \tag{3-82}$$

根据万有引力定律有

$$g(z) = g_0\left(\frac{r_0}{r_0 + z}\right)^2 \tag{3-83}$$

式中，$g_0$ 为海平面的重力加速度，等于 $9.80665m/s^2$；$r_0$ 为地球的有效半径，其值为 6356766m。

下面引进位势高度 $H$，它与几何高度 $z$ 的关系为

$$H = \frac{r_0 z}{r_0 + z} \tag{3-84}$$

大气运动温度 $T(z)$ 表征了大气分子的平均动能，分子标称温度 $T_M(z)$ 定义为

$$T_M(z) = T(z)\frac{M}{M(z)} \tag{3-85}$$

式中，$M$ 为海平面处大气分子量；$M(z)$ 为高度 $z$ 处大气的分子量。

在高度低于 90km 的大气中，大气分子量不随高度变化，此时运动温度即为分子标称温度。但在 90km 以上高度，大气分子量随高度的增加而递减，于是运动温度与分子标称温度逐渐出现差异。一般研究的机载气动光学效应仅考虑 90km 以下的大气，此时温度 $T$ 与位势高度 $H$ 的关系式由下列方程组成

$$T = T_b + L_b(H - H_b) \tag{3-86}$$

式中，$b = 0 \sim 6$；$L_b$ 的值如表 3.9 所示。

表 3.9 温度 $T$ 与位势高度 $H$ 的关系系数

| $b$ | $H_b/km$ | $L_b/$（K/km） |
| --- | --- | --- |
| 0 | 0 | -6.5 |
| 1 | 11 | 0.0 |
| 2 | 20 | 1.0 |
| 3 | 32 | 2.8 |
| 4 | 47 | 0.0 |
| 5 | 51 | -2.8 |
| 6 | 71 | -2.0 |

当 $b=0$ 时，$T_b = 288.15\text{K}$（海平面的标准温度值），$P_b = 1.01325 \times 10^5 \text{Pa}$。将式（3-84）代入式（3-86）即可得到温度与几何高度的关系。

将式（3-83），式（3-84），式（3-86）代入式（3-82）得

$$\frac{\mathrm{d}p}{p} = -\frac{g_0 M}{R}\frac{\mathrm{d}H}{\left[T_b + L_b(H - H_b)\right]} \tag{3-87}$$

对式（3-87）进行积分得

$$\int_{p_b}^{p}\frac{\mathrm{d}p}{p} = \int_{H_b}^{H} -\frac{g_0 M}{R}\frac{\mathrm{d}H}{\left[T_b + L_b(H - H_b)\right]}$$

当 $L_b \neq 0$ 时，

$$p = p_b\left[\frac{T_b}{T_b + L_b(H - H_b)}\right]^{\frac{g_0 M}{RL_b}} \tag{3-88}$$

当 $L_b = 0$ 时，

$$p = p_b\exp\left[-\frac{g_0 M(H - H_b)}{RT_b}\right] \tag{3-89}$$

从上述讨论可以看出，通过式（3-89）给出海拔高度，即可计算出对应大气的压力、温度和密度值。

除了利用大气状态方程计算大气的热力学参数外，还可通过直接查大气参数表（如 GB 1920—1980）或利用大气计算的经验公式得出大气的压力、温度和密度值。由于高层大气出现化学分解和电力作用，因而在 90km 高度以上，大气分子量将随高度变化，重力加速度也逐渐随高度递减，而且大气静力学关系式的准确性也较差，从而使 90km 高度以上气压和密度的计算精度也有所下降。

**4. 气体介质光学折射率计算**

应用上述介质密度到折射率的转换公式，对标准空气的 G-D 系数进行了计算，计算结果如表 3.10 所示。应用表 3.10 数据可以得到标准空气 G-D 系数与波长的关系曲线，如图 3.36 所示。

由图 3.36 可见，对于标准大气，不同的波长有不同的 G-D 系数，且波长越短，G-D 系数值越大，即由相同密度变化引起的折射率变化因波长的不同而不同，且波长越短，引起的折射率变化越大。这就意味着，在相同密度变化条件下，工作波长越短，引起的图像失真越大。

表 3.10　G-D 系数计算

| 序号 | 波长/μm | G-D 系数/（cm³/g） | 序号 | 波长/μm | G-D 系数/（cm³/g） |
|---|---|---|---|---|---|
| 1 | 0.2 | 0.2642 | 7 | 0.8 | 0.2201 |
| 2 | 0.3 | 0.2385 | 8 | 0.9 | 0.2198 |
| 3 | 0.4 | 0.2281 | 9 | 1.0 | 0.2195 |
| 4 | 0.5 | 0.2236 | 10 | 1.2 | 0.2194 |
| 5 | 0.6 | 0.2220 | 11 | 1.4 | 0.2193 |
| 6 | 0.7 | 0.2205 | 12 | 1.6 | 0.2192 |

（续）

| 序号 | 波长/μm | G-D 系数/（cm³/g） | 序号 | 波长/μm | G-D 系数/（cm³/g） |
|------|---------|-------------------|------|---------|-------------------|
| 13 | 1.8 | 0.2191 | 20 | 8.0 | 0.2186 |
| 14 | 2.0 | 0.2190 | 21 | 9.0 | 0.2185 |
| 15 | 3.0 | 0.2189 | 22 | 10.0 | 0.2185 |
| 16 | 4.0 | 0.2188 | 23 | 11.0 | 0.2184 |
| 17 | 5.0 | 0.2188 | 24 | 12.0 | 0.2184 |
| 18 | 6.0 | 0.2187 | 25 | 13.0 | 0.2184 |
| 19 | 7.0 | 0.2187 | 26 | 14.0 | 0.2183 |

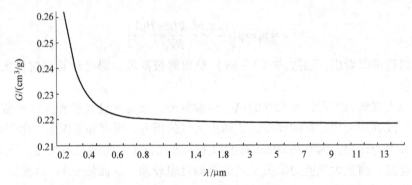

图 3.36 标准空气 G-D 系数与波长的关系曲线

### 3.9.2 机载光通信附面层影响的分析

根据上节分析和公式，编制 MATLAB 程序，分别变化不同的飞行速度（自由气流马赫数 $M_0$）、光端机到飞机端部距离（$X$）、不同波长（$\lambda$）绘制如图 3.37 ~ 图 3.42 所示的曲线。

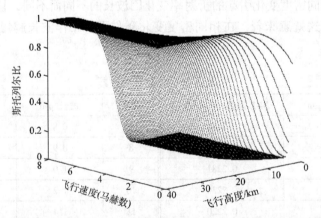

图 3.37 附面层影响导致的光束斯托列尔比与飞行马赫数、位势高度的关系

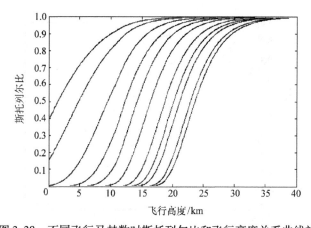

图 3.38　不同飞行马赫数时斯托列尔比和飞行高度关系曲线族

注：$X = 10\text{m}$；$\lambda = 0.5\mu\text{m}$；曲线从左到右的马赫数依次为 $M_0 = 0.5$、$0.6$、$0.8$、$1$、$1.2$、$1.5$、$2$、$2.5$、$3$、$5$、$8Ma$

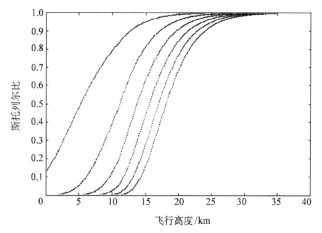

图 3.39　不同位置时斯托列尔比和飞行高度关系曲线族

注：$M_0 = 0.9$；$\lambda = 0.5\mu\text{m}$　曲线从左到右的窗口到飞机顶端距离依次为 $X = 5$、$10$、$15$、$20$、$25$、$30\text{m}$

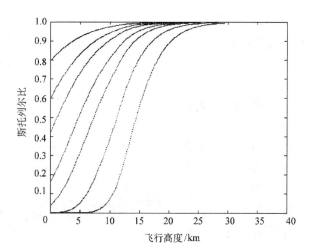

图 3.40　不同波长时斯托列尔比和飞行高度关系曲线族

注：$X = 10$；$M_0 = 0.9$；曲线从右到左的波长依次为 $\lambda = 0.3$、$0.5$、$0.8$、$1.06$、$1.54$、$2$、$3\mu\text{m}$

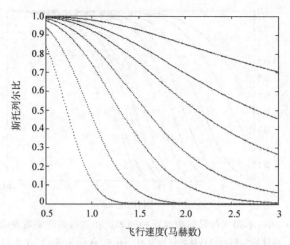

图 3.41　不同波长时斯托列尔比和马赫数关系曲线族

注：$h=12\mathrm{km}$；$X=10$；曲线从右到左的波长依次为 $\lambda=0.3$、$0.5$、$0.8$、$1.06$、$1.54$、$2$、$3\mu\mathrm{m}$

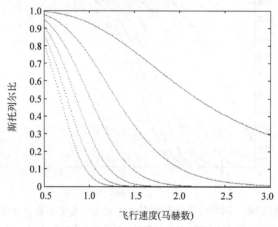

图 3.42　不同位置时斯托列尔比和马赫数关系曲线族

注：$h=12\mathrm{km}$；$\lambda=0.8\mu\mathrm{m}$；曲线从右到左的位置依次为 $X=5$、$10$、$15$、$20$、$25$、$30\mathrm{m}$

从上述曲线看，飞行高度越高、波长越长、飞行速度越低、窗口距与飞行器头部越近，斯托列尔比越大。在飞行高度为 12km、波长 $\lambda=0.8\mu\mathrm{m}$、窗口据飞行器头部 10m、飞行速度小于音速时，斯托列尔比大于 0.9。

上面曲线一般应用于工程估算，附面层的影响还与窗口大小及光束出射角度有关。图 3.43 给出了机载高能激光的 6 个出射角度由附面层引起的波前畸变和光束偏折。有数据表明，1 位置影响最小，4 位置影响最大。图 3.44 给出了不同窗口大小附面层湍流对发射光束斯托列尔比的影响的关系。

图 3.43　载高能激光的 6 个出射角度

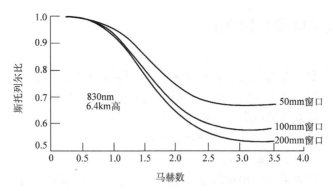

图 3.44　不同窗口大小飞机速度不同时附面层湍流对发射光束斯托列尔比的影响

## 3.10　海水光学信道

### 3.10.1　海水的光学性质

　　光与水作用的两个主要方式是吸收和散射。海水的光学特性，主要是由存在于海水中的各种可溶性物质和颗粒性物质来决定的。海水的组成成分为纯水、溶解物质、悬浮体。海水的光学性质的易变性是由溶解物质和悬浮体的易变性引起的。溶解物质主要由无机盐、溶解的有机化合物组成。悬浮体主要由活性海洋浮游动植物、细菌、碎屑组成。组成海水的物质对光的作用主要是散射作用和吸收作用。对纯水来说，理论上可能计算的光学特性只有散射。由于分子间的强相互作用，理论上计算吸收是不可能的。

　　对于溶解物质来说，有机化合物对海水光学特性的影响比无机盐要强得多。对特别让人感兴趣的那部分溶解有机物，人们称为"黄色物质"。由于"黄色物质"的散射效应在可见光波段可以忽略。所以不考虑其散射作用。对悬浮体来说，它的吸收作用主要是由富有植物粒子里含有的叶绿素来完成的。因为悬浮体的结构是非常复杂的，所以为了研究悬浮体的散射作用，必须对悬浮体模型进行简化以适应 MIE 散射理论。

### 3.10.2　散射和吸收

　　散射和吸收是决定光在海水中传播的基本过程。我们可以把散射简单地看做是光对直线传播方向的偏离。散射过程引起光分布的变化，海水中的散射有两种截然不同的情况，即由水本身产生的散射和由悬浮粒子所引起的散射。纯水引起的散射在温度和压力的影响下变化很小，而粒子的散射却与颗粒性物质浓度的变化有很大关系。

　　散射可以被看成 3 种物理现象的结果：

　　（1）经过粒子的作用，光偏离直线传播（即衍射）；

　　（2）光透入粒子发生一次或多次的反射（或折射）；

　　（3）光在粒子表面反射。

　　显然，衍射与粒子成分无关，而折射和反射则取决于粒子的折射率。粒子的大小就散射而言是一个主要参数。

### 3.10.3    海水信道的能量传输模型

#### 1. 海水衰减

激光信号从水下潜艇发出到水面的过程中，信号能量的衰减主要由海水特性、辐射率分布及接收器孔径和发射器孔径的面积比引起的。光束在海水中传输，如果传输距离较短，与在大气中传输一样，衰减规律也服从指数规律

$$T = \exp\left[-kD\right] \tag{3-90}$$

式中，$k$ 为衰减系数；$D$ 为传输距离。

实际上，海水的衰减系数与水中的浮游生物浓度、水中的悬浮粒子、盐分及温度有关。因此，不同海域、不同气候特征、衰减系数值不同。计算海水对激光的散射和衰减，总的衰减系数为吸收系数 $k_a$ 和散射系数 $k_d$ 之和，其值取决于水质，$k = k_a + k_d$，总的散射系数 $k_d = k_{dR} + k_{dM}$，其中 $k_{dR}$ 为瑞利散射系数，$k_{dM}$ 为米氏散射系数。所以，海水衰减率可转化为

$$T_W = \exp\left[-\left(k_a + k_{dR} + k_{dM}\right)D\right] \tag{3-91}$$

考虑到水下激光发射角 $\phi_W$，式（3-91）可转化为

$$T_W = \exp\left[-\frac{\left(k_a + k_{dR} + k_{dM}\right)D}{\cos\phi_W}\right] \tag{3-92}$$

然而，事实上海水的水质是随深度而变化的，即海水存在混浊度不同的水层，而且不少时候这种变化还相当明显。海水的混浊度随深度的增加而增大，在 10 ~ 20m 左右处到达最大值，随后水质又逐渐变清，并趋于稳定。根据海水中不同深度海水的衰减系数不一样，对海水深度进行分层处理，若将深度分为 $j$ 层，则式（3-92）可改写为

$$T_W = \exp\left[-\frac{\sum_{j=1}^{j}\left(k_a + k_{dR} + k_{dM}\right)D}{\cos\phi_W}\right] \tag{3-93}$$

#### 2. 能量分布

激光束在海水中传播时除了沿传播方向的衰减外，还有在垂直于传播方向上的横向扩展。光束受到海水的强散射作用，其向上的辐射能量将分布在一个越来越大的圆形（或椭圆形）光斑内。扩散的程度与水质、激光发射器在水中的深度和水下发射角等因素密切相关。设辐射率分布 $f(\theta_R, \phi_0, \delta)$ 是接收视场角 $\theta_R$、$\phi_0$ 方位角和发射器深度 $\delta$ 的函数，$f(\theta_R, \phi_0, \delta)$ 可用数值积分法求出

$$f(\theta_R, \phi_0, \delta) = \frac{\int_0^{2\pi}\mathrm{d}\theta\int_0^{\theta_R}N(\phi_0, \theta_R, \theta)\sin\phi\,\mathrm{d}\phi}{\int_0^{2\pi}\mathrm{d}\theta\int_0^{\pi}N(\phi_0, \theta_R, \theta)\sin\phi\,\mathrm{d}\phi} \tag{3-94}$$

式中，$\theta_R$ 为接收视场角；$\phi_0$ 信号辐照度到达零时的角度；$\delta$ 接收器光轴和入射光轴之间的偏斜角。

在这里，对式（3-94）进行转化，假设接收器光轴和入射光轴之间的偏斜角 $\delta \to 0$，并考虑到海水中光束入射角和海水深度的影响，因此式（3-94）可简化为一个线性结构

$$f(\theta_R, \phi_0) = \frac{1 - \cos\theta_R - \dfrac{1}{3\sin^2\phi_0}\left[\cos\theta_R\sin^2\theta_R + 2\cos\theta_R - 2\right]}{1 - \cos\phi_0 - \dfrac{1}{3\sin^2\phi_0}\left[\cos\phi_0\sin^2\phi_0 + 2\cos\phi_0 - 2\right]} \tag{3-95}$$

**3. 接收信号的总能量**

综上所述，激光信号经过激光海水传输后，受到了海水的衰减 $T_W$、辐射率分布引起的衰减 $f(\theta_R, \phi_0)$、激光发射器和接收器孔径面积比引起的衰减，因此得到激光接收机探测器接收到的单脉冲能量 $E_R$ 为

$$E_R = E_P \frac{A}{S} T_W f(\phi_0, \theta_R) \tag{3-96}$$

式中，$E_P$ 为发射器光学系统输出的单脉冲能量（J）；$S$ 为接收处光斑面积（$m^2$）；$A$ 为接收器孔径面积。

### 3.10.4  海水中脉冲信号的时间扩展

经过海水信道的多次散射后，接收到的信号波形发生了改变，时间明显扩展，如图 3.45 所示。在水中传输部分引起的附加脉冲宽度是由水中的多层次分散而引起的，所以不管有无云层，这种影响都存在。

当信号的发射角为 0°（垂直发射），水中激光束发散角的半角为 $\theta_T$，发射器在水中的深度为 $D$，可以得到附加脉冲宽度

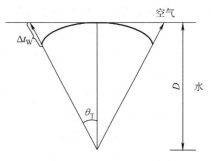

图 3.45  水中脉冲展宽计算

$$\Delta t_W \approx \frac{D}{c/n} \left\{ \frac{1 - \cos\theta_T}{\cos\theta_T} \right\} \tag{3-97}$$

式中，$c$ 为光速；$n$ 为水的折射率。时间扩展后的脉冲波形，可用函数 $f(t)$ 来表示

$$f(t) = t e^{-kt} \tag{3-98}$$

式中，$k = \frac{1}{t_m} f(t)$，其特征是：最大值发生在 $t = t_m$ 处，其值是 $01386 t_m$，$t_m$ 与 $\Delta t$ 的关系是 $\Delta t = 2145 t_m$，$\Delta t$ 是半功率点的时间宽度，即 $01233 t_m$ 与 $2168 t_m$ 之间的时间。

# 本 章 小 结

本章主要介绍了光纤通信中光纤结构和类型、光在光纤中的传输、光纤传输的基本特性、光缆、光纤特性的测量原理，以及大气吸收、散射、大气湍流、云层等对光通信的影响。

光纤是一种纤芯折射率比包层折射率高的同轴圆柱形电介质波导，它由纤芯、包层和涂敷层组成。光纤的分类方法很多，按折射率分布情况可以分为阶跃光纤和渐变光纤；按传播模式情况可以分为多模光纤和单模光纤；按工作波长情况可以分为短波长光纤和长波长光纤；按套塑情况可以分为紧套光纤和松套光纤。

光是一种频率极高的电磁波，而光纤本身是一种介质波导，因此光在光纤中的传输理论十分复杂。多模光纤的纤芯直径远大于光波的波长，因而可以采用几何光学分析法分析；单模光纤的纤芯与光波的波长是同一个数量级，显然采用几何光学分析法分析是不合适的，应采用波动理论进行严格的求解。

了解了光在光纤中传输的理论之后，我们对光信号经光纤传输后的信号进行分析发现，

接收的光会产生损耗和畸变（失真）。光纤的损耗主要包括吸收损耗、散射损耗和弯曲损耗等。不同成分光的时间延迟不同将会引起色散的现象，色散一般包括模式色散、材料色散和波导色散等。色散可以采用零色散波长光纤、DSF、DFF、DCF 和色散补偿器的方法进行补偿。

光缆是由一捆光纤组成的光导纤维电缆，它有频带宽、电磁绝缘性好、衰减小等特点。

光纤的特性参数较多，基本上可以分为几何特性、光学特性和传输特性三类。几何特性包括纤芯与包层的直径、偏心度和不圆度；光学特性主要有折射率分布、数值孔径、模场直径和截止波长；传输特性主要有损耗、带宽和色散。每个特性参数有多种不同的测量方法，国际标准和国家标准对各个特性参数规定了基准测量方法和替代测量方法。在光纤通信系统的应用中，当使用条件变化时，几何特性和大多数光学特性基本上是稳定的，一般可以采用生产厂家的测量数据。而光纤损耗的测量有截断法和背向散射法；光纤色散和带宽的测量有时域法和频域法。

激光的传输受到大气原子和分子的影响，而大气湍流将严重影响激光传输的质量。

通过本章的学习应达到：

➤ 了解光纤结构和类型。

➤ 掌握光纤分类方法、特点及参数定义。

➤ 掌握反射与折射、全反射定律、数值孔径、波动方程等概念。

➤ 掌握吸收损耗、散射损耗、弯曲损耗、损耗系数等定义及概念。

➤ 掌握几种色散的定义，即脉冲展宽和光功率公式。

➤ 掌握 SPM、XPM/CPM、FWM、SRS、SBS 的原理。

➤ 掌握光纤测量方法。

➤ 掌握空间光通信激光光谱透过率的计算。

➤ 掌握大气吸收、散射、大气湍流在哪些方面影响光通信的传输。

➤ 掌握气动光学效应的定义、原理。

➤ 了解海水光学信道的能量传输模型及海水中脉冲信号的时间扩展。

# 习题与思考题

1. 典型光纤由几部分组成？各部分的作用是什么？

2. 什么是阶跃光纤？什么是渐变光纤？

3. 为什么包层的折射率必须小于纤芯的折射率？

4. 什么是单模光纤？什么是多模光纤？

5. 用射线理论分析阶跃光纤的导光原理。

6. 常见光缆的结构与分类。

7. 光纤损耗主要有几种原因？其对光纤通信系统有何影响？

8. 光纤色散主要有几种类型？其对光纤通信系统有何影响？

9. 分别说明 G. 652 型、G. 653 型、G. 655 型光纤的性能及应用。

10. 云层影响光束传播有几种方式？这几种方式的区别是什么？

11. 什么是气动光学效应？其基础是什么？

12. 什么是大气湍流？如何影响光通信的传输？大气湍流、大气吸收、散射对光通信的影响有什么不同？

13. 某阶跃折射率光纤的纤芯折射率 $n_1 = 1.50$，相对折射率差 $\Delta = 0.01$，试求：

（1）光纤的包层折射率 $n_2 = ?$

（2）该光纤数值孔径 NA = ？

14. 阶跃光纤中相对折射率差 $\Delta = 0.005$，$n_1 = 1.50$，当波长分别为 $0.85\mu m$ 和 $1.31\mu m$ 时，要实现单模传输，纤芯半径 $a$ 应小于多少？

15. 当工作波长 $\lambda = 1.31\mu m$，某光纤的损耗为 $0.5dB/km$，如果最初射入光纤的光功率是 $0.5mW$，试问经过 4km 以后，以 dB 为单位的功率电平是多少？

# 第4章　光检测器与光放大器

**【知识要点】**
通信用光有源器件主要包括光源、光检测器、光放大器和光波长转换器等。光源是光发射机的主要器件，主要功能是实现信号的电—光转换；光检测器位于光接收机内，主要功能是实现信号的光—电转换；光放大器主要是对光信号直接进行放大，无需通过光—电—光转换过程，解决长距离传输时光功率不足的问题。本章重点介绍光检测器和光放大器的类型、应用时如何选择等。

光纤通信系统所采用的光接收器件叫做光探测器，其作用是把接收到的光信号转换为电信号。光电探测器决定着整个信息系统的灵敏度、带宽及适应性。因而，不同的光纤通信系统对于光电探测器有不同的要求。归纳起来，主要有以下几点。

1）在光纤通信所用的波长内，要有足够的灵敏度。
2）要有足够的带宽，即对光信号有快速的响应能力。
3）在对光信号解调的过程中引入的噪声要小。
4）光电探测器要体积小，使用方便，可靠性要高。
5）可低功率工作，不需要过高的偏压或偏流。

光信号在光纤中传输，不可避免地存在着一定的损耗和色散，损耗导致光信号能量的降低，色散致使光脉冲展宽。因此隔一段距离就需要设置一个中继器，以便对信号进行放大和再生后继续传输。解决这一问题的方法有两种，一个是常规方法采用光电中继器，一个是直接对光信号进行放大的光放大器，本章将重点介绍光放大器。光放大器的研制成功是光纤通信发展史上的一场革命，解决了全光通信的关键问题，影响深远。

## 4.1　光检测器的工作机理与类型

### 4.1.1　光敏二极管

如图 4.1 所示，光敏二极管（PD）由半导体 PN 结组成，结上加反向偏压。当有光照射时，若光子能量（$hf$）大于或等于半导体禁带宽度（$E_g$），则占据低能级（价带）的电子吸收光子能量而跃迁到较高能级（导带），在耗尽区里产生许多电子空穴对，称为光生载流子。这些光生载流子受到结区内电场（自建场）的作用，电子漂移到 N 区，空穴漂移到 P 区，于是 P 区就有过剩的空穴积累，N 区则有过剩的电子积累，也就是

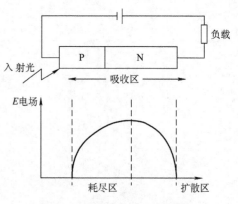

图 4.1　光敏二极管工作原理

在 PN 结两边产生了一个发光电动势，即光生伏特效应。如果把外电路接通，就会有光生电流 $I_s$ 流过负载。入射到 PN 结的光越强，光生电动势越大。如果将被调光信号照射到该连接了外电路的光敏二极管的 PN 结上，它就会将被调制的光信号还原成带有原信息的电信号。

这种光敏二极管由于响应速度低，不适用于光纤通信系统。

### 4.1.2 PIN 光敏二极管

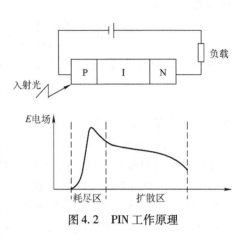

PIN 光敏二极管（如图 4.2 所示）是在光敏二极管的基础上改进而成的。用半导体本征材料（如 Si 或 InGaAs）作本体，分别在两侧掺杂而形成 P 区和 N 区，厚度均为数微米，本征材料夹在中间，厚度为 $10 \sim 100\mu m$，称为 I 区。在反向偏置电压下，形成较宽的耗尽区，当被光照射时，在 P 区和 N 区产生空穴和电子（载流子），载流子在耗尽区内进行高效率、高速度的漂移和扩散所形成光生电流。载流子通过 PIN 结时，虽然 I 区较厚，但是它处于强反向电场作用（反向偏置）下，载流子以极快速度通过。而在 P 区和 N 区，虽然没

图 4.2 PIN 工作原理

有反向电场作用，但它们很薄，渡越时间短，所以总速度提高了。而且，每一个光子入射到 PIN 器件所产生的电子数比光敏二极管高，也即 PIN 器件的量子效率比光敏二极管的高，所以 PIN 管广泛用于中短距离光纤通信。由于 PIN 器件本身无增益，使接收灵敏度受到限制，所以不能在长距离通信系统应用。通常，将具有电流放大效应的场效应晶体管（FET）与 PIN 管集成在一起。使用以 Si 作本体材料的短波长 PIN 管，称为 Si-PIN；以 InGaAs 作本体材料的长波长 PIN 管，称为 InGaAs-PIN。

### 4.1.3 雪崩光敏二极管

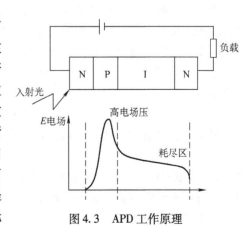

在很强反向电场（反向电压数十伏或数百伏）作用下，电子以极快的速度通过 PN 结。在行进途中碰撞半导体晶格上的原子离化而产生新的电子、空穴，即所谓二次电子和空穴，而且这种现象不断连锁反应，使结区内电流急剧倍增放大，产生"雪崩"现象。雪崩光敏二极管（APD）使用时，需要数十以至数百伏的高反向电压。雪崩电压对环境温度变化较敏感，使用有点不方便。但由于有内部电流放大作用，可以提高接收机灵敏度，因此广泛用于中、长距离的光纤通信系统。APD 工作原理如图 4.3 所示。

图 4.3 APD 工作原理

在光纤通信的短波长区（$0.8 \sim 0.9\mu m$）雪崩光敏二极管用 Si 作本体，称为 Si-APD。在长波长区（$1.0 \sim 1.65\mu m$）用锗 Ge 或用 InGaAs 作本体，分别称为 Ge-APD 和 InGaAs/InP-APD。

### 4.1.4 光电检测器的特性

**1. PIN 光敏二极管特性**

（1）量子效率和光谱特性

光电转换效率用量子效率 $\eta$ 或响应度 $R$ 表示。量子效率的定义为一次光生电子—空穴对和入射光子数的比值

$$\eta = \frac{\text{光生电子 - 空穴对}}{\text{入射光子数}} = \frac{I_p/e}{P_0/hf} = \frac{I_p}{P_0} \times \frac{hf}{e} \tag{4-1}$$

响应度 $R$ 的定义为一次光生电流 $I_p$ 和入射光功率 $P_0$ 的比值

$$R = \frac{I_p}{P_0} = \frac{\eta e}{hf} \tag{4-2}$$

式中，$hf$ 为光子能量；$e$ 为电子电荷。

（2）响应时间和频率特性

光敏二极管对高速调制光信号的响应能力用脉冲响应时间 $\tau$ 或截止频率 $f_c$（带宽 B）表示。PIN 光敏二极管响应时间或频率特性主要由光生载流子在耗尽层的渡越时间 $\tau_d$ 和包括光敏二极管在内的检测电路 RC 常数所确定。

由电路 RC 时间常数限制的截止频率

$$f_c = \frac{1}{2\pi R_t C_d} \tag{4-3}$$

式中，$R_t$ 为光敏二极管的串联电阻和负载电阻的总和；$C_d$ 为结电容 $C_j$ 和管壳分布电容的总和。

$$C_j = \frac{\varepsilon A}{w} \tag{4-4}$$

式中，$\varepsilon$ 为材料介电常数；$A$ 为结面积；$w$ 为耗尽层宽度。

（3）噪声

噪声是反映光敏二极管特性的一个重要参数，直接影响光接收机的接收灵敏度。光敏二极管的噪声包括由信号电流与暗电流产生的散粒噪声和由负载电阻与后继放大器输入电阻产生的热噪声。暗电流是没有光入射时流过光检测器的电流，它是由 PN 结的热激发产生的电子—空穴对形成的。对于 APD，这种载流子同样会得到高场区的加速而倍增。暗电流的均方值为

$$\langle i_d^2 \rangle = 2eI_d B \tag{4-5}$$

再加上信号电流的散粒噪声，总的均方散粒噪声值为

$$\langle i_{th}^2 \rangle = 2e(I_p + I_d)B \tag{4-6}$$

式中，$e$ 为电子电荷；$B$ 为放大器带宽；$I_p$ 和 $I_d$ 分别为信号电流和暗电流。暗电流与光敏二极管的材料和结构有关，如 Si – PIN，$I_d < 1\text{nA}$，Ge – PIN，$I_d > 100\text{nA}$。

均方热噪声电流

$$\langle i_T^2 \rangle = \frac{4kTB}{R} \tag{4-7}$$

式中，$k = 1.38 \times 10^{-23} \text{J/K}$ 为波尔兹曼常数；$T$ 为等效噪声温度；$R$ 为等效电阻，是负载电阻和放大器输入电阻并联的结果。

因此，光敏二极管的总均方噪声电流为

$$\langle i^2 \rangle = 2e(I_p + I_d)B + \frac{4kTB}{R} \tag{4-8}$$

**2. 雪崩光敏二极管（APD）特性**

（1）倍增因子

由于雪崩倍增效应是一个复杂的随机过程，所以用这种效应对一次光生电流产生的平均增益的倍数来描述它的放大作用，并把倍增因子定义为 APD 输出光电流 $I_0$ 和一次光生电流 $I_p$ 的比值。

$$g = \frac{I_0}{I_p} \tag{4-9}$$

显然，APD 的响应度比 PIN 增加了 $g$ 倍。根据经验，并考虑到器件体电阻的影响，$g$ 可以表示为

$$g = \frac{1}{1 - (U/U_B)^n} = \frac{1}{1 - [(U - RI_0)/U_B]^n} \tag{4-10}$$

式中，$U$ 为反向偏压；$U_B$ 为击穿电压；$n$ 为与材料特性和入射光波长有关的常数；$R$ 为 APD 体电阻。

（2）过剩噪声因子

雪崩倍增效应不仅对信号电流而且对噪声电流同样起放大作用，所以如果不考虑别的因素，APD 的均方量子噪声电流为

$$\langle i_q^2 \rangle = 2eI_pBg^2 \tag{4-11}$$

这是对噪声电流直接放大产生的，并未引入新的噪声成分。事实上，雪崩效应产生的载流子也是随机的，所以引入新的噪声成分，并表示为附加噪声因子 $F$。$F$（>1）是雪崩效应的随机性引起噪声增加的倍数，设 $F = g^x$，APD 的均方量子噪声电流应为

$$\langle i_q^2 \rangle = 2eI_pBg^{2+x} \tag{4-12}$$

式中，$x$ 为附加噪声指数。

同理，APD 暗电流产生的均方噪声电流应为

$$\langle i_q^2 \rangle = 2eI_dBg^{2+x} \tag{4-13}$$

**3. 光检测器的性能和应用**

表 4.1 和表 4.2 列出了半导体光敏二极管（PIN 和 APD）的一般性能。

表 4.1　PIN 光敏二极管的一般性能

| | Si - PIN | InGaAs - PIN |
|---|---|---|
| 波长响应 $\lambda/\mu m$ | 0.4 ~ 1.0 | 1.0 ~ 1.6 |
| 响应度 $R/$（A·W$^{-1}$） | 0.4（0.85 $\mu m$） | 0.6（1.3 $\mu m$） |
| 暗电流 $I_d/nA$ | 0.1 ~ 1 | 2 ~ 5 |
| 响应时间 $\tau/ns$ | 2 ~ 10 | 0.2 ~ 1 |
| 节电容 $C_j/pF$ | 0.5 ~ 1 | 1 ~ 2 |
| 工作电压/V | -5 ~ -15 | -3 ~ -15 |

表 4.2 雪崩光敏二极管 (APD) 的一般性能

| | Si - APD | InGaAs - APD |
|---|---|---|
| 波长响应 $\lambda/\mu m$ | 0.4 ~ 1.0 | 1.0 ~ 1.65 |
| 响应度 $R/$ ($A \cdot W^{-1}$) | 0.5 | 0.5 ~ 0.7 |
| 暗电流 $I_d/nA$ | 0.1 ~ 1 | 10 ~ 20 |
| 响应时间 $\tau/ns$ | 0.2 ~ 0.5 | 0.1 ~ 0.3 |
| 节电容 $C_j/pF$ | 1 ~ 2 | < 0.5 |
| 工作电压/V | 50 ~ -100 | 40 ~ 60 |
| 倍增因子 $g$ | 30 ~ 100 | 20 ~ 30 |
| 附加噪声指数 $x$ | 0.3 ~ 0.4 | 0.5 ~ 0.7 |

APD 是有增益的光敏二极管，在光接收机灵敏度要求较高的场合，采用 APD 有利于延长系统的传输距离。但是采用 APD 要求有较高的偏置电压和复杂的温度补偿电路，结果增加了成本。因此在灵敏度要求不高的场合，一般采用 PIN - PD。Si - PIN 和 APD 用于短波长 (0.85μm) 光纤通信系统。InGaAs - PIN 用于长波长 (1.31μm 和 1.55μm) 系统，性能非常稳定，通常把它和使用场效应管 (FET) 的前置放大器集成在同一基片上，构成 FET - PIN 接收组件，以进一步提高灵敏度，改善器件的性能，这种组件已经得到广泛应用。InGaAs - APD 的特点是响应速度快，传输速率可达几到十几 Gbit/s，适用于超高速光纤通信系统。由于 Ge - APD 的暗电流和附加噪声指数较大，在实际通信系统中很少应用。

## 4.2 光放大器的分类与指标

### 4.2.1 光放大器的分类

光放大器有半导体光放大器 (SOA) 和光纤放大器 (OFA) 两种类型。半导体光放大器的优点是小型化，容易与其他半导体器件集成；缺点是性能与光偏振方向有关，器件与光纤的耦合损耗大。OFA 的性能与光偏振方向无关，器件与光纤的耦合损耗很小，因而得到广泛应用。OFA 实际上是把工作物质制作成光纤形状的固体激光器，所以也称为光纤激光器。

根据放大机制不同，OFA 可分为掺稀土光纤放大器和非线性光纤放大器两大类。掺稀土光纤放大器是在制作光纤时，采用特殊工艺，在光纤芯层沉积中掺入极小浓度的稀土元素，如铒、镨或铷等离子，可制作出相应的掺铒、掺镨或掺铷光纤。光纤中掺杂离子在受到泵浦光激励后跃迁到亚稳定的高激发态，在信号光诱导下，产生受激辐射，形成对信号光的相干放大。这种 OFA 实质上是一种特殊的激光器，它的工作腔是一段掺稀土粒子光纤，泵浦光源一般采用半导体激光器。当前光纤通信系统工作在两个低损耗窗口：1.55μm 波段和 1.31μm 波段。选择不同的掺杂元素，可使放大器工作在不同窗口。

#### 1. 掺铒光纤放大器

掺铒光纤放大器（Erbium Doped Fiber Amplifier, EDFA）工作在 $1.55\mu m$ 窗口的损耗系数较 $1.31\mu m$ 窗口的低，仅 $0.2dB/km$。已商用的 EDFA 噪声低、增益曲线好、放大器带宽大，与波分复用（WDM）系统兼容，泵浦效率高，工作性能稳定，技术成熟，在现代长途高速光通信系统中备受青睐。目前，"掺铒光纤放大器（EDFA）+ 密集波分复用（DWDM）+ 非零色散光纤（NZDF）+ 光子集成（PIC）"正成为国际上长途高速光纤通信线路的主要技术方向。

#### 2. 掺镨光纤放大器

掺镨光纤放大器（Praseodymium Doped Fiber Amplifier, PDFA）工作在 $1.31\mu m$ 波段，已敷设的光纤 90% 都工作在这一窗口。PDFA 对现有通信线路的升级和扩容有重要的意义。目前已经研制出低噪声、高增益的 PDFA，但它的泵浦效率不高，工作性能不稳定，增益对温度敏感，离实用还有一段距离。

#### 3. 非线性 OFA

非线性 OFA 是利用光纤的非线性实现对信号光放大的一种激光放大器。当光纤中光功率密度达到一定阈值时，将产生受激拉曼散射（SRS）或受激布里渊散射（SBS），形成对信号光的相干放大。非线性 OFA 可相应分为拉曼光纤放大器（RFA）和布里渊光纤放大器（BFA）。目前研制出的 RFA 尚未商用化。

#### 4. 半导体激光放大器

其结构大体上与激光二极管相同。如果在法布里-珀罗腔两个端面镀发射率较低的介质膜就形成了 F-P 型 LD 光放大，又叫驻波型光放大；如果在两端面根本不镀介质膜或者增透膜则形成行波型光放大。半导体激光器指的是前者，而半导体光放大器指的是后者。

### 4.2.2　光放大器的重要指标

#### 1. 光放大器的增益

（1）增益 $G$ 与增益系数 $g$

放大器的增益定义为

$$G = \frac{P_{out}}{P_{in}} \tag{4-14}$$

式中，$P_{out}$、$P_{in}$ 分别为放大器输出端与输入端的连接信号功率。放大器增益与增益系数 $g$ 有关，在沿光纤方向上，增益系数和光纤中掺杂的浓度有关，它还与该处信号光和泵浦光的功率有关，所以它应该是长度的函数

$$dP = g(z)P(z)dz \tag{4-15}$$

将 $g(z)$ 在光纤长度上进行积分并令始端功率为 $P_{in}$，则得到

$$P(z) = P_{in}\exp\int_0^L g(z)dz \tag{4-16}$$

对于给定光纤长度 $L$，则光纤放大器的输出功率为

$$P_{out} = P_{in}\exp\int_0^L g(z)dz \tag{4-17}$$

将式（4-17）代入式（4-14），可得

$$G = \exp \int_0^L g(z)\,\mathrm{d}z \tag{4 - 18}$$

（2）放大器的带宽

人们希望放大器的增益在很宽的频带内与波长无关。这样在应用这些放大器的系统中，便可放宽单信道传输波长的容限，也可在不降低系统性能的情况下，极大地增加 WDM 系统的信道数目。但实际放大器的放大作用总有一定的频率范围，定义小信号增益低于峰值小信号增益 $N$（dB）的频率间隔为放大器的带宽，通常 $N = 3\mathrm{dB}$，因此在说明放大器带宽时应该指明 $N$ 值的大小。当取 3dB 时，$G$ 降为 $G_0$ 的一半，因而也叫半高全宽带宽。

（3）增益饱和与饱和输出功率

由于信号放大过程消耗了高能级上的粒子，因而使增益系数减小，当放大器增益减小为峰值的一半时，所对应的输出功率就叫饱和功率，这是放大器的一个重要参数。

**2. 放大器噪声**

放大器本身产生噪声，放大器噪声使信号的信噪比 SNR 下降，造成对传输距离的限制，是光放大器的另一重要指标。

（1）光纤放大器的噪声来源

OFA 的噪声主要来自它的放大自发辐射（Amplified Spontaneous Emission，ASE）。如前所述，在激光器中，自发辐射是产生激光振荡必不可少的，而在放大器中它却是噪声的主要来源，它与放大的信号在光纤中一起传输、放大，降低了信号光的信噪比。

（2）噪声系数

由于放大器中产生自发辐射噪声，使得放大后的信噪比下降。任何放大器在放大信号时必然要增加噪声，劣化信噪比。信噪比的劣化用噪声系数 $F_\mathrm{n}$ 来表示。它定义为输入信噪比与输出信噪比之比。

$$F_\mathrm{n} = \frac{(\mathrm{SNR})_\mathrm{in}}{(\mathrm{SNR})_\mathrm{out}} \tag{4 - 19}$$

式中，$(\mathrm{SNR})_\mathrm{in}$ 和 $(\mathrm{SNR})_\mathrm{out}$ 分别代表输入与输出的信噪比。它们都是在接收机将光信号转换成光电流后的功率来计算的。

## 4.3 掺铒光纤放大器

### 4.3.1 工作原理

图 4.4 所示为 EDFA 的工作原理，说明了光信号为什么会放大的原因。从图 4.4a 可以看到，在掺铒光纤（EDF）中，铒离子（$Er^{3+}$）有三个能级：其中能级 1 代表基态，能量最低；能级 2 是亚稳态，处于中间能级；能级 3 代表激发态，能量最高。当泵浦光的光子能量等于能级 3 和能级 1 的能量差时，铒离子吸收泵浦光从基态跃迁到激发态，但是激发态是不稳定的，$Er^{3+}$ 很快返回到能级 2。如果输入的信号光的光子能量等于能级 2 和能级 1 的能量差，则处于能级 2 的 $Er^{3+}$ 将跃迁到基态，产生受激辐射光，因而信号光得到放大。由此可见，这种放大是由于泵浦光的能量转换为信号光的结果。为提高放大器增益，应提高对泵浦光的吸收，使基态 $Er^{3+}$ 尽可能跃迁到激发态，图 4.4b 所示为 EDFA 吸收和增益频谱。

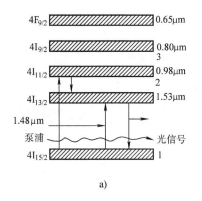
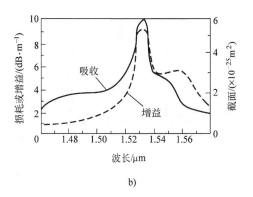

图 4.4　EDFA 的工作原理

a) 硅光纤中铒离子的能级图　b) EDFA 的吸收和增益频谱

图 4.5a 所示是输出信号光功率和输入泵浦光功率的关系，其中泵浦光功率转换为信号光功率的效率很高，达到 92.6%，当泵浦光功率为 60mW 时，吸收效率为 88%。

图 4.5b 所示是小信号条件下增益和泵浦光功率的关系，当泵浦光功率小于 6mW 时，增益线性增加，增益系数为 6.3dB/mW。

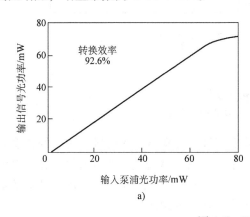
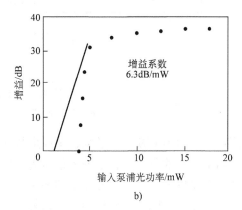

图 4.5　EDFA 的特性

a) 输出信号光功率与泵浦光功率的关系　b) 小信号增益与泵浦光功率的关系

## 4.3.2　掺铒光纤放大器的构成和特性

图 4.6 所示为 OFA 构成原理图。EDF 和高功率泵浦光源是关键器件，把泵浦光与信号光耦合在一起的波分复用器和置于两端防止光反射的光隔离器也是不可缺少的。

设计高增益 EDF 是实现 OFA 的技术关键，EDF 的增益取决于 $Er^{3+}$ 的浓度、光纤长度和直径及泵浦光功率等多种因素，通常由实验获得最佳增益。对泵浦光源的基本要求是大功率和长寿命。波长为 1480nm 的 InGaAsP 多量子阱（MQW）激光器，输出光功率高达 100mW，泵浦光转换为信号光效率在 6dB/mW 以上。波长为 980nm 的泵浦光转换效率更高，达 10dB/mW，而且噪声较低，是未来发展的方向。对波分复用器的基本要求是插入损耗小，熔拉双锥光纤耦合器型和干涉滤波型波分复用器最适用。光隔离器的作用是防止光反射，保证系统稳定工作和减小噪声，对它的基本要求是插入损耗小，反射损耗大。

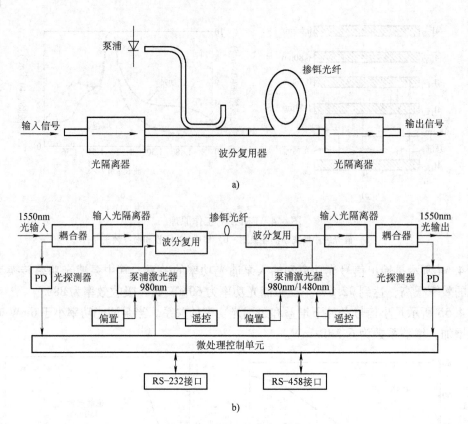

图 4.6　OFA 构成原理图

a）OFA 原理图　b）实际 OFA 的构成框图

图 4.7 所示为 EDFA 的增益、噪声指数和输出信号光功率与输入信号光功率的关系。在泵浦光功率一定的条件下，当输入信号光功率较小时，放大器增益不随输入信号光功率而变化，基本上保持不变。当信号光功率增加到一定值（一般为 -20dBm）后，增益开始随信号光功率的增加而下降，因此出现输出信号光功率达到饱和的现象。

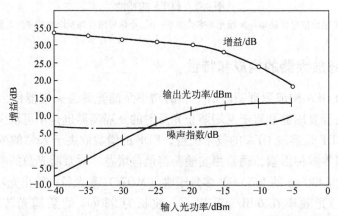

图 4.7　EDFA 增益、噪声指数和输出光功率输入光功率的关系曲线

表 4.3 列出了国外几家公司 EDFA 的技术参数。

表 4.3　EDFA 的技术参数

| 公司名称 | 型号 | 光增益 /dB | 最大输出功率 /dBm | 噪声指数 /dB | 工作波长 /nm | 泵浦波长 /nm | 工作温度 /℃ | 工作带宽 /nm |
|---|---|---|---|---|---|---|---|---|
| TechSight Inc （加拿大） | FA102 | 28 | 10 | 4.5 | 1530 ~ 1560 | 980 | 0 ~ 60 | 30 |
| | FA106 | 38 | 16 | 6 | 1530 ~ 1560 | 1480 | 0 ~ 60 | 30 |
| AT&T （美国） | ×1706×J | 30 | 11.5 | 8 | 1540 ~ 1560 | 1480 | −5 ~ 40 | 20 |
| | ×1706×Q | 35 | 15.5 | 8 | 1540 ~ 1560 | 1480 | −5 ~ 40 | 20 |
| BT&D （英国） | EFA200× | | 15 | 4.5 | 1530 ~ 1565 | 1480 | −40 ~ 60 | 35 |
| | EFA201× | | 15 | <4.0 | 1530 ~ 1565 | 980 | −40 ~ 60 | 35 |
| PITEL （日本） | ErFA1110 – 1115 | 25 ~ 33 | 10 ~ 15 | <7 | 1552 | 1480 | 0 ~ 40 | 30 |
| | ErFA1118 | >35 | 18 | <7 | 1552 | 1480 | 0 ~ 40 | 30 |
| CORNING （康宁） | 单泵功放 | | 12 ~ 13 | 4 | | 980 | 0 ~ 65 | |
| | 双泵功放 | | 15 ~ 16 | 4 | | 980 | 0 ~ 65 | |
| | 双泵 CATV 功放 | | 16 | 4 | | 980 | 0 ~ 65 | |
| | 线路放大 | 25 | | 4 | | 980 | 0 ~ 65 | |
| | 有调谐滤波器的前放 | 24 ~ 30 | | 4 | 1530 ~ 1560 | 980 | 0 ~ 65 | |
| | WDM 线路放大器 | 33 ~ 34 | 16.5 | 4 | 1549 ~ 1561 | 980 | 0 ~ 65 | 12 |

## 4.3.3　掺铒光纤放大器的泵浦方式

泵浦激光器为光放大器源源不断地提供能量，在放大过程中将能量转换为信号光的能量，目前商用化的光放大器一般都采用如下 3 种泵浦方式：同向泵浦、反向泵浦和双向泵浦，本文所提供 EDFA 的结构框图即为双向泵浦方式。

（1）同向泵浦

同向泵浦的结构框图如图 4.8 所示。在这种方案中，泵浦光与信号光从同一端注入 EDF，在 EDF 的输入端，泵浦光较强，其增益系数大，信号一进入光纤即得到较强的放大。但由于吸收泵浦光将沿光纤长度而衰减，使在一定的光纤长度上达到增益饱和而使噪声增加。同向泵浦的优点是构成简单、噪声性能较好。

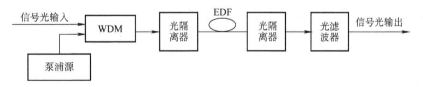

图 4.8　同向泵浦的结构框图

（2）反向泵浦

反向泵浦也称后向泵浦，其结构框图如图 4.9 所示。

在这种方案中，泵浦光与信号光从不同的方向输入掺铒光纤，两者在光纤中反向传输，其优点是：当光信号放大到很强时，泵浦光也强，不易达到饱和，因而具有较高的输出功率。

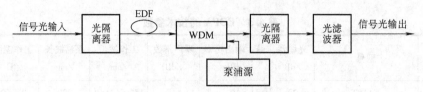

图4.9　反向泵浦的结构框图

（3）双向泵浦

为了使EDFA中杂质粒子得到充分激励，必须提高泵浦功率，可用两个泵浦源激励掺铒光纤。双向泵浦的结构框图如图4.10所示。

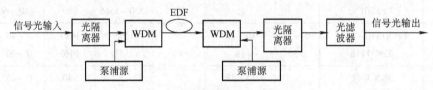

图4.10　双向泵浦的结构框图

这种方式结合了同向泵浦和反向泵浦的优点，使泵浦光在光纤中均匀分布，从而使其增益在光纤中也均匀分布。这种配置具有更高的输出信号功率，最多可以比上述单向泵浦型高6dB，而且EDFA的性能与信号传输方向无关。

（4）3种泵浦方式的比较

1）信号输出功率图4.11给出了3种泵浦方式下信号输出功率与泵浦光功率之间的关系。这3种方式的微分转换效率不同，数值分别为61%、76%和77%，在同样的泵浦条件下，同向泵浦光的输出最低。

2）噪声特性。图4.12给出了噪声系数与输出光功率之间的关系。由于输出功率加大将导致粒子反转数的下降，因而在未饱和区，同向的噪声系数最小，但在饱和区，情况将发生变化。噪

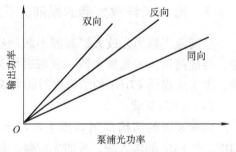

图4.11　信号输出功率与泵浦光功率的关系

声系数与光纤长度的关系如图4.13所示，图中L为EDF的长度。从图中可以看出，不管掺铒光纤的长度如何，同向泵浦光放大器的噪声最小。

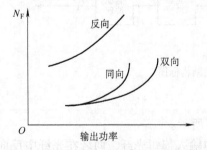

图4.12　噪声系数与输出光功率的关系

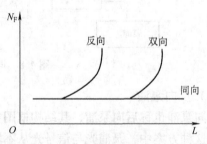

图4.13　噪声系数与光纤长度的关系

3）饱和输出特性。同向泵浦光放大器的饱和输出功率最小，双向泵浦光放大器的输出功率最大，且光放大器的性能与输入信号方向无关，虽然其性能最佳，但由于增加了1个泵浦激光器及相应的控制电路，成本较高。

### 4.3.4　掺铒光纤放大器的优点

EDFA的研制成功和投入使用，并迅速得到发展，把光纤通信技术水平推向了一个新高度，成为光纤通信发展史上一个重要的里程碑。其主要优点有：

1）工作波长处在$1.53 \sim 1.56\mu m$范围，与光纤最小损耗窗口一致。

2）所需的泵浦源功率低，仅需几十毫瓦，而拉曼放大器需要$0.5 \sim 1W$的泵浦源进行激励。

3）增益高，噪声低，输出功率大。

4）连接损耗低，因为是光纤放大器，因此与光纤连接比较容易，连接损耗可低至$0.1dB$。

如果加上1310nmPDFA，频带可以增加一倍。所以"波分复用+光纤放大器"被认为是充分利用光纤带宽增加传输容量最有效的方法。由于以上优点，EDFA在各种光放大器中应用最为广泛，因此本节将重点介绍EDFA的结构、工作原理和应用等。

### 4.3.5　掺铒光纤放大器的应用

#### 1. 应用形式

1550nm EDFA在各种光纤通信系统中得到广泛应用，并取得了良好效果。副载波CATV系统，WDM或OFDM系统，相干光系统及光孤子通信系统，都应用了EDFA，并大幅度增加了传输距离。EDFA的应用归纳起来可以分为3种形式，如图4.14所示。

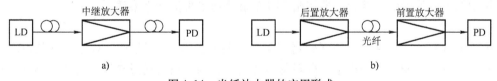

图4.14　光纤放大器的应用形式

a）中继放大器　b）前置放大器和后置放大器

（1）中继放大器（Line Amplifier，LA）

在光纤线路上每隔一定距离设置一个光纤放大器，以延长干线网的传输距离。作为中继放大器时EDFA的特点有：

1）中继距离长。采用"光—电—光"方式的中继距离一般为$70 \sim 80km$，而光放大器作中继的距离可超过$150km$。

2）可用作数字、模拟及相干光通信的线路放大器。如采用EDFA作为线路放大器，不管传输数字信号还是模拟信号，都不必改变EDFA设备。

3）EDFA可传输不同的码率。如需扩容，由低码率改为高码率时，不需要改变EDFA线路设备。

4）EDFA作为线路放大器，可在不改变原有噪声特性和误码率的前提下直接放大数字、模拟或二者混合的数据格式。特别适合光纤传输网络升级，在语言、图像、数据同网传输时，不必改变 EDFA 线路设备。

5）一个 EDFA 可同时传输若干个波长的光信号。用光波复用扩容时，不必改变 EDFA 线路设备。

6）EDFA 用作线路放大器，不必经过光电转换，可以直接对光信号放大，结构简单可靠。

（2）前置放大器（Preamplifier，PA）

此放大器置于光接收机前面，放大非常微弱的光信号，以改善接收灵敏度。作为前置放大器，对噪声要求非常苛刻。

（3）后置放大器（Booster Amplifier，BA）

此放大器置于光发射机后面，以提高发射光功率，对后置放大器噪声要求不高，而饱和输出光功率是主要参数。

**2. EDFA 对传输系统的影响**

EDFA 的出现，解决了光纤传输系统中的许多问题，但同时也产生了新的问题。

（1）非线性问题

采用 EDFA 后，提高了注入光纤的光功率，但当 EDFA 大到一定数值时，将产生光纤非线性效应（包括拉曼散射和布里渊散射），尤其是布里渊散射（SBS）受 EDFA 的影响最为严重，它限制了 EDFA 的放大性能和长距离无中继传输的实现。解决问题的方法有：减少光纤的非线性系数，提高 SBS 的功率阈值。

（2）光浪涌问题

EDFA 的采用可使输入光功率迅速增大，但由于 EDFA 的动态增益变化较慢，在输入信号跳变的瞬时将产生浪涌，即输出光功率出现"尖峰"，尤其是在 EDFA 级联时，光浪涌更为明显。峰值功率可达数瓦，有可能造成光电变换器和光连接器端面的损坏。解决的方法是在系统中加入光浪涌保护装置，即控制 EDFA 泵浦功率来消除光浪涌。

（3）色散问题

采用 EDFA 后，衰减限制的问题得以解决，传输距离大大增加，但总的色散也随之增加。原来的衰减限制系统变成了色散限制系统。解决的方法是通过在光纤线路上增加色散补偿光纤（DCF）抵消原光纤的正色散，实现长距离的传输。

# 4.4　宽带掺铒光纤放大器的最新进展

20 世纪 90 年代初，EDFA 和低损耗传输光纤的研制成功及波分复用技术的广泛应用，极大地增加了光纤通信传输的信息容量，并延长了光纤通信的传输距离，光纤通信得到了快速的发展。专家预计，长距离光纤通信的容量今后将以大约每两年翻一番的速度增长。如何利用现有的光纤传输网络，满足日益增长的需求，已成为光纤通信领域研究的重要课题。由于低损耗传输光纤的生产技术已经成熟，使得依赖以降低传输损耗来提升通信容量的手段受到了限制。因此，提升光纤通信容量的研究已转移到新型的、更加高效的 EDFA 上。目前，正在研究的这种新型 EDFA 有 3 种解决方案：

1）将 EDFA 从传统的 C 波段扩展到 L 波段或 S 波段。

2）将 $Er^{3+}$ 粒子和其他稀土元素共掺。

3）用不同波段 EDFA 构成组合光纤放大器。

## 4.4.1　增益移位掺铒光纤放大器

增益移位掺铒光纤放大器（GS - EDFA）是将放大器从 C 波段发展到 L 波段的典型代表，常规 EDFA 的可用增益带宽一般在 1530 ~ 1565nm（C 波段）。1990 年，英国的 J. F. Massicott 等人研究发现，通过控制 EDF 的长度，使 $Er^{3+}$ 粒子数分布反转稳定在较低的程度，可实现 L 波段的光纤放大，在 1570 ~ 1610nm 范围内增益高于 25dB。这种 GS - EDFA（也称为 L 波段 EDFA）的增益谱，虽然位于能级跃迁辐射的带尾，吸收和发射系数小，但是增益平坦，1dB 偏离的增益带宽可达 30nm，增益高于 24dB。

由于低的粒子数分布反转度和低的吸收、发射系数，GS - EDFA 中需要的 EDF 比较长，同掺杂浓度下约为常规 C 波段 EDFA 的 4 ~ 5 倍，这增大了光纤的吸收损耗和后向放大自发辐射（ASE）能量的积累、降低了放大器的泵浦转换效率（PCE）、增大了噪声系数（NF）。许多的研究工作集中在改善 GS - EDFA 的这两大性能上。使用高掺杂低损耗的 EDF，可以减少所需光纤的长度，降低吸收损耗和后向 ASE 能量的积累，因此能够提高 GS - EDFA 的性能。目前，掺杂浓度为 $1900 \times 10^{-6}$ 的 EDF（一般 EDF 的掺杂浓度为 $300 ~ 500 \times 10^{-6}$）已经可用，其主动损耗与低掺杂光纤相比没有大的增加，更高掺杂浓度的光纤也已研制。最近的研究显示，除长度和掺杂浓度对 GS - EDFA 的性能有影响外，EDF 的其他参数对其性能也有影响。优化组合 EDF 的各种参数（包括掺杂浓度、长度、截止波长和数值孔径等）也是提高 GS - EDFA 性能的一条有效途径。

此外，GS - EDFA 的性能还受到泵浦源选择的影响。大部分 GS - EDFA 的泵浦源选用 980nm 或 1480nm 的半导体激光二极管（LD）。与 C 波段 EDFA 的情况相类似，980nm 泵浦和 1480nm 的泵浦各有优点，前者具有小的 NF，后者可得到大的 PCE，所以，在有些报道中采用了双向混合泵浦的方法。研究还发现，在一定的范围内将泵浦波长偏离 $Er^{3+}$ 粒子 980nm 或 1480nm 的吸收峰，可以提高 GS - EDFA 的 PCE。这与泵浦偏离吸收峰引起的前段 EDF 的粒子数反转程度降低，以及反向 ASE 能量减小有关，但是泵浦波长的偏离同时会带来放大器 NF 的增大。一种比较好的泵浦方法被称为 ASE 泵浦，GS - EDFA 的增益波长在 1560nm 之后，而 EDF 的 ASE 峰在 1532nm，整个发射带都可以作为 GS - EDFA 的有效泵浦源，因此可以用商用的 C 波段 EDFA 作为泵浦源。这种泵浦方法可同时获得高的 PCE 和低的 NF。最近的报道显示，ASE 泵浦的 GS - EDFA 在小信号增益情况下，PCE 接近 100%，NF 可小于 4dB，比作为泵浦源的常规 EDFA 还小 1dB。

此外，J. F. Massicott 等人提出用 1480nm 作为主泵浦源（82mW），1555nm 为辅助泵浦源（1mW）的方法，如图 4.15 所示。该方法泵浦的 GS EDFA 在 1570nm 的小信号增益达 31dB，在 1570 ~ 1605nm 范围内的增益高于 24dB，NF 小于 5dB，接近 1480nm 泵浦的理论噪声极限。

目前，GS - EDFA 的基本原理和特性已经研究得比较深入，其饱和增益特性、增益平坦、温度稳定性及补偿方法等方面均有研究。其他各种适用于 L 波段的光通信器件，如信号源、耦合器、增益平坦滤波器等也不断地被研制成功，随着系统开发成本的降低和光纤通信对带宽需求的日益紧张，GS - EDFA 的商业应用指日可待。

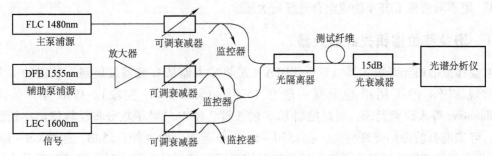

图 4.15　GS－EDFA 在 1555nm 辅助泵浦图

## 4.4.2　铒镱共掺光纤放大器

掺铒光纤中随着 $Er^{3+}$ 粒子浓度的增大，因 $Er^{3+}$ 聚集引起的能量上转换，降低了能量转换效率。若在纤芯中加入一定浓度的 $Yb^{3+}$ 粒子，让更多的 $Er^{3+}$ 以粒子对（$Er^{3+}$^$Yb^{3+}$）的形式存在，就能有效地抑制铒离子对（$Er^{3+}$^$Er^{3+}$）的上转换过程，使 $Er^{3+}$ 亚稳态能级的粒子数大大增加，能量转换更加有效。这是由于 $Yb^{3+}$ 在硅晶中的溶解度与 $Er^{3+}$ 粒子一样低，它们都具有相同的离子半径，在硅晶中聚集在一起，大量的聚集发生在一个 $Er^{3+}$ 和多个 $Yb^{3+}$ 之间。这样，每个 $Er^{3+}$ 的周围有多个 $Yb^{3+}$，使得 $Er^{3+}$ 相互间距增大，从而有效地抑制了由 $Er^{3+}$ 聚集引起的能量上转换，并且在光纤中，由于 $Yb^{3+}$ 粒子的加入，让铒镱光纤的吸收谱变得又高又宽。$Yb^{3+}$ 离子的吸收峰也在 980nm，但比 $Er^{3+}$ 离子的吸收峰更高、更阔，这就允许在较宽的波长范围选择合适的泵浦光源。在泵浦光作用下 $Er^{3+}$，$Yb^{3+}$ 发生跃迁，其跃迁的情形如图 4.16 所示。

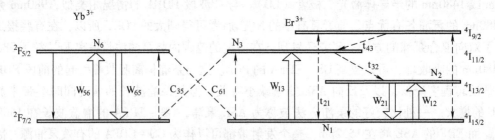

图 4.16　$Er^{3+}$^$Yb^{3+}$ 共掺系统的能级传递

首先，$Yb^{3+}$ 吸收泵浦光，从 $^2F_{7/2}$ 基态跃迁到 $^2F_{5/2}$ 激发态；其次，$^2F_{5/2}$ 激发态的能量通过敏化传递给 $Er^{3+}$ 的 $^4I_{15/2}$ 基态，使 $Er^{3+}$ 受激，受激的 $Er^{3+}$ 跃迁到 $^4I_{11/2}$ 激发态；再次，$Yb^{3+}$ 的能量传递给 $Er^{3+}$ 后，从 $^2F_{5/2}$ 激发态返回到 $^2F_{7/2}$ 基态；最后，处于 $^4I_{11/2}$ 激发态的 $Er^{3+}$ 快速地到 $^4I_{13/2}$ 亚稳态，当处于 $^4I_{13/2}$ 亚稳态的粒子数达到一定数量时，实现了 $Er^{3+}$ 的粒子数反转，从而产生激光。

不同的泵浦方式对 Er/Yb 共掺光纤放大器的性能有不同的影响。

1）对于正向泵浦，泵浦光注入端与激光输出端相分离，耦合方便，便于实现，但是存在光功率和增益在激活光纤中分布不均匀的缺点。采用这种方式的光纤放大器输出激光功率较低，但是，优点是其噪声系数相当小。

2）对于反向泵浦，泵浦光从光信号的输出端注入，其耦合相对复杂，增益光纤中也存在光功率和增益分布不均匀的问题。此种泵浦方式容易获得较高的激光输出，但是，它的噪声系数相对大，为了降低噪声系数，一般只宜于采用较短的增益光纤。

3）关于双向泵浦，虽然其结构复杂，实现困难，但它集合了上面两种方式的优点，具有输出激光功率高，噪声性能好的特点。

### 4.4.3　多段级联掺铒光纤放大器

近年来，单一的光纤放大系统已不能完全满足高速率大容量的通信传输需求，多系统组合、多波段级联的复合光纤放大系统成为研究的热点。

以前文介绍的工作于 L 波段的 GS - EDFA 为例，其与 C 波段 EDFA 组合，可提供常规 EDFA 两倍带宽的增益，成倍地提高了系统的传输容量。这两种 EDFA 的组合有并联和串联两种形式。1997 年，M. Yamada 等人采用并联结构，成功地实现了这两个波段信号的同时放大，总的增益带宽达 54nm（C 波段为 1530 ~ 1560nm，L 波段为 1576 ~ 1600nm），增益高于 30dB，增益起伏小于 117dB。1998 年，他们又报道了串联结构的双波段 EDFA，两个波段的连续平坦增益带宽达到 66nm（波段为 1533 ~ 1599nm），平均信号增益 17dB，增益起伏小于 3dB，噪声指数小于 5dB。由于在串联结构的 EDFA 中，C 波段的信号无法避免地要经过 GS EDFA 的长的掺铒光纤，导致部分能量被吸收和转移到 L 波段信号上，所以传输实验中一般不用这种结构的组合，而倾向于用并联结构的组合，如图 4.17 所示。

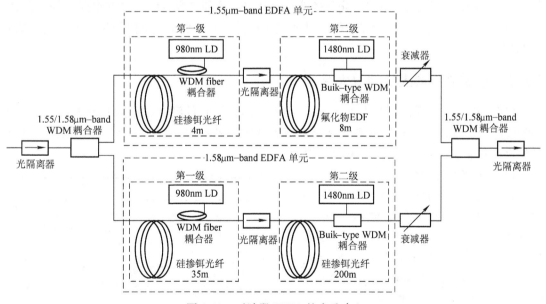

图 4.17　对波段 EDFA 的多重建立

随着 GS EDFA 技术的不断成熟和完善，利用其实现 L 波段、C + L 波段和带宽更宽的 S + C + L 三波段的 WDM 传输成为可能。就单 L 波段的 WDM 传输系统来说，2000 年日本富士通的报道比特速率达到 640Gbit/s（64 × 10Gbit/s），传输距离超过 10000km。C + L 波段的系统，1998 年日本 NTT 的报道比特速率达到 1Tbit/s（50 × 20Gbit/s），其中 30 个波长信道在 L 波段，传输距离为 600km；2000 年，贝尔实验室在世界光通信会议（OFC）上的报道比特速率达到了创记录的 3128Tbit/s（82 × 40Gbit/s），其中的 42 个波长信道在 L 波段，传输距离为 300km，就是用这种 GS EDFA 实现放大的。S + C + L 三波段的传输系统，采用掺铥光纤做成的 S 波段光纤放大器（TDFA）和 C + L 波段的 EDFA 并联，分别实现对 1470nm 波段、1550nm 波段和 1590nm 波段 WDM 信号的放大。虽然实验传输的距离只有 100km，但是这种多波段组合光纤放大器的试验尝试，为以后充分利用光纤丰富的带宽资源，实现多窗口超宽带光纤通信奠定了基础。

目前，EDFA 研究的 3 个方向：增益移位掺铒光纤放大器是传统掺铒光纤放大器从 C 波段向 L 波段的自然扩展，它代表着解决 C 波段资源局限的新思路；铒镱共掺光纤放大器中 $Yb^{3+}$ 粒子的加入，在一定程度上抑制了因 $Er^{3+}$ 聚集引起的能量上转换，新的稀土元素的掺入解决了 EDFA 工作原理上的缺陷；多波段级联掺铒光纤放大器基于优势互补原理上的缺陷；多波段级联掺铒光纤放大器基于优势互补原则，极大地增加了通信带宽，提高了系统增益，C 波段光纤放大器与 L 波段、S 波段光纤放大器共同组成的超带宽混合光纤放大器作为下一代光纤放大器，对光纤 DWDM 系统的发展发挥着越来越大的影响作用。

## 4.5　掺镨光纤放大器

PDFA 与 EDFA 同属于掺杂 OFA 一类，EDFA 已广泛应用于光传输系统，现有的广电系统网络有很大一部分工作于 $1.3\mu m$ 波长，如果能提供 $1.3\mu m$ 的光纤放大器，则已大量敷设的 $1.3\mu m$ 波长光纤 CATV 系统与光纤通信系统就可以顺利扩容升级，具有重要的经济意义。经过研究人员的不懈努力，目前 PDFA 技术趋于成熟，并实现了整机商用化，鉴于此，此处对 PDFA 作详尽的介绍。

### 4.5.1　掺镨光纤放大器的放大原理

PDFA 以掺镨光纤作为增益介质，以 1017nm 附近波长的激光器作为泵浦光源，工作于 1300nm 波长。PDFA 的特性主要取决于掺镨光纤的吸收和发射特性，即光谱特性，而其光谱特性则取决于镨离子（Pr）的能级结构。

（1）掺镨光纤的能级结构

掺镨光纤采用氟玻璃作为基质材料，这种掺杂光纤的能级结构如图 4.18 所示，这是一种准四能级系统，$^1G_4$、$^1D_2$ 和 $^3P_0$ 的能级寿命分别为 110、350 和 58μs，泵浦光子的基态吸收（GSA）发生在 $^3H_4$ 能级和 $^1G_4$ 能级之间，同时泵浦光子在 $^1G_4 \sim {}^3P_0$ 能级间及 $^1G_4 \sim {}^1D_2$ 间产生激发态吸收（ESA），以及在亚稳能级 $^1G_4$ 和基态 $^3H_4$ 能级间产生受激辐射（1050nm 附近很强的 ASE）。信号光子被

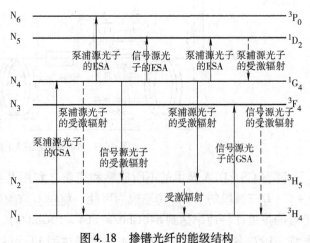

图 4.18　掺镨光纤的能级结构

$^1G_4 \sim {}^3H_5$ 产生的 1310nm 的受激辐射光放大，信号光子同时被 $^3H_4 \sim {}^3F_4$ GSA 和

$^1G_4 \sim {}^1D_2$ ESA 吸收。

另外，由于 $^1G_4 \sim {}^3H_5$ 能级之间的能量差与 $^1G_4 \sim {}^1D_2$ 能级之间的能量差是相互匹配的，因而在（$^1G_4 \sim {}^1D_2$）与（$^1G_4 \sim {}^3H_5$）能级之间产生交互变换跃迁的效应，这种效应会使亚稳能级 $^1G_4$ 上的粒子数减少，从而使增益特性变差。泵浦光子因激发态吸收而跃迁到 $^3P_0$ 能级及 $^1D_2$ 能级的粒子后发生迟豫跃迁而转移到 $^1G_4$ 上，其泵浦分路系数分别为 B64 = 2% 和 B54 = 9%。在上述的放大机理中，在 $^1G_4$ 能级的 $Pr^{3+}$ 离子因为多声子迟豫而非常容易跃迁到 $^3F_4$ 能级，因此，要提高放大的效率，就必须尽量减少 $^1G_4 \sim {}^3F_4$ 的非辐射跃迁，其能级间隔为 $3000cm^{-1}$，通过选择声子能量尽可能小的玻璃基质可以减少 $^1G_4 \sim {}^3F_4$ 的能级间隔，从而可以减少 $^1G_4 \sim {}^3F_4$ 的非辐射跃迁。正是基于较低的多声子弛豫率和较低的损耗光纤制造技术，$ZrF_4$ 氟化物玻璃基质的 PDF 适合制造 PDFA。

（2）掺镨光纤通信系统

掺镨光纤的光谱特性如图 4.19 所示。

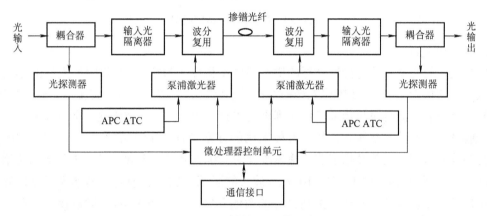

图 4.19　掺镨光纤通信系统

$S_{14}$ 为泵浦吸收截面，由图 4.20 可以看出泵浦带较宽，中心波长在 1015nm 处；$S_{41}$ 为自发辐射截面，峰值波长在 1050nm 附近；$S_{42}$ 为发射截面，中心波长在 1310nm 处，提供信号光的放大；$S_{45}$ 为激发态吸收（ESA）截面，产生了一个峰值在 1380nm 附近的激发态吸收带，其短波长延伸至 1290nm，因而能将波长大于 1290nm 的信号吸收，限制了放大器的性能；$S_{13}$ 为基态吸收（GSA）截面，其峰值波长为 1440nm。从图 4.20 可以看出放大器的长波长部分性能会受到 $S_{13}$ 和 $S_{45}$ 的影响。

## 4.5.2　掺镨光纤放大器的结构

目前，商用 PDFA 的常用结构框图如图 4.20 所示。从图 4.20 可以看出它与 EDFA 的结构基本一致，关键元器件的采用与 EDFA 相同，但由于两者工作的波段不同，增益特性不同，关键元器件的性能也略有差异，在介绍 EDFA 时对各部分元器件的原理及结构已作了详细说明，此处仅介绍 PDFA 固有的性能特点。

（1）泵浦源

实验结果表明，PDFA 的峰值泵浦波长在 1017nm 附近，但整个 −3dB 增益的泵浦带宽很宽，达到 988 ~ 1033nm 整个 45nm 的泵浦范围，工作在最佳波长附近的 1017nm 普通半导体激光器、MO2PA 半导体激光器、1047nm 的 Nd：YLF 固体激光器、1029nm 的 Yb：YAG 固体激光器和 1010～1030nm 的掺钇光纤激光器都可以用于 PDFA 的泵浦源，其中最有优势并已商用的泵浦类型是 LD、MOPA - LD 和 ND：YLF 激光器。鉴于 PDFA 的泵浦激光器的功率是 EDFA 的激光器功率的数倍，工作电流比较大，因而泵浦激光器的高可靠性是关键技术，同时 APC、ATC 电路也有控制难度。

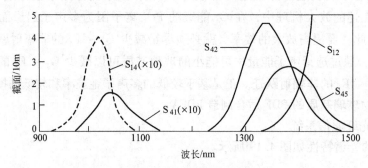

图 4.20　PDFA 常用结构框图

（2）掺镨光纤

掺镨光纤的增益系数比掺铒光纤的增益系数小得多，目前掺镨 ZBLAN 光纤的小信号增益系数可达到 0.25dB/mW（掺铒光纤的增益系数可达到 11dB/mW）。据报道，硫化物玻璃、$InF_4$ 氟化物玻璃、混合卤化物玻璃已达到更高的放大效率，对于掺镨光纤的优化除了上述使用声子能量很低的玻璃基质外，另一种较实用的方案是优化 PDF 的参数，通常采用的是优化芯径的掺镨浓度。实验数据表明：掺镨浓度为 $1000 \times 10^{-6}$，长度为 7m 的 PDF 与掺镨浓度 $500 \times 10^{-6}$、长度为 14m 的 PDF 在 1017nm 波长的泵源泵浦下，前者更易达到增益饱和，相应的小信号增益也很低。此外，提高光纤的数值孔径、减小 PDF 的散射损耗，也可以显著提高增益系数。

（3）掺镨光纤与普通光纤的连接技术

PDF 的数值孔径很大、芯径较细，而普通光耦合器与光隔离器用的单模光纤的数值孔径很小、芯径较粗，而且两种光纤的成分不同，因而直接熔接时损耗较大，目前采用特殊的 V-groove 连接技术和 TEC 熔接技术可将 PDF 与普通光纤的连接损耗降低到 0.3dB 以下。

除以上几点外，PDFA 的光路结构对其性能也有很大影响，双向泵浦的增益系数可比前向泵浦的增益系数高 0.05dB/mW，因而对 PDFA 的光路结构进行优化可以获得更好的性能。

## 4.6　半导体光放大器

半导体光放大器（SOA）和半导体激光器一样，是基于光的受激辐射和放大。事实上，激光器名称的意思就是受激辐射引起的光放大。SOA 是利用半导体激活介质能够给通过的光提供增益的机理，使光信号得到放大。SOA 是一种具有光增益的光电器件，类似于激光二极管，随着注入电流的增大，粒子数反转达到一定程度，二极管出现增益，当注入电流超过二极管阈值电流时，再增大注入电流会出现两种情况：若使其反射腔的增益大于材料内部的总损耗，此时的二极管成为激光器；若将反射腔的两个端面镀上抗反射膜，使其不能建立激光振荡，只能对输入的光信号进行放大，直至其增益趋于饱和。利用第二种现象制成的 SOA 有不同的结构类型，SOA 主要有两种结构：法布里—珀洛腔（FP）型及行波（TW）型两种。法布里—珀洛腔 SOA 的反射腔端面具有较大的反射系数，外来的光信号在两个端面之间来回反射振荡，获得放大增益，这种结构的光放大器需要输入信号的频率与法布里—珀洛腔的谐振膜严格匹配，以获得大的增益，因而其增益带宽窄，基本上是线宽，同时要求法布里—珀洛腔光放大器有足够高的温度稳定性（ ±0.05℃）和电流稳定性（ ±0.15mA），以保证反射腔的共振频率和增益的稳定性。行波型光放大器是一种解理面完全通透的法布里—珀洛腔光放大器，入射光能单程放大或只有单程增益，为获得较大的增益，需要有较大的驱动电流，约为透明点阈值电流的 2~3 倍。

SOA 作为一种光放大器，不应产生自激振荡，因此 SOA 中或者没有内部反馈，或者内部反馈足够小，以致不能产生自激振荡。对应反馈的两种情况，存在有两种类型的 SOA，即 FP 型及 TW 型。SOA 的线性应用主要指用作宽带放大器，TW - SOA 可以有很宽的平坦增益，因此可以同时放大很大带宽的信号，如 DWDM 中的各路信号，但至今在 DWDM 系统中使用的光放大器主要是 EDFA。之所以较少应用 SOA 主要有以下两个原因。

1）SOA 具有对信号光增益的饱和性，无论输入多大光功率，经历多少级放大，其最终的输出功率总被限制在某一水平，虽然 SOA 可以在线性区应用，但仍存在一定的非线性效应，它可以造成信道间的串扰，这对 DWDM 是致命的问题。

2）为了保证线性应用就必须在小信号条件下工作，这又与 DWDM 相矛盾，因为 DWDM 系统具有多路信号，如果 SOA 输出功率不大，则分到每一路的功率就更小，这是不利于信号的长距离传输和接收的，但 SOA 可以作为光放大器应用于短距离的 DWDM 系统中。与 SOA 线性应用的局限性相比较，SOA 在通信系统和网络中的非线性应用有着广阔的前景，它可以用作带有增益的光开关、全光 3R（再放大、再定时和再整形）、全光时分解复用和全光波长变换等，在这些应用中，SOA 具有相当大的优势。

SOA 之所以能大范围地应用并具有很强的生命力，主要因为有以下优点：①SOA 具有很大的增益带宽（1300~1600nm），覆盖 1310nm 与 1550nm 两处窗口；②SOA 增益平坦性好；③SOA 能够动态转换波长，能够接受输入信号光改变它的频率，同时对其进行放大；④SOA 体积小，泵浦简单，可批量生产，成本低。

## 4.7　拉曼光纤放大器

传统的 EDFA 存在带宽较窄、噪声较大等诸多不足，已不能完全满足需要。拉曼光纤放大器（Raman Fiber Amplifier，RFA）的放大范围更宽，噪声指数更低，是满足这些要求的理想产品，是实现高速率、大容量、长距离光纤传输的关键器件之一。目前，RFA 已成为光通信领域中的新热点。

RFA 的工作原理基于石英光纤中的非线性效应——SRS。在一些非线性光学介质中，高能量（波长短、频率高）的泵浦光散射，将一小部分入射功率转移到另一频率下移的光束，频率下移量由介质的振动模式决定，此过程称为 SRS 效应。

RFA 有两种类型：一种为集总式拉曼光纤放大器，所用的增益光纤比较短，一般在几千米，但是泵浦功率要求很高，一般要几到十几瓦，可产生 40dB 以上的高增益，主要作为高增益、高功率放大，可放大 EDFA 所无法放大的波段；另一种为分布式拉曼光纤放大器（DRA），所用的光纤比较长，一般为几十至上百千米，泵浦功率可降低到几百毫瓦，主要用于辅助 EDFA 提高光传输系统的性能，抑制非线性效应，提高信噪比，增大传输距离。

### 4.7.1  光纤的受激拉曼散射及其应用

1）SRS 是光纤中很重要的非线性效应，它可被看做是介质中分子振动对入射光（称为泵浦光）的调制，即分子内部粒子间的相对运动导致分子感应电偶极矩随时间的周期性调制，从而对入射光产生散射作用。设入射光的频率为 $W_L$，介质的分子振动频率为 $W_r$，散射光的频率为：$W_s = W_L - W_v$ 和 $W_{as} = W_L + W_v$，这种现象叫做 SRS，所产生的频率为 $W_s$ 的散射光叫做斯托克斯波，频率为 $W_{as}$ 的散射光叫做反斯托克斯波。对斯托克斯波可用物理语言描述如下：一个入射的光子消失，产生了一个频率下移的光子和一个有适当能量和动量的光子，使能量和动量守恒。

2）拉曼增益与阈值。拉曼散射过程的数学描述为 $dI_S/dz = g_R \cdot I_P \cdot I_S$，式中，$I_S$ 为斯托克斯波的光强；$z$ 为传输距离；$g_R$ 为拉曼增益系数；$I_P$ 为泵浦波光强。拉曼增益的最显著特征是增益系数 $g_R$ 延伸覆盖一个很大的频率范围（可达 40GHz），即增益谱很宽，在 $\lambda = 1\mu m$ 附近，$g_R = 10^{-13} m/W$，并随波长成反比变化。要获得明显的非线性作用，输入的泵浦功率必须足够强，即必须达到某一阈值。拉曼散射的阈值泵浦功率 $P_R$ 可近似表示为 $P_R = 16A_{eff}/L_{eff}g_R$（W），式中，$A_{eff}$ 为纤芯有效面积（或称有效截面积），$A_{eff} = \pi S_0^2$，$S_0$ 为单模光纤的模场半径；$L_{eff}$ 为光纤的有效互作用长度，$L_{eff} = [1 - \exp(-aL)]/A$，$L$ 为光纤长度，$a$ 为光纤的衰减系数，当光纤较长时，$L_{eff}$ 也长。由上式可以看出，阈值泵浦功率与光纤的有效纤芯面积成正比，与拉曼增益系数成反比，且随光纤的有效长度的增加而下降，尤其对于超低损耗的单模光纤，拉曼阈值会很低。对于长光纤，在 $\lambda = 1.55\mu m$，$A_{eff} = 50\mu m^2$ 时，预测的拉曼阈值是 600mW，此外，从泵浦波到斯托克斯波的转换效率很高。上述频率为 $W_L$ 的光波为一阶斯托克斯波，当一阶斯托克斯波足够强时，它会充当泵浦波再产生二阶的斯托克斯波，依此类推，可以产生多阶的斯托克斯波输出。

### 4.7.2  拉曼光纤放大器的放大机理

SRS 是光纤中的一个很重要的非线性效应过程，在非线性介质中入射的光子与介质分子振动的声子相互作用，入射光波的光子被介质分子散射成低频的斯托克斯光子，同时其余能量转移给声子，分子完成振动态之间的跃迁如图 4.21 所示。

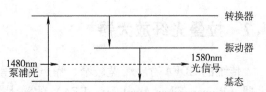

图 4.21  分子完成振动态之间的跃迁示意图

若在光纤中耦合进泵浦光作为入射光，经过分子的散射作用产生斯托克斯波的频移光，当输入光纤的光信号的频率与斯托克斯波的频率相同时，光信号将得到增强，其频率下移量由介质的振动模式和入射泵浦光决定。因此，通过选择不同的泵浦光，可得到所需要的信号光的放大或振荡，当采用多个不同波长的泵浦时可以得到超宽带的放大。石英中拉曼增益最显著的特征是：有一个很宽的频率范围（达 40THz），并且在 13THz 附近有一个较宽的主峰，这些性质是由于石英玻璃的非晶特性所致，在石英非晶材料中，分子的振动频率展宽成频带，这些频带交迭并产生连续态。

与大多数介质在特定频率上产生拉曼增益的情况不同，石英光纤中的拉曼增益可在一个很宽的范围内连续产生。当一束频率为 $F$ 的光波在光纤的输入端与泵浦波同时入射时，受激拉曼散射将导致斯托克斯波的产生，其频率由拉曼增益峰决定，只要频差位于拉曼增益的带宽内，那么泵浦光就会转移一部分能量到弱的输入信号光，弱信号光即可得到放大。

### 4.7.3  拉曼光纤放大器的结构及特点

拉曼光纤放大器主要由增益介质光纤、泵浦源及一系列辅助功能电路等构成，商用化产品视光纤类型、泵浦类型和方式、放大方式不同而有多种结构。拉曼光纤放大器可以采用一般的传输光纤，为取得更高的放大效率，实用化产品一般都采用具有高非线性的光纤。

泵浦源有多种选择，可以利用单泵方式、双泵方式或多泵激励方式。对每个泵浦源所给出的泵浦波长和泵浦功率需进行精心的设计，以确保整机的最佳性能。具体采用分布放大方式还是集中放大方式，其理论与技术问题的解决方案是显著不同的，从而导致拉曼光纤放大器有多种不同的结构类型，从大的方面来分，拉曼光放大器有两种类型：一种为集总式拉曼光放大器，所用的增益光纤比较短，一般在几千米，但对泵浦功率要求较高，一般要几到十几瓦，可产生 40dB 以上的高增益，主要作为高增益、高功率放大，可放大 EDFA 所无法放大的波段，实验表明，色散补偿型光纤是得到高质量集总式拉曼光纤放大器的最佳选择。另一种为分布式拉曼光纤放大器，所用的光纤比较长，一般为几十至上百千米，泵浦功率可降低到几百毫瓦，主要用于辅助 EDFA 提高光传输系统的性能，抑制非线性效应，提高信噪比，增大传输距离。由于分布式拉曼光纤放大器是分布式获得增益的过程，其等效噪声比集总式放大器要小，噪声指数为 $-2 \sim 0$dB，分布式拉曼光纤放大器由于光传输系统传输容量提升的需要而得到迅速发展。

如图 4.22 所示举例的拉曼光纤放大器的结构采用了双泵浦结构，其泵浦波长分别为 1366nm 和 1455nm，泵浦功率分别为 800mW 和 200mW，利用传输光纤作为增益介质，对输入的光信号进行放大。

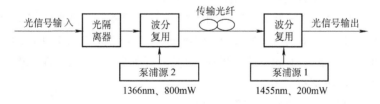

图 4.22  双泵浦拉曼光纤放大器的结构

### 4.7.4  拉曼光纤放大器的优点与缺点

（1）拉曼光纤放大器的优点

拉曼光纤放大器是利用光纤的 SRS 效应产生的增益机制对光信号进行放大，与其他光放大器相比具有明显的优点。

1）增益介质为传输光纤本身，利用现有的传输光纤即可实现对信号光的放大，而不需要其他增益介质，由于放大是沿光纤分布而不是集中作用，光纤中各处的信号光功率都比较小，从而可降低非线性效应尤其是四波混频效应的干扰，与 EDFA 相比优势相当明显。

2）与光纤线路耦合损耗小，因为增益介质为传输光纤本身，因而连接损耗与普通光纤连接损耗值相当，一般连接损耗小于 0.1dB。

3）低噪声是拉曼放大器最优异的性能，其噪声系数可以低到 3dB 以下，优于 EDFA，因此常与 EDFA 混合使用，二者配合使用可以有效降低系统总噪声，提高系统的信噪比，从而延长中继传输距离及总传输距离。前级用拉曼放大器，可以实现超宽带和低噪声放大，在实际应用中，由于 EDFA 的增益和输出功率比拉曼放大器大，将其放在后级，可以得到大的输出功率，单个的 EDFA 的增益带宽不够大，常采用数个不同波段的 EDFA 并联使用，以适应拉曼放大器的宽带特性。

4）增益带宽较宽，理论上可得到任意波长的信号放大，单波长泵浦时可实现 40nm 左右的增益带宽，当采用多波长泵浦时，增益带宽可很容易地实现高于 200nm 的宽带放大，同时获得 20~40dB 的增益，而 EDFA 由于能级跃迁机制所限，增益带宽最大只有 100nm 左右。

5）增益稳定性能好，成本较低。

（2）拉曼光纤放大器的缺点

拉曼光纤放大器的主要缺点是：所需的泵浦光功率大，集总式要几瓦到几十瓦，分布式要几百毫瓦；作用距离长，分布式作用距离要几十到上百千米，只适合于长途干线网的低噪声放大。

### 4.7.5　拉曼光纤放大器的应用

（1）增大无中继传输距离

无中继传输距离主要是由光传输系统信噪比决定的，分布式拉曼光纤放大器的等效噪声指数极低，为 -2~0dB，比 EDFA 的噪声指数低 4.5dB，利用分布式拉曼光纤放大器作前置放大器可明显增大无中继传输距离。康宁公司通过实验和系统建模发现，2.5 倍的延伸是有可能的。

（2）提升光纤的复用程度和光网络的传输容量

分布式拉曼光纤放大器的低噪声特性可以减小信道间隔，提高光纤传输的复用程度和传输容量。从数值模拟可以得到，原始设计为 10Gbit/s，信道间隔为 100GHz 的系统，采用拉曼光纤放大器可被升级到信道间隔为 50GHz 而无需任何附加代价。NTT 最新报道已经实现了间隔为 25GHz 的超密集波分复用。

（3）拓展频谱利用率和提高传输系统速率

普通光纤的低损耗区间是 1270~1670nm，而普通的 EDFA 只能工作在 1525~1625nm 范围内，所以 EDFA 系统的光纤频带利用率是很低的。拉曼光纤放大器的全波段放大特性使得它可以工作在光纤整个低损耗区，极大地拓展了频谱利用率，提高了传输系统的速率。分布式拉曼光纤放大器是将现有系统的传输速率升级到 40Gbit/s 的关键器件之一。

目前拉曼光放大器广泛应用于光纤传输系统中，特别是超长距离的光纤传输系统，如跨海光缆、陆地长距离光纤干线等，从权威机构统计数据看，拉曼光纤放大器的使用已占整个光放大器市场的 35% 左右，由于它具有许多 EDFA 无法比拟的优点，随着整机价格的下降，其市场占有率还会不断扩大。

# 本 章 小 结

光检测器主要分为两大类：光敏二极管（PIN）和雪崩光敏二极管（APD）。这两种检测器的区别主要是 PIN 管没有放大作用，而 APD 管具有放大作用，同时也增加了附加的噪声。在实际应用时，PIN – FET 组件的应用比较广泛，可以满足接收机低噪声和工作频带宽的要求。

光放大器的出现是光纤通信发展史上的重要里程碑，它可以实现信号从光—光的直接放大，而不需要进行光—电—光的转换。特别是随着光纤通信系统传输速率的不断提高和波分复用系统的逐渐应用，光放大器的应用也将越来越多，为全光通信打下了良好的基础。掺铒光纤放大器由于工作波长与光纤低损耗波段一致，在实际工程中得到了广泛的应用，其他类型的光纤放大器也各有特点，在不同场合和系统中也有应用。

通过本章学习应达到：

➢掌握光探测器的工作原理及特性
➢掌握光放大器的分类及重要指标
➢掌握光放大器的工作原理及特性

## 习题与思考题

1. 已知 APD 管的倍增因子 $\langle G \rangle = 20$，过剩噪声指数 $\chi = 0.8$，试求过剩噪声系数 $F(G)$、APD 管可使信号放大的倍数和使一次电流散粒噪声放大的倍数。

2. 试画出 APD 管的结构示意图，并指出高场区及耗尽区的范围。

3. 一个 GaAs PIN 管平均每三个入射光子产生一个电子—空穴对。假设所有的电子都被收集，那么：（1）试计算该器件的量子效率；（2）当在 $0.8\mu m$ 波段、接收功率是 $10 \sim 7W$ 时，计算平均输出光电流；（3）计算波长，当这个 PIN 管超过此波长时将停止工作，即长波长截止点 $\lambda c$。

4. 什么是雪崩增益效应？

5. 设 PIN 管的量子效率为 80%，计算在 $1.3\mu m$ 和 $1.55\mu m$ 波长时的响应度，说明为什么在 $1.55\mu m$ 处光敏二极管比较灵敏。

6. 设光敏二极管的截止波长 $\lambda_c \approx 1.6\mu m$，试求产生光电效应所需的最小光子能量 $E$。

7. 已知 $\lambda = 1.3\mu m$，响应度 $R_0 = 0.6\mu A/\mu W$，试求 PIN 管的量子效率 $\eta$。

8. 光检测过程中都有哪些噪声？

9. 光放大器包括哪些种类？简述它们的原理和特点。

10. EDFA 的泵浦方式有哪些？各有什么优缺点？

11. 一个 EDFA 功率放大器，波长为 1542nm 的输入信号功率为 2dBm，得到的输出功率为 $P_{out} = 27dBm$，求放大器的增益。

12. 简述 SBA 与 SRA 间的区别。为什么在 SBA 中信号与泵浦光必定反向传输？

13. 一个长 $250\mu m$ 的半导体激光器用做 F-P 放大器，有源区折射率为 4，则放大器通带带宽是多少？

14. EDFA 在光纤通信系统中的应用形式有哪些？

15. EDFA 的主要性能指标有哪些？说明其含义。

16. 简述拉曼光纤放大器的放大机理。

# 第 5 章　光学网络器件

**【知识要点】**

构成一个完整的光纤通信系统，除了光纤、光源和光检测器以外，在光纤线路中还有一些作用不同的光无源器件。光无源器件主要包括光连接器和接头、光耦合器、光隔离器、光环行器、光调制器、光开关和光滤波器等。这些器件对光纤通信系统的构成、功能的扩展或性能的提高，都是不可或缺的。光波长转换器实现光信号在不同波长之间的转换，在不同网络范围重复使用光波长，充分利用有限的光波长资源，在全光网络中具有很好的应用前景。本章主要介绍几种光纤线路中常用的光无源器件及其类型、原理和主要特性。

## 5.1　光纤连接器和接头

光纤连接器是实现光纤与光纤之间的活动接头，是一种可拆卸的器件，它用于设备（如光端机，光测试仪表等）与光纤之间的连接、光纤与光纤之间的连接或光纤与其他光无源器件之间的连接。光纤接头是实现光纤与光纤之间的永久性（固定）连接，主要用于光纤线路的构成，通常在工程现场实施。光纤连接器件是组成光纤通信系统和测量系统不可缺少的一种重要无源器件。

### 5.1.1　光纤连接器

光纤连接器的作用是将需要连接起来的单根或多根光纤芯线的端面对准、贴紧并能多次使用。由于芯径很细（微米级），因此，对其加工工艺和精度都有比较高的要求。

**1. 对于连接器的一般要求**

对于连接器的一般要求有以下几项。

1）插入损耗低：插入损耗是光纤连接器的主要性能参数。一般的光纤连接器平均损耗大约为 0.25dB，最大损耗大约为 0.5dB。

2）稳定性好：连接后，插入损耗随时间、环境的改变应变化不大。

3）可重复性好：光纤连接器应在多次插拔之后仍保持它们的特性。光纤连接器在多次插拔之后其插入损耗将增加，通常 5000 次插拔之后增加量应小于 0.2dB。

4）互换性好：同一种连接器不同插针替换时损耗的变化范围，一般应小于 ±0.1dB。

5）反射损耗要小：对来自于光纤耦合面的反射光的损耗，一般应不大于 45dB。

**2. 影响光纤连接损耗的几种因素**

光纤连接时，产生的损耗主要来自制造工艺技术和光纤本身的不完善。光纤的横向错位、角度倾斜、端面间隙、端面形状、端面光洁度及纤芯直径、数值孔径、折射率分布的差异和光纤的椭圆度、偏心度等都会影响连接质量。

光纤连接损耗是由于光纤之间的连接错位引起的损耗，以及与光纤参数相关的损耗。连接错位一般有如图 5.1 所示的几种情况：轴心错位、端面间隙、角度倾斜、端面光洁度。

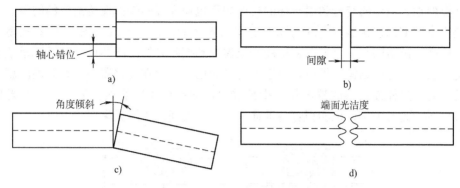

图 5.1　光纤之间的连接错位

a）轴心错位　b）端面间隙　c）角度倾斜　d）端面光洁度

a：轴心错位即两根光纤连接处有轴向错位，如图 5.1a 所示。其耦合损耗在零点几分贝到几分贝之间，若错位距离小于光纤直径的 5%，则损耗一般可以忽略不计。

b：端面间隙有时又称端分离，如图 5.1b 所示。如果两根光纤直接对接，则必须接触在一起，光纤分得越开，光的损耗越大。如果两根光纤通过连接器相连，则不必接触，因为在连接器接触产生的相互摩擦会损坏光纤。

c：角度倾斜有时称为角错位，如图 5.1c 所示。若角错位小于 2°，则耦合损耗不会超过 0.5dB。

d：端面光洁度是指截面不平整，光纤连接的两个截面必须经过高精度抛光和正面粘合，如图 5.1d 所示。如果截面与垂直面的夹角小于 3°，则耦合损耗不会超过 0.5dB。

对于任何相连的光纤的几何特性和波导特性的差异对光纤间的耦合损耗都有大的影响。这些特性包括纤芯的直径、纤芯区域的椭圆度、光纤的数值孔径、折射率剖面等。由于这些参数与生产厂家相关，因而使用者不能控制特性的变化。理论分析表明，与折射率剖面、纤芯区域的椭圆度相比，纤芯的直径和数值孔径的差异对连接损耗的影响更大。图 5.2a ~ 图 5.2c 给出了由纤芯直径 $D$、数值孔径 NA 和模场直径 MFD 失配所引起的损耗示意图。

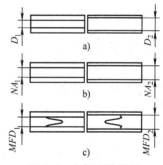

图 5.2　内部连接损耗

a）$D_2 > D_1$　b）$NA_1 > NA_2$　c）$MFD_1 > MFD_2$

### 3. 光纤连接器的结构

光纤连接器常采用螺纹卡口结构、卡销固定结构、推拉式结构。这 3 种结构都包括单通道连接器和既可应用于光缆对光缆、也可用于光缆对线路卡连接的多通道。这些连接器利用的基本耦合机理既可以是对接类型，也可以是扩展光束类型。

对接类型的连接器采用金属、陶瓷或模制塑料的套圈，这些套圈可以很好地适配每根光纤和精密套管。将光纤涂上环氧树脂后插入套圈内的精密孔中。套圈连接器对机械结构的要求包括小孔直径尺寸及小孔相对于套圈外表面的位置。

图 5.3a、b 给出了用于单模光纤和多模光纤系统中的两种常用对接类型的对准设计，它

们分别采用直套筒结构和锥形（双锥形）套筒结构。在直套筒连接器中，套圈中的套管和引导环的长度决定了光纤的端面间距。而双锥形的连接器使用了锥形套筒以便接纳和引导锥形套管。类似地，筒中的套管和引导环的长度同样也使光纤的端面保持给定的间距。

　　扩展光束类型的连接器在光纤的端面之间加入透镜，如图 5.3c 所示。这些透镜既可以准直从传输光纤出射的光，也可以将扩展光束聚焦到接收光纤的纤芯处，光纤到透镜的距离等于透镜的焦距。这种结构的优点是由于准直了光束，因此在连接器的光纤端面间就可以保持一定的距离，这样连接器的精度将较少地受横向对准误差的影响。而且，一些光处理元件，如分束器和光开关等，也能很容易地插入光纤端面间的扩展光束中。

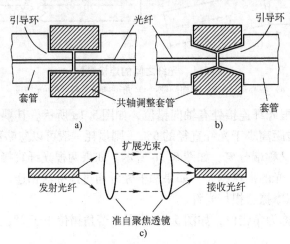

图 5.3　常用光纤连接器的对准结构示意图

a）直套筒　b）锥形套筒　c）扩展光束

## 5.1.2　接头

　　光纤接头是实现光纤与光纤之间的永久性（固定）连接，主要采用的是光纤熔接法。

　　光纤熔接法是使已制备好的光纤端面加热并熔接在一起。如图 5.4 所示。这种方法首先将光纤端面对齐，利用高压在两极之间放电产生的电弧把光纤熔化而熔接在一起，该过程是在一个槽状光纤固定器里、在带有微型控制器的显微镜之下完成的。这种技术产生的连接损耗非常小（典型的平均值小于 0.06dB）。

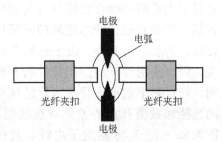

图 5.4　光纤的焊接

## 5.2　光耦合器

　　光耦合器是将光信号进行分路或合路、插入、分配的一种器件。在耦合的过程中，信号的频谱成分没有发生变化，变化的只是信号的光功率，即同一波长。当与波长相关时，光耦合器专称为波分复用器/波分解复用器。

## 5.2.1 耦合器类型

如图 5.5 所示为常用耦合器的类型，它们具有不同的功能和用途。

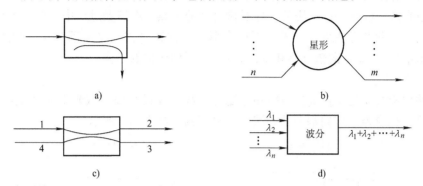

图 5.5 常用耦合器的类型

a) T 形耦合器  b) 星形耦合器  c) 定向耦合器  d) 波分复用器

T 形耦合器是一种 3 端口的耦合器，如图 5.5a 所示，其功能是把一根光纤输入的光信号按一定比例分配给两根光纤，或把两根光纤输入的光信号组合在一起，输入一根光纤。这种耦合器主要用作不同分路比的功率分配器或功率组合器。

星形耦合器是一种 $n \times m$ 耦合器，如图 5.5b 所示，其功能是把 $n$ 根光纤输入的光功率组合在一起，均匀地分配给 $m$ 根光纤，$m$ 和 $n$ 不一定相等。这种耦合器通常用作多端功率分配器。

定向耦合器是一种 $2 \times 2$ 的 3 端或 4 端耦合器，其功能是分别取出光纤中向不同方向传输的光信号。如图 5.5c 所示，光信号从端 1 传输到端 2，一部分由端 3 输出，端 4 无输出；若光信号从端 2 传输到端 1，则一部分由端 4 输出，端 3 无输出。定向耦合器可用作分路器，不能用作合路器。

前面三种耦合器都是指的同一波长，而波分复用器/解复用器（也称合波器/分波器）是一种与波长有关的耦合器，如图 5.5d 所示。波分复用器的功能是把多个不同波长的发射机输出的光信号组合在一起，输入到一根光纤；波分解复用器是把一根光纤输出的多个不同波长的光信号，分配给不同的接收机。

## 5.2.2 基本结构

耦合器的结构有许多种类型，其中比较实用和有发展前途的有光纤型、微器件型和波导型，图 5.6 ~ 5.8 所示出这三种类型的具有代表性器件的基本结构。

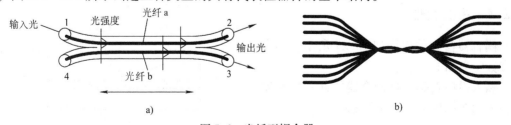

图 5.6 光纤型耦合器

a) 定向耦合器  b) 8 ×8 星形耦合器

**1. 光纤型**

光纤型耦合器是将光纤埋入玻璃块中的弧形槽中，在光纤侧面进行研磨抛光，然后将经研磨的两根光纤拼接在一起，靠透过纤芯—包层界面的消逝场产生耦合，或用熔拉双锥技术将两根或多根光纤纽绞在一起，用微火炬对耦合部分加热。在熔融过程中，拉伸光纤，形成双锥形耦合区。这两种方法可以构成 T 形耦合器、定向耦合器、星形耦合器。如图 5.6a 和 b 分别表示出单模 $2 \times 2$ 定向耦合器和多模 $n \times n$ 星形耦合器的结构。

**2. 微器件型**

微器件型耦合器是用自聚焦透镜和分光片、滤光片或光栅等微光学器件组成的耦合器，可以构成 T 形耦合器、定向耦合器和波分解复用器，如图 5.7 所示。

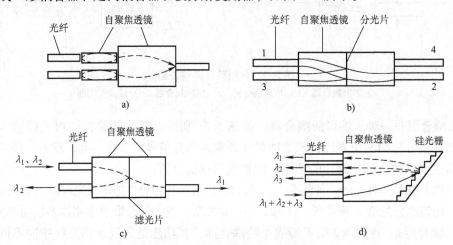

图 5.7　微器件型耦合器

a）T 形耦合器　b）定向耦合器　c）滤光式解复用器　d）光栅式解复

**3. 波导型**

波导型耦合器是在一片平板衬底上制作所需形状的光波导，衬底作支撑体，又作波导包层。波导的材料根据器件的功能来选择，一般是 $SiO_2$，横截面为矩形或半圆形。如图 5.8 所示为波导型 T 形耦合器、定向耦合器和用滤光片作为波长选择元件的波分解复用器。

## 5.2.3　主要特性

耦合器参数的模型如图 5.9 所示，其主要参数定义如下。

插入损耗 $L_t$ 是穿过耦合器的某一光通道所引入的功率损耗，用分贝表示

$$L_t = 10 \lg \frac{P_{ie}}{P_{oc}} \qquad (5-1)$$

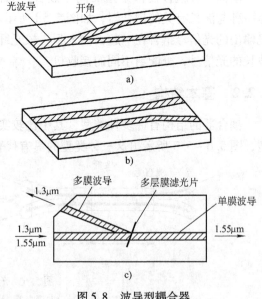

图 5.8　波导型耦合器

附加损耗 $L_e$ 是由散射、吸收和器件缺陷产生的损耗，是全部输入端的光功率总和 $P_{it}$ 和全部输出端的光功率总和 $P_{ot}$ 的比值，用分贝表示

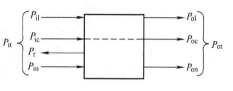

图 5.9　耦合器参数模型

$$L_e = 10\lg\frac{P_{it}}{P_{ot}} = 10\lg\frac{\sum_{n=1}^{N} P_{in}}{\sum_{n=1}^{N} P_{on}} \quad (5-2)$$

耦合比 CR 是指某一输出端口光功率 $P_{oc}$ 和各端口总输出光功率 $P_{ot}$ 的比值，用 % 表示

$$CR = \frac{P_{oc}}{P_{ot}} = \frac{P_{oc}}{\sum_{n=1}^{N} P_{on}} \quad (5-3)$$

由此可定义功率分路损耗 $L_s$

$$L_s = 10\lg\left(\frac{1}{CR}\right) \quad (5-4)$$

方向性 DIR（隔离度）是一个输入端的光功率 $P_{ic}$ 和由耦合器反射到其他端的光功率 $P_r$ 的比值，用分贝表示。隔离度是指某一光路对其他光路中的信号的隔离能力。隔离度高，也就意味着线路之间的"串话"可能性小。

$$DIR = 10\lg\frac{P_{ic}}{P_r} \quad (5-5)$$

一致性 U 是不同输入端得到的耦合比的均匀性，或者不同输出端耦合比的等同性。它表示耦合器输出各端口的功率与功率平均值最大偏差。偏差越小，则光功率分配越均匀，其定义如下，用分贝表示。

$$\Delta P = 10\lg\frac{P_{imax}}{P_{imin}} \quad (5-6)$$

式中，$P_{imax}$ 为对应于输入端某根光纤中输入光信号时，$n$ 个输出端中最大的输出光功率，而 $P_{imin}$ 为最小的输出光功率。均匀性越小，则表示输出端越均匀。

## 5.3　光隔离器和光环行器

### 5.3.1　光隔离器

光隔离器是保证光信号只能正向传输，阻止光波往其他方向特别是反方向传输的器件。

光隔离器就是一种非互易器件，即当输入和输出端口对换时，器件的工作特性不一致。耦合器和其他大多数光无源器件的输入端和输出端是可以互换的，称为互易器件。

光隔离器主要用在激光器或光放大器的后面，以避免反射光返回到该器件致使器件性能变坏。单模光纤中传输的光的偏振态（State of Polarization，SOP）是在垂直于光传输方向的平面上电场矢量的振动方向。

在任何时刻，电场矢量都可以分解为两个正交分量，这两个正交分量分别称为水平模和垂直模。光隔离器的工作原理如图 5.10 所示。

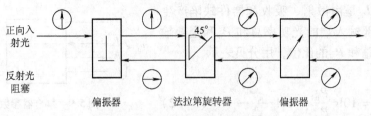

图 5.10 光隔离器的工作原理

光隔离器主要由两个偏振器和一个法拉第旋转器组成。假设入射光只是垂直偏振光，第一个偏振器的透振方向也在垂直方向，因此输入光能够通过第一个偏振器。

紧接第一个偏振器的是法拉第旋转器，法拉第旋转器由旋光材料制成，能使光的偏振态旋转一定角度，如 45°，并且其旋转方向与光传播方向无关。

法拉第旋转器后面跟着的是第二个偏振器，这个偏振器的透振方向在 45° 方向上，因此经过法拉第旋转器旋转 45° 后的光能够顺利地通过第二个偏振器，也就是说光信号从左到右通过这些器件（即正方向传输）是没有损耗的（插入损耗除外）。

假定存在某种反射，反射光的偏振态也在 45° 方向上，当反射光通过法拉第旋转器时再继续旋转 45°，此时就变成了水平偏振光。水平偏振光不能通过左面偏振器（第一个偏振器），于是就达到隔离效果。

然而在实际应用中，入射光的偏振态（偏振方向）是任意的，并且随时间变化，因此必须要求隔离器的工作与入射光的偏振态无关，于是隔离器的结构就变复杂了。下面介绍一种小型的与入射光的偏振态无关的隔离器结构，如图 5.11 所示。

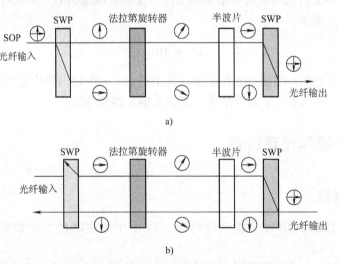

图 5.11 一种与输入光的偏振态无关的隔离器

具有任意偏振态的入射光首先通过一个空间分离偏振器（Spatial Walk off Polarizer，SWP）。这个 SWP 的作用是将入射光分解为两个正交偏振分量，让垂直分量直线通过，水平分量偏转通过。

两个分量都要通过法拉第旋转器，其偏振态都要旋转 45°。法拉第旋转器后面跟随的是一块半波片（Plate 或 Half Wave Plate）。这个半波片的作用是将从左向右传播的光的偏振态顺时针旋转 45°，将从右向左传播的光的偏振态逆时针旋转 45°。因而法拉第旋转器与半波片的组合可以使垂直偏振光变为水平偏振光，反之亦然。

最后两个分量的光在输出端由另一个 SWP 合在一起输出，如图 5.11a 所示。

如果存在反射光在反方向上传输，半波片和法拉第旋转器的旋转方向正好相反，当两个分量的光通过这两个器件时，其旋转效果相互抵消，偏振态维持不变，在输入端不能被 SWP 再组合在一起，如图 5.11b 所示，于是就起到隔离作用。

### 5.3.2　光环形器

光环行器是一种多端口非互易光学器件，其工作原理与隔离器类似。如图 5.12 所示，典型的环行器一般有三个或四个端口。

在三端口环行器中，端口 1 输入的光信号只能由端口 2 输出，端口 2 输入的光信号只能由端口 3 输出，端口 3 输入的光信号只能由端口 1 输出。

光环形器的非互易性使其成为双向通信中的重要器件，它可以完成正、反向传输光的分离任

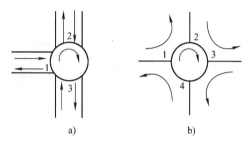

图 5.12　光环行器

a）三端口　b）四端口

务。光环形器在光通信中单纤双向通信、上/下话路、合波/分波及色散补偿等领域有广泛的应用。如图 5.13 所示为光环形器用于单纤双向通信的例子。

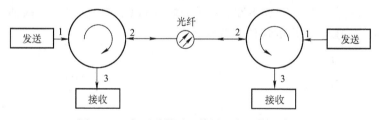

图 5.13　光环形器用于单纤双向通信示意图

## 5.4　光调制器

把信息加载到光波（就是载波）上的过程就是调制。光调制器就是实现从电信号到光信号的转换的器件。

调制器可以用电光效应、磁光效应或声光效应来实现。最有用的调制器是利用具有强电光效应的铌酸锂（$LiNbO_3$）晶体制成的。这种晶体的折射率 $n$ 和外加电场 $E$ 的关系为

$$n = n_0 + \alpha E + \beta E^2 \qquad (5-7)$$

式中，$n_0$ 为 $E=0$ 时晶体的折射率；$\alpha$ 和 $\beta$ 是张量，称为电光系数，其值和偏振面与晶体轴线的取向有关；$E$ 为外加电场。

根据不同取向，当 $\beta=0$ 时，$n$ 随 $E$ 按比例变化，称为线性电光效应或普克尔（Pockel）效应。当 $\alpha=0$ 时，$n$ 随 $E^2$ 按比例变化，称为二次电光效应或克尔（Kerr）效应。调制器是利用线性电光效应实现的，因为折射率 $n$ 随外加电场 $E$（电压 $U$）而变化，改变了入射光的

相位和输出光功率。如图 5.14 所示是马赫—曾德（MZ）干涉型调制器的简图。在 LiNbO$_3$ 晶体衬底上，制作两条光程相同的单模光波导，其中一条波导的两侧施加可变电压。设输入调制信号按余弦变化，则输出信号的光功率为

$$P = 1 + \cos(\pi \frac{U_s + U_b}{U_\pi}) \qquad (5-8)$$

式中，$U_s$ 和 $U_b$ 分别为信号电压和偏置电压，$U_\pi$ 为光功率变化半个周期（相位为 $0 \sim \pi$）所需的外加电压，并称为半波电压。

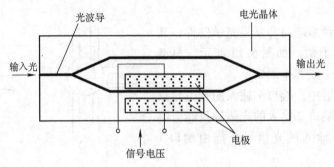

图 5.14 马赫—曾德干涉仪型调制器

由式（5-8）可以看到

当 $U_s + U_b = 0$ 时，$P = 2$ 为最大；

当 $U_s + U_b = U_\pi$ 时，$P = 0$。如图 5.15 所示给出这种调制器的工作原理。用于幅度调制（AM）的 MZ 型调制器可以达到如下性能：外加电压 11V，带宽为 3GHz 时插入损耗约 6dB，消光比（最小输出和最大输出的比值）为 0.006。

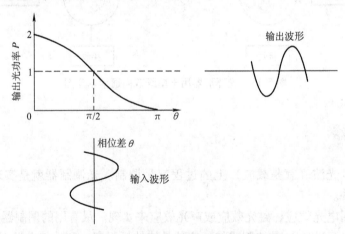

图 5.15 马赫—曾德干涉仪型调制器特性

## 5.5 光开关

光开关是一种光路控制器件，起着进行光路切换的作用，可以实现主/备光路切换，光纤、光器件的测试等，在光纤通信中有着广泛的应用。随着光纤通信技术的发展和密集波分

复用技术的应用，全光网成为未来光纤通信系统的方向。

常用的光开关有以下几种：EMS 式光开关、MEMS 式光开关、喷墨气泡式光开关、热光效应光开关、液晶光开关、全息光开关、声光开关、液体光栅光开关和 SOA 光开关等，以下仅介绍 3 种。

**1. 机械式光开关（EMS）**

EMS 是以机械方式驱动光纤、棱镜或反射镜等光学元件实现不同光纤端口之间的相对连接，即实现光路转换，如图 5.16 所示。

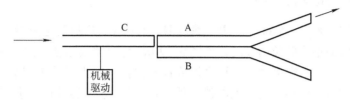

图 5.16 机械式光开关

**2. 微机械式光开关（MEMS）**

MEMS 采用了毫微米技术的工艺，它可以看成是机械开关的微小尺寸实现，由于机械部件的尺寸大幅度缩小和其质量大幅度降低，这对于提高控制速度、缩小器件体积、增加集成度具有重要意义。

如图 5.17 所示为一个二维 8×8 微机械开关的实现原理图。其中，反射镜 S53 实现 X5 端口与 Y3 端口的连接，反射镜 S78 实现 X7 端口与 Y8 端口的连接，反射镜 S17 实现 X1 端口与 Y7 端口的连接。反射镜在该开关结构中起着最核心的作用，它的驱动可以采用静电方式，也可以采用电磁感应方式，反射镜可以以升降式工作，也可以以反转式工作。

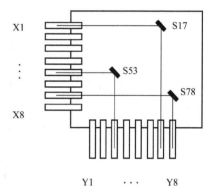

图 5.17 微机械式光开关（MEMS）

**3. 喷墨气泡式光开关**

这种光开关是由许多交叉的硅波导和经过交叉点的沟道组成，沟道中填充特定的折射率匹配液。默认条件下，入射光可沿着波导无交换地传输。当需要交换时，一个热敏硅片会在液体中波导交叉点处产生一个气泡，气泡将入射波导中的光信号全部反射至输出波导，以实现光路的选择、转换，如图 5.18 所示。

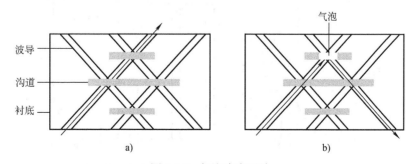

图 5.18 气泡式光开关

## 5.6 光滤波器

前面介绍耦合器时，已经简单地介绍了波分复用器（WDM）。本节我们将介绍各种各样的波长选择技术，即光滤波技术。光滤波器在 WDM 系统中是一种重要元器件，与波分复用有着密切关系，常用来构成各种各样的波分复用器和解复用器。

### 5.6.1 法布里—珀罗滤波器

法布里—珀罗（Fabry Perot，F – P）滤波器，又称 F – P 腔型滤波器，是由两块平行放置的高反射率的镜面形成的腔构成的，如图 5.19 所示。这种滤波器也叫 F – P 干涉仪，当入射光波的波长为腔长的整数倍时，光波可形成稳定振荡，输出光波之间会产生多光束干涉，最后输出等间隔的梳状波形（对应的滤波曲线为梳状）。这个器件传统上用作干涉仪，现在也用在 WDM 系统中作滤波器。

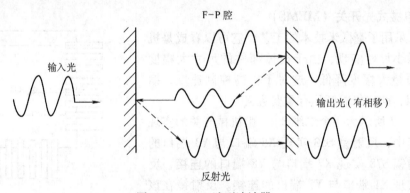

图 5.19　F – P 腔型滤波器

用来描述 F – P 腔型滤波器传输特性的性能参数有以下几点。

1）自由谱域（Free Spectrum Range，FSR）：相邻波长（频率）之间的距离。

2）带宽（Band Wide，BW）：谐振峰 50% 处的光谱宽度。

3）精细度（Fineness，F）：自由谱域与谱宽的比值。

这些概念的含义如图 5.20 所示。

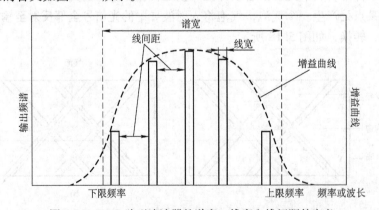

图 5.20　F – P 腔型滤波器的谱宽、线宽和线间距的定义

### 5.6.2　马赫—曾德干涉滤波器

马赫—曾德干涉滤波器，又称马赫—曾德干涉仪（Mach Zehnder Interferometer，MZI），MZI 使用两条不同长度的干涉路径来决定不同的波长输出，利用两个 3dB 光纤耦合器将两个路径互连起来，是一个 4 端口光器件。如图 5.21 所示，衬底通常采用硅（Si），波导区采用二氧化硅（$SiO_2$）。

图 5.21　MZI 的结构图

MZI 的工作原理：假设只有输入端口 1 有光信号输入，光信号经第一个 3dB 耦合器后分成两路功率相同的光信号，但其相位相差 $\pi/2$，图中下臂滞后上臂 $\pi/2$；然后光信号沿 MZI 的两个不等长的臂向前传播，由于路径相差 $\Delta L$，因此下臂又滞后 $\beta\Delta L$ 相位；下臂的信号经第二个 3dB 耦合器从上输出端口 1 输出，又滞后 $\pi/2$ 相位，因而两路信号的总相位差为 $\pi/2 + \beta\Delta L + \pi/2$，而与从下输出端口 2 输出的光信号之间的相位差为 $\pi/2 + \beta\Delta L - \pi/2 = \beta\Delta L$。

如果 $\beta\Delta L = k\pi$（$k$ 为奇数），则两路信号在输出端口 1 干涉增强，在输出端口 2 干涉抵消，因此从输入端口 1 输入，在输出端口 1 输出的光信号是那些波长满足 $\beta\Delta L = k\pi$（$k$ 为奇数）的光信号，从输入端口 1 输入，在输出端口 2 输出的光信号是那些波长满足 $\beta\Delta L = k\pi$（$k$ 为偶数）的光信号，利用

$$\beta = \frac{2\pi\eta_{\text{eff}}}{\lambda} \qquad (5-9)$$

$\eta_{\text{eff}}$ 为波导有效折射率，有

$$\lambda_i = \frac{2n_{\text{eff}}\Delta L}{k_i} \qquad (5-10)$$

与 $k_i$ 为奇数对应的波长 $\lambda_i$ 从输出端口 1 输出，与 $k_i$ 为偶数对应的波长 $\lambda_i$ 从输出端口 2 输出。如只有两个波长 $\lambda_1$ 和 $\lambda_2$，$\lambda_1$ 与 $k$ 为奇数对应，$\lambda_2$ 与 $k$ 为偶数对应，因此 $\lambda_1$ 从端口 1 输出，$\lambda_2$ 从端口 2 输出。MZI 可用作 $1 \times 2$ 解复用器，要构造一个 $1 \times n$ 的解复用器，可将单个 MZI 相级联，$n$ 为 2 的幂时，需 $n-1$ 个。

MZI 是一个互易光器件，不仅可用作解复用器，也可用作复用器，还可用作调谐滤波器，调谐可通过改变一个臂的温度来实现。当温度改变时，臂的折射率发生改变，反过来影响了臂的相移，导致了不同的波长耦合输出，调谐时间在毫秒（ms）量级。

### 5.6.3　阵列波导光栅

阵列波导光栅（Arrayed Waveguide Grating，AWG）是 MZI 的推广。MZI 可看作为一个器件，它将一路输入信号分成两路输出光信号，然后让它们分别经历不同的相移后，又将它们合为一路信号输出。AWG 是以光集成技术为基础的平面波导型器件，它将同一输入信号

分成若干路信号，分别经历不同的相移后又将它们合在一起输出，具有一切平面波导技术的潜在优点，适于批量生产，重复性好，尺寸小，可以在光掩膜过程中实现复杂的光路，与光纤的对准容易等，因而代表了一种先进的 WDM 技术，如图 5.22 所示。

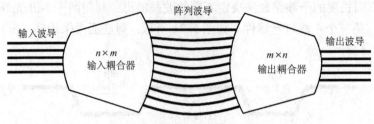

图 5.22　阵列波导光栅（AWG）

下面我们简单地分析一下 AWG 的工作原理。设 AWG 的输入端口数和输出端口数均为 $n$，输入耦合器为 $n \times m$ 形式，输出耦合器为 $m \times n$ 形式，输入和输出耦合器之间由 $m$ 个波导连接，每相邻波导的长度差均为 $\Delta L$。MZI 是 AWG 在 $n = m = 2$ 情形下的特例。

输入耦合器将某个输入端口的输入信号分成 $m$ 部分，它们之间的相对相位由从输入波导到阵列波导在输入耦合器中传输的距离来决定，输入波导 $i$ 和阵列波导 $k$ 之间的距离用此符号 $d_{ik}^{in}$ 表示，阵列波导 $k$ 的长度比阵列波导 $(k-1)$ 的长度长 $\Delta L$，同样，阵列波导 $k$ 和输出波导 $j$ 之间的距离用 $d_{kj}^{out}$ 表示。因此，光信号从输入波导 $i$ 到输出波导 $j$，经历了 $i$ 与 $j$ 之间 $m$ 条不同通路后的相对相位为

$$\Phi_{ijk} = \frac{2\pi}{\lambda}(n_1 d_{ik}^{in} + n_2 k \Delta L + n_1 d_{kj}^{out}) \qquad k = 1, 2, \cdots, m \qquad (5-11)$$

式中，$n_1$ 为输入和输出耦合器的折射率；$n_2$ 为阵列波导的折射率；$\lambda$ 为光信号的波长。

在输入波导 $i$ 的光信号的波长中，满足 $\Phi_{ijk}$ 为 $2\pi$ 的整数倍的波长将在输出波导 $j$ 输出。于是，通过适当设计，可以做成 $1 \times n$ 波分解复用器和 $n \times 1$ 波分复用器。

### 5.6.4　光纤光栅滤波器

光纤光栅是利用光纤的光敏特性，通过用紫外（UV）激光照射来增加掺杂 $GeO_2$ 硅玻璃的折射率。目前已开发了两种光纤光栅滤波器，一种为光纤布拉格（短周期）光栅滤波器，另一种为长周期光栅滤波器。

#### 1. 光纤布拉格光栅

光纤布拉格光栅（FBG）是在掺杂 $GeO_2$ 的标准单模光纤中形成折射率短周期变化，其折射率的变化周期为 1/2 波长，典型的约为 $0.5\mu m$，FBG 将波导中的正向模传播耦合成反向模传播。通过调节 FBG 折射率变化的范围和/或变化量可控制通带宽度。用于 WDM 系统的 FBG 滤波器有两种典型构形。其中一种构形是将单个 FBG 与一个循环器相结合；另一种构形是在 MZI 的两个臂中插入两个 FBG 构成两个光纤耦合器。FBG 滤波器可作为具有低损耗和宽平坦顶部通带的 OADM 滤波器。通过将这种单元结构进行级联，可构建复用/解复用器。这些器件有非常低的损耗（0.1dB）、低的偏振相关损耗（PDL）和低成本封装特性。FBG 滤波器用途多，不但用于复用/解复用器和波长通道的插/分复用，而且还用于多波长发射机与接收机，进行光纤色散补偿、EDFA 增益的平坦化，以及监视与控制等。

### 2. 长周期光纤光栅

长周期光纤光栅（LPG）与 FBG 的制作方法相同，主要是用于调节掺铒光纤放大器的非平坦增益分布。在 LPG 中，纤芯中的正向传播模与包层中的其他正向传播模相耦合，由于包层到空气界面有损耗，所以这些包层模损耗很大，并且当包层模沿光纤传播时迅速衰减。通过 LPG 之后，在纤芯模和包层模之间进行耦合，由于两个正向传播模的传播系数之差小，所以 LPG 同期相当大，一般为几百微米。与波长有关的损耗量可在制作期间通过调节 UV 曝光的时间进行控制。

采用光纤型光栅可以制成各种带通和带阻滤波器，从而实现波分复用（WDM）。

## 5.7  波长变换器

波长变换器是 DWDM 网络中十分重要的功能器件，在关键的网络节点处发挥着非常重要的作用，它能够提高子网间的互联性，解决波长竞争，消除阻塞，提供虚波长路由，并且可在动态传输模式下更好地利用网络资源。

### 5.7.1  全光波长变换简介

#### 1. 采用全光波长变换的原因

Internet 的出现与多媒体业务的迅猛发展对带宽资源提出越来越高的要求。在物理传输层和网络层上，密集波分复用技术（DWDM）通过对波长进行复用，在波长域中提高传输容量，对光纤带宽资源进行了充分的利用。在波长路由网络中，信号被按照不同的波长进行路由和开关。在许多这样的波长路由网络的交互连接中，一些关键的问题将必须被注意，包括网络间的互联性、可扩展性和透明性。

波长变换器（Wavelength Convertor）是 DWDM 实现这些优秀特性所需要的一个关键功能器件。波长变换器在关键的网络节点处发挥着非常重要的作用。它能够提高子网间的互联性，解决波长竞争，消除阻塞，提供虚波长路由，从总体上来说，在动态传输模式下更好地利用网络资源。

#### 2. 全光波长变换原理

波长变换可以用光—电—光的方法间接实现：用接收器接受光信号，将它变换到电域，然后用处理后的电信号调制激光器产生相应的输出波长。由于这种不必要的光电、电光变换过程受电子瓶颈限制，所以需要研究全光波长变换的技术。一个全光波长变换器可以被大致看成一个三端输入、一端输出的器件。波长 $\lambda_S$ 的信号光、连续探测光（波长可以是目标波长 $\lambda_T$，也可以不是，这取决于变换原理）及电控制信号三者共同组成了波长变换器的输入。变换器的输出是波长 $\lambda_T$ 的携带信息的光信号。根据变换的原理不同，变换后信号可能是逻辑反相的，也可能不是。迄今为止，已报道了多种结构和基制的波长转换器，它们主要是利用半导体光放大器（SOA）、光纤四波混频效应、半导体激光器（SLA）、半导体光放大器的交叉增益调制（XGM）、交叉相位调制（XPM）效应和光折变光栅分布喇格反射激光器（FBG – DBR）而研制成功的。

目前主要有以下几种典型的全光波长转换器：

1）半导体光放大器的光纤四波混频波长转换器。

2）半导体光放大器的交叉增益调制和交叉相位调制波长转换器。

3）半导体激光放大器的交叉增益调制和交叉频率调制波长转换器。

4）光纤光栅外腔波长转换器。

对波长转换器的评价指标有：①比特率透明（至少 10Gbit/s）；②无消光比劣化；③高信噪比（保证多个转换器的级联能力）；④适当的输入功率（−16dBm～0dBm）；⑤大的波长转换范围；⑥可实现相同波长转换；⑦低啁啾；⑧对信号偏振态不敏感；⑨结构简单等。

下面将分别介绍其原理及其实现方法。

### 5.7.2　SOA 型全光波长变换

半导体光放大器（SOA）是实现全光波长变换的一种非常有用的器件。SOA 型全光波长变换常采用的物理效应有：交叉增益调制（XGM）、交叉相位调制（XPM）和四波混频（FWM）等。SOA 型全光波长变换器也相应地分为这三类。

**1. SOA – XGM 型波长变换**

（1）SOA – XGM 型波长变换原理

利用 SOA 中的交叉增益调制效应（XGM）实现波长变换的原理是：随着输入光功率的增加，由于受激辐射，SOA 中载流子的消耗相应增加，载流子浓度下降，导致 SOA 增益减少，即发生增益饱和现象。此时，如果把一束波长为 $\lambda_T$（与目标波长相同）的连续探测光注入 SOA，当信号光处于高功率（逻辑1）时，由于 SOA 的增益饱和效应，探测光不能得到放大（逻辑0）；相反，当信号光处于逻辑0时，探测光被放大（逻辑1）。此即为交叉增益调制效应（XGM）。于是，强度调制信息就从信号光 $\lambda_S$ 加载到了探测光 $\lambda_T$ 上，实现了波长变换，只是输出信号在逻辑上与原信号相反。

（2）各种 SOA – XGM 型波长变换方案

如图 5.23a 所示为信号光与探测光同向传输的方案，SOA 后面接上一个光带通滤波器（OBPF）来滤出波长为 $\lambda_T$ 的信号。如果探测光和光滤波器是可调谐的，那这就是一个可调谐全光波长变换器。如图 5.23b 所示的是信号光与探测光反相传输的情况，这种方案可以省去光滤波器。但是，由于信号光与探测光的相互作用时间较短，这种结构的变换器变换速率比同向传输结构的要慢一些。这两种最简单的方案，在偏振敏感性、消光比恶化、逻辑反相、波形畸变、变换速率及频率啁啾等方面有一些问题。

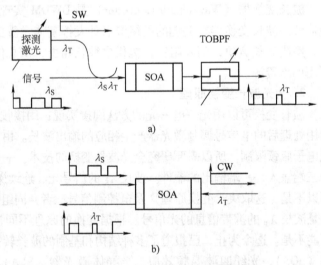

图 5.23　SOA – XGM 型波长变换方案

通过采用偏振无关的 SOA 可以大大降低 SOA – XGM 型波长变换的偏振敏感性。SOA 的 ASE 噪声使得输出消光比相对输入消光比恶化 7～8dB。这个问题在从短波长变换到长波长的情况下尤其严重。这个缺点使得 XGM 失去了波长变换的对称性，直接影响到多级级联的能力。不过，在 SOA 后接一个马赫—曾德干涉结构的带光纤光栅的 OADM（光分叉复用器），使变换波长位于光栅传输曲线陡峭的下降沿附近，从而减小变换信号的啁啾，使 WC 的级联数目达到 8 个。这种方案的结构如图 5.24 所示。

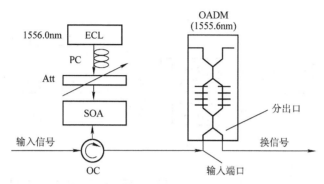

图 5.24 SOA 加 OADM 型波长变换器

SOA – XGM 型波长变换的逻辑反相问题，是采用这种原理的必然结果。可行的解决方案是采用两个波长变换器级联，将第一次变换后得到的逻辑反相信号再次反相，得到正相的变换信号。但这种解决方案势必增加系统成本，并且恶化消光比。

SOA – XGM 型波长变换的波形畸变和变换速率问题，主要受限于载流子寿命。传统材料 SOA（Bulk – SOA）中 XGM 型波长变换的载流子恢复时间较长（ns 量级），导致在 10Gbit/s 的变换速率下码型效应比较严重，进而使变换信号波形畸变。但近几年的技术进步很好地解决了这个问题。2003—2004 年，日本富士通研究所通过成功制备量子点 SOA（Quantum – Dot – SOA），将载流子恢复时间比传统的降低了近千倍（达到 ps 量级），可以实现 40Gbit/s 无码型效应的 XGM 型波长变换。但是，量子点 SOA 具有强烈的增益偏振相关效应，使得 QD – SOA – XGM 型波长变换偏振相关。

由于载流子浓度与折射率波动给变换信号造成的啁啾问题，一方面影响变换后信号的传输，同时也引出了一种基于这个原理的波长变换类型：SOA – XPM 型波长变换。

**2. SOA – XPM 型波长变换**

（1）SOA – XPM 型波长变换原理

交叉相位调制（XPM）效应，依赖于 SOA 有源区中折射率分布随注入光强的变化。输入信号光消耗载流子，使载流子浓度发生变化，进而使折射率发生变化。折射率的变化使通过 SOA 的探测光的相移随信号光光强的改变而改变。这就是交叉相位调制效应。

然后利用干涉仪把相位调制转变为强度调制。输出的变换信号可以与原信号同相，也可以反相，这取决于工作点在干涉仪传输函数的正斜率上还是负斜率上。这个特性是 XPM 型相对于 XGM 型的一个显著优点。另外，SOA – XPM 型波长变换还能实现信号的部分再生，从而提高多级级联的能力；还可以实现陡峭的上升/下降变换曲线，从而提高变换性能。

（2）各种 SOA – XPM 型波长变换方案

常用的干涉仪结构主要是马赫—曾德干涉仪（MZI）、迈克尔逊干涉仪（MI）（见图 5.25）和非线性光纤环路镜（NOLM）（见图 5.26）三种。此外，还有利用偏振分束的对称马赫—曾德干涉仪的 XPM 型的波长变换器和在 SOA 后加延时线和移相器构成干涉结构的波长变换器方案等。

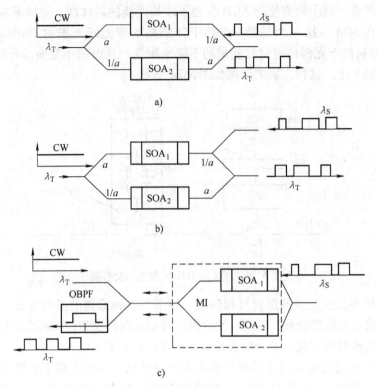

图 5.25　MZI 和 MI 结构的 XPM 波长变换器

总体说来，XPM 型的变换效率比 XGM 型要高。为实现干涉仪对光信号的开关操作，XPM 型需要使相位变化为 π，相应的增益变化仅为 4～5dB；而 XGM 型的增益变化范围则为 10dB。增益变化越小，变换信号的啁啾越小。为了实现开关操作，需要在干涉仪中实现干涉相加和干涉相消。在 XPM-MZI 型中，就需要其两臂间有一个相位差。

图 5.25a 和图 5.25b 用不同的方法实现了这种相位差。图 5.25a 中的耦合器的分光比不是 1:1，使得注入 MZI 两臂及两臂上 SOA 的光功率不等，使两臂具有不同的折射率，从而实现两臂间的相位差。而图 5.25b 只是把信号光耦合进一个 SOA 就实现了这种相位差。

如果要实现输出光与输入光的逻辑同相，干涉仪的自然状态（无信号光的情况）就应该被设计成干涉相消的状态。可以通过控制 SOA 电流或者利用一个单片集成波导的调相元件来产生这种状态。如图 5.25b 所示，探测光从 MZI 的另一端输入，当干涉仪是干涉相消状态时，探测光输出逻辑 0；当干涉仪是干涉相加状态时，探测光输出逻辑 1。以此实现波长变换，同时实现了输出光与输入光的逻辑同相。

只使用一个 SOA 的方案也是可能的。这种方案仅在 MZI 的一臂上有一个 SOA，通过它提供需要的相位差。但是，这种方案对偏振敏感，并且输出光功率要小一些。

迈克尔逊干涉仪型（MI）的方案如图 5.25 所示。信号光也只注入一个 SOA，使两臂产生相位差。探测光从变换器另一端注入，通过耦合器分为两束，都在 SOA 的解理面发生反射。由于 MI 两臂的相位差，反射回去的探测光发生干涉相加或相消。因此，这种结构实质上可以视为折叠起来的 MZI 型的变换器。这种变换器可以同步完成波长和偏振态的变换，因此，探测光和信号光可以有不同的偏振态。

另一种采用非线性光纤环路镜（NOLM）作为干涉仪的波长变换器如图 5.26 所示。

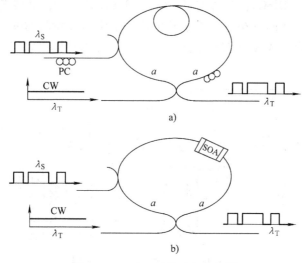

图 5.26　NOLM 结构波长变换器

在图 5.26a 中，非线性效应通过 1 ~ 10km 长的光纤环路获得。波长为目标波长 $\lambda_T$ 的连续探测光被耦合器平分为两束，一束在光纤环路中按顺时针方向传输，另一路按逆时针方向传输。当光纤环路中没有非线性效应时，变换器的输出端将看不到探测光。信号光通过另一个耦合器耦合进光纤环路，沿逆时针方向传输，通过非线性 Kerr 效应（通过很长环路的累积）对光纤环路的折射率进行调制。这就会使得逆时针传输的探测光的相位相对于顺时针传输的探测光增加。这种不对称性使探测光出现在输出端。10Gbit/s 速率时的实验已经实现。另一种相似的，但是更简洁、高效的方法是利用 SOA 中的非线性来代替长光纤的非线性 Kerr 效应。SOA 的非线性最初被考虑用来制作时分分解复用器（TDD）或者 T 赫兹量级的光非对称解复用器（TOAD）。SOA 被放置在偏离于环路中心的位置以实现非对称性，这是使用 SOA 的关键。探测光 $\lambda_T$，与前面一样，被耦合器平分为两束，分别顺时针和逆时针传输。信号光 $\lambda_S$ 耦合入环路，并使 SOA 发生饱和。由于两束探测光分别在 SOA 饱和前后通过 SOA，所以它们将产生不同的相移。当它们回到输入输出处的耦合器那里时，它们将发生干涉，由于相移不同，在输出端得到波长为 $\lambda_T$ 的变换光，实现波长变换。此结构可以作为一个同步的波长变换器和一个 4：1 的 40Gbit/s 的解复用器。

利用偏振分束的对称 MZI 干涉仪结构的 XPM 波长变换器如图 5.27 所示。信号光和 CW 光同向经过 SOA，在 XPM 效应作用下，CW 光相位被调制，CW 光然后被方解石分为偏振方向相互垂直且时延为 14ps 的两束光，二者在检偏器处发生干涉，产生变换后的信号。2003 年有报道采用这种结构实现了 10Gbit/s 的无误码波长变换。

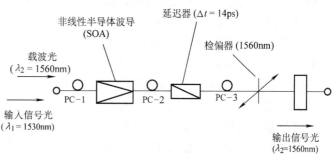

图 5.27　对称 MZI 干涉仪结构的 XPM 波长变换器

在 SOA 后加延时线和移相器构成干涉结构的波长变换器，如图 5.28 所示，称为延时干涉信号波长变换器（DISC）。整个器件材料为 InGaAsP/InP，集成度非常高，如图 5.25 所示器件的尺寸只有 1.3mm×6mm。由于其中使用的强波导材料曲率半径非常小，所以在 SOA 和干涉结构之间利用 MMI（多模干涉滤波器）消除高阶模可以实现 100Gbit/s RZ 信号波长变换 10nm。

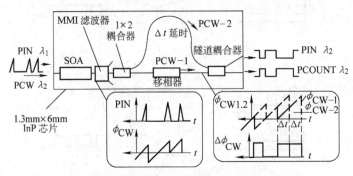

图 5.28　干涉结构的波长变换器

SOA–XPM 型波长变换器有许多的优点，包括输出信号逻辑同相，与偏振和波长无关，低啁啾，有部分再生能力，以及消光比高。但另一方面，它们仍只限于变换强度调制信号，且需要精确的 SOA 偏置电流控制（相移与 SOA 的偏置点强相关）。

**3. SOA–FWM 型波长变换**

（1）SOA–FWM 型波长变换原理

无论 SOA–XGM 型还是 SOA–XPM 型波长变换，都只限于变换强度调制信号（如 NRZ、RZ 等）。而光携带的信息可以通过强度调制、频率调制和相位调制实现，因此这两种变换方案对信号的调制格式不透明。与它们相对的是基于 SOA 中四波混频（FWM）效应的波长变换，一种对调制格式透明的方案。四波混频（FWM）产生的变换波的强度正比于相互作用波强度的乘积，而变换波的相位和频率则是相互作用波的相应量的线性组合。因此，原信号的幅度、频率和相位信息在变换后都被保留下来了，即对码率和格式都透明，这是它的一个突出优点。

（2）SOA 中 FWM 效应的原理

输入两束光到 SOA 中，一束高强度的探测光，频率为 $\omega_p$；一束低强度的信号光，频率为 $\omega_s$。两束光在 SOA 中相互作用，形成强度光栅。强度光栅使 SOA 中形成载流子浓度光栅。载流子浓度光栅散射两束输入光，在输入波长的两侧各产生一个新的波。一个新的波是信号光被光栅散射的结果，频率是 $\omega_s - (\omega_p - \omega_s) = 2\omega_s - \omega_p$，强度与信号光成正比，因此强度很弱，被称为卫星波（见图 5.29）。另一个新产生的波是探测光被光栅散射的结果，频率为 $2\omega_p - \omega_s$，强度正比与探测光，因而强度很强，被称为变换波。它们与原波长的间隔都等于原波长间的差频为 $\omega_p - \omega_s$，如图 5.26 所示。通常，变换波与卫星波的强

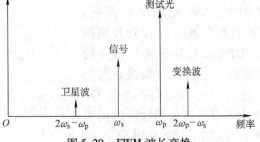

图 5.29　FWM 波长变换

度差别在 20dB 以上。需要在变换器后接上一个滤波器以滤出变换波。这种变换器的变换效率和带宽由 SOA 的性质和相互作用长度决定。

当泵浦光与信号光的失谐很小（几 GHz）时，载流子浓度的变化能够跟上强度光栅的变化频率（等于差频），于是产生载流子浓度光栅和折射率光栅。相反，当失谐超过了载流子寿命时，载流子浓度的变化就跟不上光强度的变化。当泵浦光和信号光的差频很大的时候，SOA 中占优势的非线性效应是电子能量分布的改变，而不是电子数目的改变。前者是个弱效应，因此，变换信号的能量和变换范围有关系（变换后信号的能量随变换范围的增加而减少），从而变换效率也就和变换范围相关。在向长波长进行变换时，四波混频效应也会导致变换效率的降低。变换后信号功率的减少量随变换波长间隔的变化而变化。当变换间隔为几纳米时，能量减少量大约为 5dB；当变换间隔为 10nm 时，能量减少量可以达到 15 ~ 25dB。基于 FWM 的波长变换器存在固有的对偏振敏感问题。为了减少它对偏振的敏感性，人们提出了各种各样的解决途径，包括对两个偏振方向分别变换和垂直偏振双泵浦等。

虽然存在不少问题，基于 SOA 中的 FWM 效应的全光波长变换器也有它独特的优点。它提供对信号格式完全透明的波长变换，而且速度快，几乎是比特速率的变换。另外，采用这种原理，波长的变换是和相位结合在一起的，故信号的频谱与原信号反转。因此，如果在一个光纤链路中插入这种波长变换器，不仅能实现波长变换，还能进行色散补偿，并且不会恶化信号的消光比。这种原理的变换器也较容易实现。

SOA – FWM 型波长变换的最大缺点就是变换效率很低，传统方案的变换效率最高在 – 10dB 左右。2002—2004 年期间，许多研究所对利用量子点 SOA 进行 FWM 波长变换进行了大量研究。由于量子点 SOA 极小的线宽展宽因子，QD – SOA – FWM 波长变换的效率最高达到了 0dB，极大地改善了这种方案的性能。如图 5.30 所示是利用偏振分束来实现 QD – SOA – FWM 波长变换的装置图。

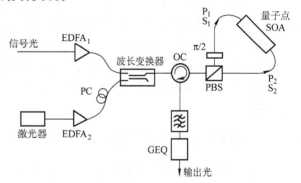

图 5.30　QD – SOA – FWM 波长变换

PC—偏振控制器　OC—光环行器
PBS—偏振分束器　GEQ—增益平坦器

### 5.7.3　半导体激光器型全光波长变换

目前已提出多种全光波长转换方案，其中较具吸收力的是基于半导体光放大器的全光波长转换技术。利用 SOA 中交叉增益调制、交叉相位调制及四波混频效应实现波长转换，这 3 种方法各有优缺点。在光纤传输线路中，需要使用线性光放大器来补偿系统损耗，光放大器所产生的随机噪声累积，将降低光信号的消光比，针对这个问题，提出了基于激光器的全光波长转换器。它的突出优点是转换信号的消光比非常高，在实现波长转换的同时还可改善信号的消光比。

用作波长转换器的半导体激光器可以是分布布拉格反射器（DBR）激光二极管，也可以是分布反馈（DFB）激光二极管。其转换原理为：波长为 $\lambda_i$ 的外部强度调制信号光注入激光器中，将引起激光器中增益区载流子密度随光强的变化而变化，而这种载流子密度调制

又对输出波长 $\lambda_\circ$ 进行频率调制，这样输出波长和输入波长受到相同的调制，形成了波长转换。半导体激光放大器波长转换器又分为交叉增益调制（XGM）和交叉频率调制（XFM）波长转换器，如图 5.31、图 5.32 所示。XGM 波长转换器是强度调制的输入信号到强度调制输出信号转换，而 XFM 波长转换器是强度调制的输入信号到频率调制的输出信号的转换，XFM 波长转换器还利用了频率鉴相器的 FM/IM 转换器作用，实现 IM/FM 的波长转换。

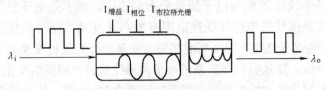

图 5.31　交叉增益连续波长转换器（IM/FM）

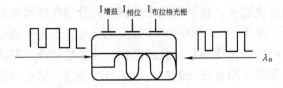

图 5.32　交叉频率调制波长转换器（IM/FM）

为了在激光器中实现可靠的波长转换，激光器必须能保持单模工作，而且增益区与偏振无关，为使交叉频率调制波长转换器能具有高性能，激光器与频率鉴相器应该单片集成。

XFM、XGM 波长转换器的优点是：波长转换范围宽，使用超周期结构波长可变激光器，其转换范围可达 90nm，而且输出可调，它的可调范围同激光器波长的可调范围相同，结构简单，偏置电流波动对器件的影响小；其缺点是：XGM 波长转换器的输出啁啾高，输入信号电平高。

### 5.7.4　光纤光栅外腔波长变换器

如图 5.33 所示为光纤光栅外腔波长转换器的原理图，FBG – ECL 是由光纤光栅和腔面增透的 F – P（法布里—珀罗）腔激光器管芯所构成的外腔激光器。

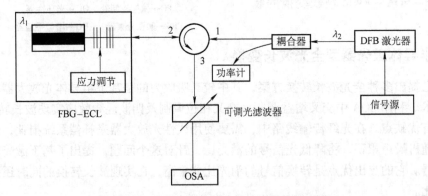

图 5.33　光纤光栅外腔波长转换器的原理图

利用光纤光栅外腔半导体激光器（FBG – ECL）增益区内部的交叉增益饱和效应。外部的信号光 $\lambda_s$ 经环形器 2 入射进外腔半导体激光器，由于外腔半导体激光器的增益饱和效应，当外信号为"1"时，激光器本身发出的连续光 $\lambda_c$ 的光增益下降，激光振荡被抑制，激射熄灭。当外信号为"0"时，外腔激光器发出连续光 $\lambda_c$，结果，外腔半导体激光器的输出随着信号光的变化而变化，并与初始信号反相。输出后，经过光滤波器去掉 $\lambda_s$，形成波长转换了的输出光。这种方案的思路和以前采用 SOA 实现全光波长变换有相似之处，即都利用了半导体材料的饱和增益效应，但在实现上有明显差别。首先，采用外腔激光器作为波长变换介质，成本大大降低。另外，由于光纤光栅的选模特性使输出光波长非常稳定，可以获得极低的啁啾。而且外信号为"1"时，外腔激光器将处于不激射状态，这决定了转换后的光信号将达到很高的消光比。而对于 SOA（XGM）而言，利用了行波放大和干涉，转换后的输出光信号消光比较低，不易级联，正是这一原因，限制了它的实用化。而这些缺点在采用光纤光栅外腔激光器的实现方案中都能得到很好的解决。

另外，光纤光栅外腔半导体激光器实现波长变换还有一个更突出的优点，就是可以通过调谐光纤光栅的中心波长，从而实现全光波长转换器中对转发波长的可控转换。这一点将在未来智能光网络中很有实用前景。光纤光栅中心波长的调谐方法主要有两种：温度和应力调谐。光纤在应力下有良好的性质，可采用磁场、压电陶瓷、机械的方法给光纤光栅施加应力，通过改变光栅周期的方法使光纤光栅中心波长发生变化。目前已有采用应力方法使光纤光栅中心波长在 100nm 范围内连续调谐的实验报道。

与其他的波长转换器相比较，光纤光栅外腔转换器具有以下的几个明显的优点：

1）结构简单，使用方便。

2）转换波长由光纤光栅的布拉格波长决定，与 LD 工作电流无关，受温度影响小，因此波长稳定性好。

3）转换灵敏。

4）不存在转换波长啁啾问题，对信号脉冲的影响很小。

5）FBG – DBR – LD 波长转换器组成的元器件都已产业化生产，开发这种波长转换器将有较高的性价比。

因此，它是一种很有希望的波长转换技术。

理想的波长转换器应该对比特率、对信号调制方式透明，输出信号具有高消光比、高信噪比、低啁啾、能够向长波长、短波长方向转换、器件结构简单的优点。而目前还没有哪种转换技术能满足以上的性能要求。如表 5.1 所示为目前这几种典型转换器的性能比较，可以看出，半导体光放大器波长转换器传输的比特率高，将来可达 100Gbit/s，能够满足光纤通信超大容量的需求，并且易于单片集成、性能稳定、输出信号消光比高、低啁啾、结构简单，通过采用可变波长激光器作新波长输入，能够实现可变波长转换，是一种很有希望的转换技术，缺点是对信号调制方式不透明。而半导体光放大器的四波混频波长转换器由于对信号的比特率、信号调制方式透明，将来只要提高克服转换效率低、输入电平高的缺点，也将是波长转换的一个重要研究方向。

虽然波长变换技术已经发展了很多年，并且被认为正在走向成熟，但它的很多性能远未达到使人们满意的程度。向长波长方向变换与向短波长方向变换的不对称性，以及变换间隔大与变换间隔小的性能差别，对网络高层结构及其设计有着重要影响。多级级联能力，偏振敏感程度和信号的完整性，都将从未来的工作中得到改善。虽然利用波长变换器的各种方案已经在子网中进行了实验，但可靠性问题仍然是一个尚待解决的问题，它可能从单片集成和未来的发展中得到解决。

功能性和可靠性不可能脱离成本及相关的外设来考虑。波长变换器目前仍然十分昂贵，有理由相信，通过集成而不是分离元器件组装可以大大地降低成本。然而，普遍看法认为，分离元器件的组装方法目前仍然要领先一些。

表 5.1　各种可变波长变换器的性能比较

| | | 实用要求 | 半导体光放大器波长转换器 | | | 半导体激光器波长转换器 | |
| --- | --- | --- | --- | --- | --- | --- | --- |
| | | | XGM | XPM | FWM | XGM | XFM |
| 近期应用 | 对信号调制方式透明 | 否 | 否 | 否 | 是 | 否 | 否 |
| | 信号输入功率/dBm | −10~10 | −10~10 | −10~10 | 0~10 | 0~10 | 0~10 |
| | NRZ 数据速率/（Gbit/s） | 2.5~10 | 20 | 10 | 10 | 10 | 10 |
| | 输出信号消光比/dB | >6 | 5~10 | 10 | 10 | 6~8 | 10 |
| | 输出信号啁啾 | 一般 | 高 | 低 | 低 | 高 | 低 |
| | 是否偏振无关 | 是 | 是 | 是 | 是 | 是 | 是 |
| | 器件结构 | 一般 | 简单 | 一般 | 复杂 | 简单 | 一般 |
| 远期应用 | 对信号调制方式透明 | 是/否 | 否 | 否 | 是 | 否 | 否 |
| | 信号输入功率/dBm | < −10 | < −10 | < −10 | < −10 | < −10 | < −10 |
| | NRZ 数据速率/（Gbit/s） | 10~40 | 20 | 40 | 40 | 20 | 20 |
| | Rz 数据速率/dB | 100 | 20 | >100 | 40 | 20 | 20 |
| | 输出信号消光比/dB | >6 | 5~10 | 10 | 10 | 6~8 | 10 |
| | 输出信号啁啾 | 低 | 高 | 低 | 低 | 高 | 低 |
| | 是否偏振无关 | 是 | 是 | 是 | 是 | 是 | 是 |
| | 器件结构 | 简单 | 简单 | 简单 | 复杂 | 简单 | 简单 |

考虑到成本问题，如何根据其数量和位置来配置稀缺的波长变换器达到性能最优化仍然是个尚待讨论的问题。波长变换器的共用是另一个有趣的问题，且共用的程度和外设都需要考虑。更进一步，对波长变换器发生变换错误的容纳能力，以及采用波长变换器后网络结构的设计都值得仔细研究。WDM 网络的管理也是一个相关的新领域，新增的波长变换器给它增加了新的课题。集中式管理与分布式管理的比较，以及对波长变换器的管理都需要解决。

# 本 章 小 结

本章主要介绍光连接器和接头、光耦合器、光隔离器、光环行器、光调制器、光开关和光滤波器等光无源器件的结构、特征及原理。

光连接器与接头是实现光纤与光纤之间可拆卸（活动）连接的器件，主要用于光纤与光端机之间，或光纤线路与其他光无源器件之间的连接。

光耦合器的功能是把一个或多个光输入分配给多个或一个光输出。这种器件对光纤线路的影响主要是要附加插入损耗，还有一定的反射和串扰噪声。耦合器大多与波长有关，与波长相关的耦合器专称为波分复用器/解复用器。

　　耦合器和其他大多数光无源器件的输入端和输出端是可以互换的，称为互易器件。然而在许多实际光通信系统中通常也需要非互易器件，光隔离器就是一种非互易器件，其主要作用是只允许光波往一个方向传输，阻止光波往其他方向特别是反方向传播。光隔离器主要用在激光器或光放大器的后面，以避免反射光返回到该器件致使器件性能变坏。插入损耗和隔离度是隔离器的两个主要参数，对正向入射光的插入损耗值越小越好，对方向反射光的隔离度其值越大越好。

　　光调制器是把信息加载到光波上的过程，光调制器就是实现从电信号到光信号的转换器件。调制器可以用电光效应、磁光效应或声光效应来实现。

　　光开关是一种光路控制器件，起着进行光路切换的作用，可以实现主/备光路切换，光纤、光器件的测试等，在光纤通信中有着广泛的应用。常用光开关有 MEMS 光开关、喷墨气泡光开关、热光效应光开关、液晶光开关、声光开关、液体光栅光开关、SOA 光开关等。

　　波长转换器主要应用在光波分复用系统中，为不同路由的光信号进行波长变换，实现信号光—光的高速变换，不需进行光—电—光的变换过程，消除了电器件对信号的速率瓶颈。目前在实际应用中使用较少，随着光网络的快速发展，在未来几年内将广泛使用和普及。

　　基本教学要求，通过本章学习应达到：

➢掌握光连接器、光耦合器、光隔离器、光开关的结构、主要特性、要求和影响损耗的因素等。

➢掌握 F－P 腔型滤波器、M－Z 干涉滤波器、阵列波导光栅、光纤光栅滤波器的原理。

➢掌握几种波长变换器的原理，主要掌握 SOA 型全光波长转换器的原理。

## 习题与思考题

1. 光纤连接器在通信线路中的作用？

2. 光纤的连接损耗有哪些？如何降低连接损耗？

3. 简述光耦合器和 WDM 分波器有什么不同。

4. 光纤耦合器的功能是什么？

5. 光耦合器有哪几个主要参数？它们的物理含义是什么？

6. 简述光隔离器的工作原理？

7. 什么是光滤波器？光滤波器有哪些种类？滤波器应用在什么场合？

8. 讨论光纤光栅在光通信中的应用。

9. 光源与光纤的耦合，一般采用什么方法提高耦合效率？

10. SOA 型全光波长变换器在 DWDM 网络中的主要功能是什么？

11. 简述 SOA 型全光波长变换的原理。

12. 简述 SOA－XGM 波长变换的原理。

13. 简述 SOA－XPM 波长变换的原理。

# 第6章 光纤通信系统

**【知识要点】**

光纤通信系统根据传送的信号可以分为模拟光纤通信系统和数字光纤通信系统。随着光纤通信技术的发展，系统的传输容量（速率）越来越高。本章主要介绍光纤通信常用线路码型，以副载波复用光纤传输为主的模拟光纤通信系统，讨论数字光纤通信系统的传输体制、系统的性能指标、系统的总体考虑与设计、系统的色散补偿技术及中继距离和传输速率之间的关系。

## 6.1 光纤通信常用线路编码

在光纤通信系统中，从电端机输出的是适合于电缆传输的双极性码。目前常用的双极性码有 HDB$_3$ 码和 CMI 码。HDB$_3$ 码适用于（2~34）bit/s（1~3 次群）的数字信号接口。CMI 码适用于 140Mbit/s 数字信号接口。但对于光源来说是不可能发射负光脉冲的，因此必须进行码型变换，即将 HDB$_3$ 或 CMI 码变换为 NRZ 码，以适合于数字光纤通信系统传输的要求。

数字光纤通信系统对线路码型的主要要求如下。

1）限制信号带宽，减小功率谱中的高低频分量，以减小基线漂移、提高输出功率的稳定性和减小码间干扰，有利于提高光接收机的灵敏度。

2）尽可能减少连"1"码和连"0"码的数目，能提供足够的定时信息，便于时钟提取。

3）能提供一定的冗余码，用于平衡码流、误码监测和公务通信。

### 6.1.1 扰码

为了限制信号带宽和有利于时钟提取，在系统光发射机的调制器前加一个扰码器，对原始的二进制码序列进行加扰，使其接近于随机序列。相应地，在光接收机的判决器之后，进行解扰，以恢复原始序列。扰码与解扰可由反馈移位寄存器和对应的前馈移位寄存器实现。扰码改变了"1"码与"0"码的分布，从而改善了码流的一些特性。

例如：

扰码前：1 1 0 0 0 0 0 0 0 1 1 0 0 0...

扰码后：1 1 0 1 1 1 1 0 1 1 0 0 1 1...

但是，扰码仍具有下列缺点：

1）不能完全控制长串连"1"和长串连"0"序列的出现。

2）没有引入冗余，不能进行在线误码监测。

3）信号频谱中接近于直流的分量较大，不能解决基线漂移。

基于以上原因，许多光纤通信设备除采用扰码外还采用其他类型的线路编码。

## 6.1.2　分组码——$m$B$n$B 码

$m$B$n$B 码是把输入的二进制原始码流进行分组，每组有 $m$ 个二进制码，记为 $m$B，称为一个码字，然后将其变换为 $n$ 个二进制码，记为 $n$B，并在同一个时隙内输出，故称其为 $m$B$n$B 码，其中 $m$ 和 $n$ 都是正整数，$n > m$，一般选取 $n = m + 1$。$m$B$n$B 码有 1B2B、3B4B、5B6B、8B9B、17B18B 等。

最简单的 $m$B$n$B 码是 1B2B 码，即曼彻斯特码，这就是把原码的"0"变换为"01"，把"1"变换为"10"。因此最大的连"0"和连"1"的数目不会超过两个，如 1001 和 0110。但是在相同时隙内，传输 1bit 变为传输 2bit，码速提高了 1 倍。

下面以 3B4B 码为例说明，输入的 3B 码共有 $2^3 = 8$ 个码字，变换为 4B 码时，共有 $2^4 = 16$ 个码字。通常从 4B 码的 16 个码字中挑选 8 个码字来代替 3B 码。作为选取原则，引入 WDS（码字数字和）来描述码字的均匀性，即在 $n$B 码的码字中，用"$-1$"代表"0"码，用"$+1$"代表"1"码，整个码字的代数和即为 WDS。例如：对于 0111，WDS $= +2$；对于 0001，WDS $= -2$；对于 0011，WDS $= 0$。

$n$B 码的选择原则是：尽可能选择|WDS|最小的码字，禁止使用|WDS|最大的码字。以 3B4B 为例，应选择 WDS $= 0$ 和 WDS $= \pm 2$ 的码字，禁止使用 WDS $= \pm 4$ 的码字。表 6.1 给出了根据这个规则编制的一种 3B4B 码表，表中正组和负组交替使用。

**表 6.1　3B4B 码的编码方案**

| 信号码（3B） | | 线路码（4B） | | | |
|---|---|---|---|---|---|
| | | 模式 1（正组） | | 模式 2（负组） | |
| | | 码字 | WDS | 码字 | WDS |
| 0 | 000 | 1011 | +2 | 0100 | −2 |
| 1 | 001 | 1110 | +2 | 0001 | −2 |
| 2 | 010 | 0101 | 0 | 0101 | 0 |
| 3 | 011 | 0110 | 0 | 0110 | 0 |
| 4 | 100 | 1001 | 0 | 1001 | 0 |
| 5 | 101 | 1010 | 0 | 1010 | 0 |
| 6 | 110 | 0111 | +2 | 1000 | −2 |
| 7 | 111 | 1101 | +2 | 0010 | −2 |

我国 3 次群和 4 次群 PDH 光纤通信系统最常用的线路码型是 5B6B 码，其编码规则如下：

5B 码共有 $2^5 = 32$ 个码字，变换 6B 码时共有 $2^6 = 64$ 个码字，其中 WDS $= 0$ 有 20 个，WDS $= +2$ 有 15 个，WDS $= -2$ 有 15 个，共有 50 个|WDS|最小的码字可供选择。由于变换为 6B 码时只需 32 个码字，为减少连"1"和连"0"的数目，禁用 000011、110000、001111、111100 和 WDS $= \pm 4$ 和 $\pm 6$ 的码字。表 6.2 给出根据这个规则编制的一种 5B6B 码表，正组和负组交替使用。表中正组选用 20 个 WDS $= 0$ 和 12 个 WDS $= +2$，负组选用 20 个 WDS $= 0$ 和 12 个 WDS $= 2$。

$m$B$n$B 码是一种分组码，设计者可以根据传输特性的要求确定某种码表。$m$B$n$B 码的特点如下。

1）码流中连"0"和连"1"的数目较少，便于提取时钟。

2）高低频分量较小，基线漂移小。

3）在码流中引入一定的冗余码，便于在线误码检测。

$m$B$n$B 码的缺点是传输辅助信号比较困难。因此，在要求传输辅助信号或有一定数量的区间通信的设备中，不宜用这种码型。

**表 6.2　5B6B 码的一种方案**

| 信号码（5B） | | 线路码（6B） | | | |
| --- | --- | --- | --- | --- | --- |
| | | 模式 1（正组） | | 模式 2（负组） | |
| | | 码字 | WDS | 码字 | WDS |
| 0 | 00000 | 010111 | +2 | 101000 | −2 |
| 1 | 00001 | 100111 | +2 | 011000 | −2 |
| 2 | 00010 | 011011 | +2 | 100100 | −2 |
| 3 | 00011 | 000111 | 0 | 000111 | 0 |
| 4 | 00100 | 101011 | +2 | 010100 | −2 |
| 5 | 00101 | 001011 | 0 | 001011 | 0 |
| 6 | 00110 | 001101 | 0 | 001101 | 0 |
| 7 | 00111 | 001110 | 0 | 001110 | 0 |
| 8 | 01000 | 110011 | +2 | 001100 | −2 |
| 9 | 01001 | 010011 | 0 | 010011 | 0 |
| 10 | 01010 | 010101 | 0 | 010101 | 0 |
| 11 | 01011 | 010110 | 0 | 010110 | 0 |
| 12 | 01100 | 011001 | 0 | 011001 | 0 |
| 13 | 01101 | 011010 | 0 | 011010 | 0 |
| 14 | 01110 | 011100 | 0 | 011100 | 0 |
| 15 | 01111 | 101101 | +2 | 010010 | −2 |
| 16 | 10000 | 011101 | +2 | 100010 | −2 |
| 17 | 10001 | 100011 | 0 | 100011 | 0 |
| 18 | 10010 | 100101 | 0 | 100101 | 0 |
| 19 | 10011 | 100110 | 0 | 100110 | 0 |
| 20 | 10100 | 101001 | 0 | 101001 | 0 |
| 21 | 10101 | 101010 | 0 | 101010 | 0 |
| 22 | 10110 | 101100 | 0 | 101100 | 0 |
| 23 | 10111 | 110101 | +2 | 001010 | −2 |
| 24 | 11000 | 110001 | 0 | 110001 | 0 |
| 25 | 11001 | 110010 | 0 | 110010 | 0 |
| 26 | 11010 | 110100 | 0 | 110100 | 0 |
| 27 | 11011 | 111001 | +2 | 000110 | −2 |
| 28 | 11100 | 111000 | 0 | 111000 | 0 |
| 29 | 11101 | 101110 | +2 | 010001 | −2 |
| 30 | 11110 | 110110 | +2 | 001001 | −2 |
| 31 | 11111 | 111010 | +2 | 000101 | −2 |

### 6.1.3 插入码

插入码是把输入二进制原始码流分成每 $m$bit 为一组，每组后面插入 1bit 的冗余。根据插入码的规律，可以分为 $m$B1P 码、$m$B1C 码和 $m$B1H 码。

**1. $m$B1P 码**

P 码称为奇偶校验码，它可以把 $m$ 位原码通过末位插入 P 码，校正为偶数码或奇数码。

例如：若 P 码为奇校验码时，其插入规律是使 $m+1$ 个码内 "1" 码的个数为奇数。当检测得 $m+1$ 个码内 "1" 码为奇数时，则认为无误码。

$m$B 码为：　　100　　000　　001　　110…

$m$B1P 码为：1000　0001　0010　1101…

若 P 码为偶校验码时，其插入规律是使 $m+1$ 个码内 "1" 码的个数为偶数。当检测得 $m+1$ 个码内 "1" 码为偶数时，则认为无误码。

$m$B 码为：　　100　　000　　001　　110…

$m$B1P 码为：1001　0000　0011　1100…

**2. $m$B1C 码**

C 码称补码或反码，把原始码流分成每 $m$ 比特一组，然后在每组 $m$B 码的末尾插入 1 比特补码。补码插在 $m$B 码的末尾，同时也减少了连 "0" 码和连 "1" 码的数目。

例如：

$m$B 码为：　　100　　110　　001　　101…

$m$B1C 码为：1001　1101　0010　1010…

C 码的作用是引入冗余码，可以进行在线误码率监测；同时改善了 "0" 码和 "1" 码的分布，有利于定时提取。

**3. $m$B1H 码**

$m$B1H 码是由 $m$B1C 码演变而成的，H 码称为混合码，即在 $m$B1C 码中，用混合码（H 码）替代部分 C 码，故称 $m$B1H 码。该码除了可以完成或的功能外，还可以同时用来实现几路区间通信、公务联络、数据传输及误码监测等功能。

下面用 8B1H 码为例说明这种插入混合码的功能，如图 6.1 所示。

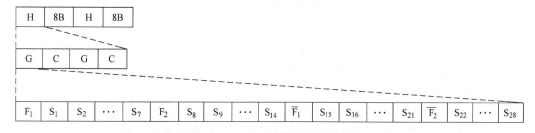

图 6.1　8B1H 码型帧结构示意图

图中，B 表示主信号的码元；H 表示插入混合码的码元，其中 H 码是由 G 码和 C 码组成的；C 是插入的反码，作误码监测用；若码流中 C 码的前一个码是 "1"，则 C 码即为 "0"；反之，C 码的前一个码是 "0"，则 C 码即为 "1"；G 是插入的混合码中除去 C 码外的码，它是由一系列内容所构成；$F_1$、$F_2$、$\overline{F_1}$、$\overline{F_2}$ 是帧同步码，$F_1$、$F_2$ 是 $\overline{F_1}$、$\overline{F_2}$ 的反码；$S_{11}$

是监测码码元；$S_{25}$ 是公务通信码码元；$S_4$ 是数据通信（Ⅰ）码码元；$S_{18}$ 是数据通信（Ⅱ）码码元；$S_1$、$S_5$、$S_8$、$S_{12}$、$S_{15}$、$S_{19}$、$S_{22}$、$S_{26}$ 分别是区间通信 1 的码元，可通 30 路区间通信话路；$S_2$、$S_6$、$S_9$、$S_{13}$、$S_{16}$、$S_{20}$、$S_{23}$、$S_{27}$ 分别是区间通信 2 的码元，可通 30 路区间通信话路；$S_3$、$S_7$、$S_{10}$、$S_{14}$、$S_{17}$、$S_{21}$、$S_{24}$、$S_{28}$ 分别是区间通信 3 的码元，可通 30 路区间通信话路；总共提供了 90 个话路的区间通信信道。这种区间通信可以不通过 PCM 复用设备，在中继站直接上、下话路，为系统带来了灵活性。

常用的插入码还有 1B1H 码、4B1H 码。

## 6.2  模拟光纤通信系统

模拟光纤通信系统目前主要用于模拟电视信号传输，它是一种通过光纤信道传输模拟信号的通信系统，故要求在电/光转换过程中信号和信息存在线性对应关系。由于存在噪声的累积，和数字光纤通信系统相比，模拟光纤通信系统传输距离较短。但是采用频分复用（FDM）技术，可以实现一根光纤传输 100 多路电视节目的优势，在有线电视（CATV）网络中，具有巨大的竞争力。

### 6.2.1  调制方式

模拟光纤通信系统目前使用的主要调制方式有 3 种：模拟基带直接光强调制、模拟间接光强调制和频分复用光强调制。

下面就对这几种调制方式分别进行介绍。

**1. 模拟基带直接光强调制**

模拟基带直接光强调制（D-IM）是用承载信息的模拟基带信号，直接对发射机光源（LED 或 LD）进行光强调制，使光源输出光功率随时间变化的波形和输入模拟基带信号的波形成比例。

20 世纪 70 年代末期，光纤开始用于模拟电视传输时，采用一根多模光纤传输一路电视信号的方式，就是这种基带传输方式。所谓基带，就是对载波调制之前的视频信号频带。对于广播电视节目而言，视频信号带宽（最高频率）是 6MHz，加上调频的伴音信号，这种模拟基带光纤传输系统每路电视信号的带宽为 8MHz。用这种模拟基带信号对发射机光源（线性良好的 LED）进行直接光强调制，若光载波的波长为 $0.85\mu m$，传输距离不到 4km；若波长为 $1.3\mu m$，传输距离也只有 10km 左右。这种（D-IM）光纤电视传输系统的特点是设备简单、价格低廉，因而在短距离传输中得到广泛应用。

**2. 模拟间接光强调制**

模拟间接光强调制方式是先用承载信息的模拟基带信号进行电的预调制，然后用这个预调制的电信号对光源进行光强调制（IM）。这种系统又称为预调制直接光强调制光纤传输系统。预调制又有多种方式，主要有以下 3 种。

（1）频率调制

频率调制（FM）方式是先用承载信息的模拟基带信号对正弦载波进行调频，产生等幅的频率受调的正弦信号，其频率随输入的模拟基带信号的瞬时值而变化，然后用这个正弦调频信号对光源进行光强调制，形成 FM-IM 光纤传输系统。

（2）脉冲频率调制

脉冲频率调制（PFM）方式是先用承载信息的模拟基带信号对脉冲载波进行调频，产生等幅、等宽的频率受调的脉冲信号，其脉冲频率随输入的模拟基带信号的瞬时值而变化，然后用这个脉冲调频信号对光源进行光强调制，形成 PFM – IM 光纤传输系统。

（3）方波频率调制

方波频率调制（SWFM）方式是先用承载信息的模拟基带信号对方波进行调频，产生等幅、不等宽的方波脉冲调频信号，其方波脉冲频率随输入的模拟基带信号的幅度而变化，然后用这个方波脉冲调频信号对光源进行光强调制，形成 SWFM – IM 光纤传输系统。

采用模拟间接光强调制的目的是提高传输质量和增加传输距离。由于模拟基带直接光强调制（D – IM）光纤电视传输系统的性能受到光源非线性的限制，一般只能使用线性良好的 LED 作光源。LED 入纤功率很小，所以传输距离很短。在采用模拟间接光强调制时，例如采用 PFM – IM 光纤电视传输系统，由于驱动光源的是脉冲信号，它基本上不受光源非线性的影响，所以可以采用线性较差、入纤功率较大的 LD 器件作光源。因而 PFM – IM 系统的传输距离比 D – IM 系统的更长。对于多模光纤，若波长为 $0.85\mu m$，传输距离可达 10km；若波长为 $1.3\mu m$，传输距离可达 30km。对于单模光纤，若波长为 $1.3\mu m$，传输距离可达 50km。

SWFM – IM 光纤电视传输系统不仅具有 PFM – IM 系统的传输距离长的优点，还具有 PFM – IM 系统所没有的独特优点。这种独特优点是：在光纤上传输的等幅、不等宽的方波调频（SWFM）脉冲不含基带成分，因而这种模拟光纤传输系统的信号质量与传输距离无关。此外，SWFM – IM 系统的信噪比也比 D – IM 系统的信噪比高得多。

上述光纤电视传输系统的传输距离和传输质量都达到了实际应用的水平，而且技术比较简单，容易实现，价格也比较便宜。尽管如此，这些传输方式都存在一个共同的问题：一根光纤只能传输一路电视。这种情况，既满足不了现代社会对电视频道日益增多的要求，也没有充分发挥光纤大带宽的独特优势。因此，开发多路模拟电视光纤传输系统，就成为技术发展的必然。

实现一根光纤传输多路电视信号有多种方法，目前现实的方法是先对电信号复用，再对光源进行光强调制。对电信号的复用可以是频分复用（FDM），也可以是时分复用（TDM）。和 TDM 系统相比，FDM 系统具有电路结构简单、制造成本较低及模拟和数字兼容等优点，而且 FDM 系统的传输容量只受光器件调制带宽的限制，与所用电子器件的关系不大。这些明显的优点，使 FDM 多路电视传输方式受到广泛的重视。

**3. 频分复用光强调制**

频分复用光强调制方式是用每路模拟基带信号，分别对某个指定的射频（RF）电信号进行调幅（AM）或调频（FM），然后用组合器把多个预调 RF 信号组合成多路宽带信号，再用这种多路宽带信号对发射机光源进行光强调制。光载波经光纤传输后，由远端接收机进行光/电转换和信号分离。因为传统意义上的载波是光载波，为区别起见，把受模拟基带信号预调制的 RF 电载波称为副载波，这种复用方式也称为副载波复用（SCM）。SCM 模拟电视光纤传输系统的优点。

1）一个光载波可以传输多个副载波，各个副载波可以承载不同类型的业务，有利于数字和模拟混合传输以及不同业务的综合和分离。

2）SCM 系统灵敏度较高，又无需复杂的定时技术，FM/SCM 可以传输 60～120 路模拟电视节目，制造成本较低。因而在电视传输网中竞争能力强，发展速度快。

3）在数字电视传输系统未能广泛应用的今天，线性良好的大功率 LD 已能得到实际应用，因而发展 SCM 模拟电视传输系统是适时的选择。这种系统不仅可以满足目前社会对电视频道日益增多的要求，而且便于在光纤与同轴电缆混合的有线电视系统（HFC）中采用。

副载波复用的实质是利用光纤传输系统很宽的带宽换取有限的信号功率，也就是增加信道带宽，降低对信道载噪比（载波功率/噪声功率）的要求，而又保持输出信噪比不变。

在副载波系统中，预调制是采用调频还是调幅，取决于所要求的信道载噪比和所占用的带宽。

### 6.2.2 模拟基带直接光强调制光纤传输系统

D－IM 光纤传输系统由光发射机（光源通常为发光二极管）、光纤线路和光接收机（光检测器）组成，这种系统的方框图如图 6.2 所示。

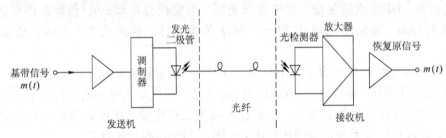

图 6.2　D－IM 系统框图

#### 1. 特性参数

主要特性参数有信噪比（SNR）和信号失真（信号畸变）。

（1）信噪比

正弦信号直接光强调制系统的信噪比主要受光接收机性能的影响，因而输入到光检测器的信号非常微弱，所以对系统的 SNR 影响很大。如图 6.3 所示为对发光二极管进行正弦信号直接光强调制的原理。这种系统的信噪比定义为接收信号功率和噪声功率（$N_P$）的比值

$$\frac{S}{N_P} = \frac{信号功率}{噪声功率} = \frac{i_s^2 R_L}{i_n^2 R_L} = \frac{i_s^2}{i_n^2} \quad (6-1)$$

式中，$i_s^2$ 和 $i_n^2$ 分别为信号电流均方值和噪声电流均方值；$R_L$ 为光检测器负载电阻。信噪比一般用 dB 作单位，即

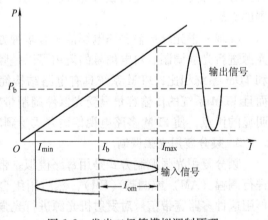

图 6.3　发光二极管模拟调制原理

$$SNR = 10\lg \frac{i_s^2}{i_n^2} \quad (6-2)$$

（2）信号失真

非线性失真一般可以用幅度失真参数——微分增益（DG）和相位失真参数——微分相位（DP）表示。

DG 可以从 LED 输出功率特性曲线看出，其定义为

$$DG = \left[\frac{\left.\frac{dP}{dI}\right|_{I_2} - \left.\frac{dP}{dI}\right|_{I_1}}{\left.\frac{dP}{dI}\right|_{I_2}}\right]_{\max} \times 100\% \qquad (6-3)$$

DP 是 LED 发射光功率 $P$ 和驱动电流 $I$ 的相位延迟差，其定义为

$$DP = \left[\phi(I_2)\phi(I_1)\right] \qquad (6-4)$$

式中，$I_1$ 和 $I_2$ 为 LED 不同数值的驱动电流，一般取 $I_2 > I_1$。

虽然 LED 的线性比 LD 好，但仍然不能满足高质量电视传输的要求。例如，短波长 GaAlAs-LED 的 DG 可能高达 20%，DP 高达 8°，而高质量电视传输要求 DG 和 DP 分别小于 1% 和 1°。影响 LED 非线性的因素很多，要大幅度改善动态非线性失真非常困难，因而需要从电路方面进行非线性补偿。补偿原理如图 6.4 所示。

在模拟电视光纤传输系统中，最广泛使用的电路是微分相位四点补偿电路，图 6.5 给出了典型的补偿电路。这种电路的相位补偿是利用集电极和发射极输出的信号相位差 180°的原理构成的全通相移网络来实现的。

和微分相位补偿原理相似，微分增益补偿是对 LED 等非线性器件产生的高频动态幅度失真的补偿，目前典型的微分增益四点补偿电路如图 6.6 所示。

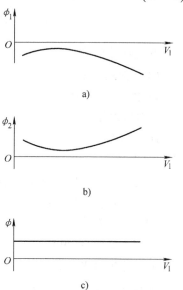

图 6.4 微分相位补偿原理

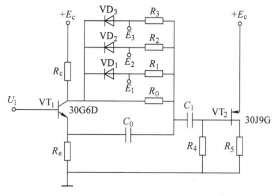

图 6.5 微分相位四点补偿电路

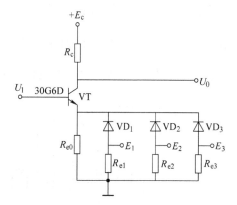

图 6.6 微分增益四点补偿电路

## 2. 系统性能

模拟基带直接光强调制光纤电视传输系统框图如图 6.7 所示。在发射端，模拟基带电视信号和调频（FM）伴音信号分别输入 LED 驱动器，在接收端进行分离。改进 DP 和 DG 的预失真电路置于接收端，主要技术参数举例如下。

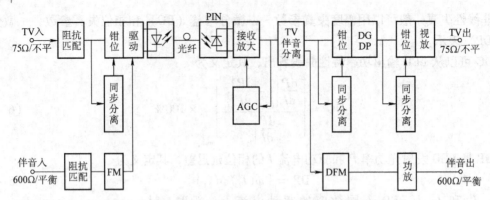

图 6.7　模拟基带直接光强调制光纤电视传输系统框图

系统参数如下。

（1）视频部分

带宽为 0～6MHz；

SNR≥50dB（未加校）；

DG 为 4%；

DP 为 4°；

发射光功率≥15dBm（32μW）；

接收灵敏度≤30dBm。

（2）伴音部分

带宽为 0.04～15kHz；

输入输出电平为 0dBr；

SNR 为 55dB（加校）；

畸变为 2%；

伴音调频副载频为 8MHz。

## 6.2.3　副载波复用光纤传输系统

副载波复用（SCM）模拟电视光纤传输系统主要用于有线电视网，其系统框图如图 6.8

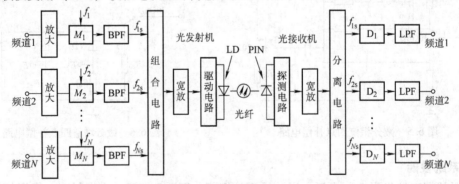

$M_i$ 为调制器　　$D_i$ 为解调器　　BPF 为带通滤波器　　LPF 为低通滤波器

图 6.8　副载波复用模拟电视光纤传输系统框图

所示。$N$ 个频道的模拟基带电视信号分别调制频率为 $f_1$，$f_2$，…，$f_N$ 的 RF 信号，把 $N$ 个带有电视信号的副载波 $f_{1s}$，$f_{2s}$，$f_{3s}$，…，$f_{Ns}$ 组合成多路宽带信号，再用这个宽带信号对光源（一般为 LD）进行光强调制，实现电/光转换。光信号经光纤传输后，由光接收机实现光/电转换，经分离和解调，最后输出 $N$ 个频道的电视信号。

模拟基带电视信号对射频的预调制，通常用残留边带调幅（VSB – AM）和 FM 两种方式，各有不同的适用场合和优缺点。本节主要讨论残留边带调幅副载波复用（VSB – AM/SCM）模拟电视光纤传输系统。

**1. 特性参数**

对于副载波复用模拟电视光纤传输系统，评价其传输质量的特性参数主要是载噪比（CNR）和信号失真。

（1）载噪比

CNR 的定义是，把满负载、无调制的等幅载波置于传输系统，在规定的带宽内特定频道的载波功率（$C$）和噪声功率（$N_P$）的比值，并以 dB 为单位，表示为

$$\frac{C}{N_P} = \frac{i_c^2}{i_n^2} \tag{6-5}$$

或

$$\mathrm{CNR} = 10\lg\frac{C}{N_P} = 10\lg\frac{i_c^2}{i_n^2} \tag{6-6}$$

式中，$i_c^2$ 为均方载波电流；$i_n^2$ 为均方噪声电流。

激光器模拟调制原理如图 6.9 所示。

（2）信号失真

副载波复用模拟电视光纤传输系统产生信号失真的原因很多，其主要原因是半导体激光器在电/光转换时产生的非线性效应。

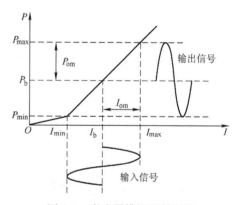

图 6.9　激光器模拟调制原理

副载波复用模拟电视光纤传输系统的信号失真用组合二阶互调（CSO）失真和组合三阶差拍（CTB）失真这两个参数表示。两个频率的信号相互组合，产生和频（$\omega_i + \omega_j$）和差频（$\omega_i\omega_j$）信号，如果新频率落在其他载波的视频频带内，视频信号就要产生失真。

这种非线性效应会发生在所有 RF 电路，包括光发射机和光接收机。在给定的频道上，所有可能的双频组合的总和称为组合二阶（CSO）互调失真。通常用这个总和与载波的比值表示，并以 dB 为单位，记为 dBc。组合三阶差拍（CTB）失真是三个频率（$\omega_i \pm \omega_j \pm \omega_k$）的非线性组合，其定义和表示方法与 CSO 相似，单位相同。

根据以上分析，第 $i$ 个频道的 CSO 和 CTB 分别表示为

$$\mathrm{CSO} = 10\lg\left[c_{2i}\left(\frac{p''}{p'^2}\right)^2(p_{0m})^2\right] \tag{6-7}$$

$$\mathrm{CTB} = 10\lg\left[c_{3i}\left(\frac{p'''}{p'^2}\right)^2(p_{0m})^4\right] \tag{6-8}$$

式（6-7）、式（6-8）中，$c_{2i}$ 和 $c_{3i}$ 分别为组合二阶互调和组合三阶差拍的系数，在频道频

率配置后具体计算。$p'$、$p''$和$p'''$分别为$P$对$I$的一阶、二阶和三阶导数，其数值可由实验确定。$P_{0m}$为每个频道输出光信号幅度。

CSO 和 CTB 将以噪声形式对图像产生干扰，为减小这种干扰，可以采用如下方法。

1）采用合理的频道频率配置，以减小$c_{2i}$和$c_{3i}$，改善 CSO 和 CTB。为改善 CSO，系统频道 $N$ 的副载波频率 $f_N$ 和频道 1 的副载频 $f_1$ 应满足 $f_N < 2f_1$，即副载波最高频率应小于最低频率的 2 倍。这样，如图 6.10 所示，二阶互调 $(f_i + f_j)$ 都大于 $f_N$，落在系统频带的高频端以外。二阶互调 $(f_i f_j)$ 都小于 $f_1$，落在低频端以外。同理，为减少落在系统频带内的三阶互调，应适当配置各频道的副载波频率，使三阶互调频率 $(f_j \pm f_j \pm f_k)$ 即使落在系统的频带内，也不落在工作频道的信号频带内，如图 6.11 所示。这样，虽然系统输出端存在互调干扰，但分离和滤波后各频道单独输出时，其影响就不明显了。

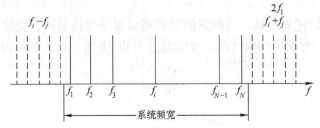

图 6.10　$f_N < 2f_1$ 的 SCM 系统的频谱分布

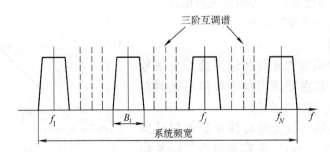

图 6.11　SCM 系统带内三阶互调干扰的最佳频谱分布

2）采用外调制技术，把光载波的产生和调制分开。这样，光源谱线不会因调制而展宽，没有附加的线性调频（啁啾，Chirp）产生的信号失真，因而改变了 CSO 和 CTB（见图 6.12）。

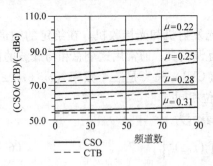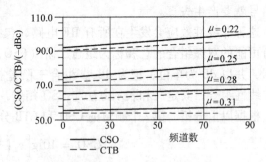

图 6.12　CSO 和 CTB 与频道数的关系

## 2. 光端机

（1）光发射机

对残留边带 – 调幅（VSB – AM）光发射机的基本要求如下。

1）输出光功率要足够大，输出光功率特性（$P$ – $I$）线性要好。

2）调制频率要足够高调制特性要平坦。

3）输出光波长应在光纤低损耗窗口，谱线宽度要窄。

4）温度稳定性要好。

VSB – AM 光发射机的构成如图 6.13 所示。输入到光发射机的电信号经前馈放大器放大后，受到电平监控，以电流的形式驱动激光器。LD 输出特性要求是线性的，但在实际电/光转换过程中，微小的非线性效应是不可避免的，而且会影响系统的性能。所以优质的光发射机都要进行预失真控制。方法是加入预失真补偿电路（预失真线性器）。预失真补偿电路实际上是一个与激光器的非线性相反的非线性电路，用来补偿激光器的非线性效应，以达到高度线性化的目的。为保证输出光的稳定，通常采用制冷元件和热敏电阻进行温度控制。同时用激光器的后向输出通过 PIN – PD 检测的光电流实现自动功率控制。为抑制光纤线路上不均匀点（如连接器）的反射，在 LD 输出端设置光隔离器。

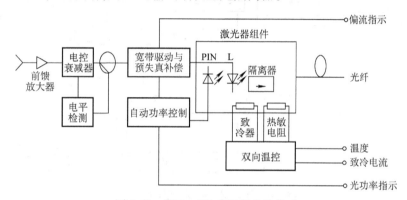

图 6.13　VSB – AM 光发射机的构成

正确选择光发射机对系统性能和 CATV 网的造价都有重大意义。目前可供选择的光发射机有：

1）直接调制 1310nm 分布反馈（DFB）激光器光发射机，框图如图 6.14 所示。

2）外调制 1550nm 分布反馈（DFB）激光器光发射机，框图如图 6.15 所示。

3）外调制掺钕钇铝石榴石（Nd：YAG）固体激光器光发射机，框图如图 6.16 所示。

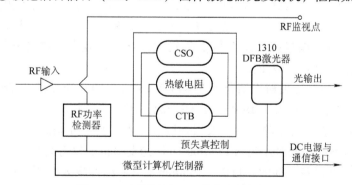

图 6.14　直接调制 DFB 激光发射机框图

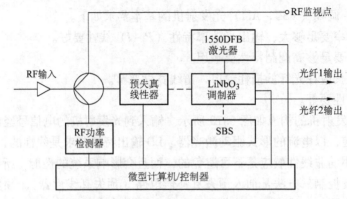

图 6.15 外调制 DFB 激光发射机框图

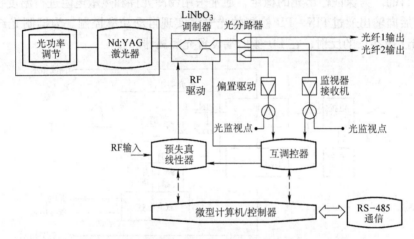

图 6.16 外调制 YAG 激光发射机框图

直接调制 1310nm DFB 光发射机是目前 CATV 光纤传输网特别是分配网使用最广泛的光发射机。原因是这种光发射机发射光功率高达 10mW，传输距离可达 35km，而且性能良好，价格比其他两种光发射机便宜。这种良好性能来自 DFB 激光器这种单模激光器，其谱线宽度非常窄。

外调制 YAG 光发射机主要由 YAG 激光器、电光调制器、预失真线性器和互调控制器构成。预失真线性器作为调制器的驱动电路，互调控制器实际上是一个自动预失真控制器。波长为 1310nm 外调制 YAG 光发射机发射光功率高达 40mW 以上，相对强度噪声（RIN）低到 165dB/Hz，信号失真性能极好。缺点是设备较大，技术较复杂。这种光发射机主要用于 CATV 干线网，也可以用于分配网。

外调制 1550nm DFB 光发射机结合了直接调制 1310nm DFB 光发射机和外调制 YAG 光发射机的优点。这种光发射机采用 DFB – LD 作光源，用电流直接驱动，因而与 1310nm DFB 光发射机同样具有小型、轻便等优点。采用外调制技术，又与外调制 YAG 光发射机同样具有极好的信号失真性能。虽然外调制 1550nm DFB 光发射机的发射光功率只有 2 ~ 4mW，但是这种缺点是可以克服和弥补的。目前，1550nm EDFA 已经投入实用。使用 EDFA 可以把弱小的光信号放大到 50mW 以上。另一方面，1550nm 的光纤损耗比 1310nm 的低。外调制 1550nm DFB 光发射机和 EDFA 组合提供了一个具有长距离传输潜力的光发射源，但由于

EDFA 要产生噪声，所以这种组合的 CNR 不能和直接调制 1310nm DFB 光发射机或外调制 YAG 光发射机的性能相匹敌。

外调制 1550nm DFB 光发射机和 EDFA 结合，在两个重要场合特别适用：主要应用是取代微波和强化前端（Headend）所要求的超长传输距离，但这时必须采用复杂的抑制 SBS 才能发挥作用，SBS 是一种依赖光功率的非线性效应，这种效应随光纤长度的增长而明显增加，所以必须进行补偿；另一个重要应用是在密集结构的结点上，这种结构需要高功率以分配给多个光分路，在这种场合就不存在 SBS 的限制了。

（2）光接收机

对 VSB – AM 光接收机的基本要求是：

1）在一定输入功率条件下，有足够大的 RF 输出和尽可能小的噪声，以获得大 CNR 或 SNR。

2）要有足够大的工作带宽和频带平坦度，因而要采用高截止频率的光检测器和宽带放大器。

VSB – AM 光接收机的构成如图 6.17 所示。PIN – PD 把光信号转换为电流，前置放大器大多采用能把信号电流变换为电压的跨阻抗型放大器，主放大器设有自动增益控制（AGC）。

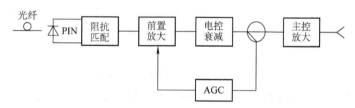

图 6.17 VSB – AM 光接收机的构成

用 PIN – PD 的光接收机输出信号电压 $U$ 和输入平均光功率 $P_0$ 的关系为

$$U = \frac{\rho P_0 m G_1 G_2}{\sqrt{2}} \qquad (6-9)$$

式中，$\rho$ 为光检测器响应度（A/W）；$m$ 为调制指数；$G_1$ 为前置放大器的变换增益（V/A）；$G_2$ 为主放大器的电压增益。

### 3. 光链路性能

由光发射机、光纤线路和光接收机构成的基本光纤通信系统，作为一个独立的"光信道"，在工程上一般称为光链路。光链路的性能通常用在规定 CSO 和 CTB 的条件下，CNR 与光链路损耗 $\alpha L$ 的关系表示为 $\alpha L = P_t P_0$。其中，$\alpha$ 和 $L$ 分别为光链路的平均损耗系数和传输长度；$P_t$ 和 $P_0$ 分别为平均发射光功率和平均接收光功率。

作为例子，图 6.18 所示为外调制

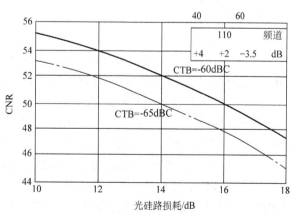

图 6.18 外调制 YAG 光链路性能

YAG 光发射机和 PIN – PD 光接收机构成的光链路的 CNR 与光链路损耗的关系，传输 80 个频道（NTSC – M）NTSC：美国国家电视系统委员会的正交平衡调幅制。光发射机 RF 输入电平为 18 ~ 33dBmV，工作带宽为 45 ~ 750MHz，发射光功率为 13dBm，调制指数为 2.5%，光波长为 1310nm。由图 6.18 可见，当光链路损耗为 10dB（相当于接收光功率 3dBm）时，CNR = 53dB，并随光链路损耗的增加而减小。如果增加调制指数，使 CNR 改善 2dB，CTB 将从 65dBc 劣化为 60.3dBc。

## 6.3    数字光纤通信系统

数字光纤通信系统比模拟光纤通信系统具有更多的优点，也更能适应社会对通信能力和通信质量越来越高的要求。数字通信系统用参数取值离散的信号（如脉冲的有和无、电平的高和低等）代表信息，强调的是信号和信息之间的一一对应关系；而模拟通信系统则用参数取值连续的信号代表信息，强调的是变换过程中信号和信息之间的线性关系。

在数字通信中，为了扩大传输容量和提高传输效率，常常需要将若干个低次群低速数字信号以数字复接（用）方式合成一路高速数字信号，然后再通过宽带信道传输。数字复接就是实现两个或两个以上支路信号按时分复用方式汇接成单一的复合数字信号，完成这种功能的设备称为数字复接器。在传输线路收端把复合数字信号分离成各支路信号的过程称为分接，完成此功能的设备称为数字分接器。数字复接和数字分接结合在一起常被称为数字复用设备。

数字复用必须按照一定的标准进行，ITU – T 规定了准同步数字系列（PDH）和同步数字体系（SDH）两种基本复用标准。我国 1995 年以前均采用 PDH 的复用方式。1995 年以后，随着光线通信网的大量使用开始引入 SDH 的复用方式。原有的 PDH 数字传送网可逐步纳入 SDH 传送网。SDH 网最终将成为宽带综合业务数字网（B – ISDN）的一个重要组成部分。

### 6.3.1    准同步数字分级结构

PDH 有两种基础速率：一种是以 1.544Mbit/s 为第一级（一次群，或称基群）基础速率，采用的国家有北美各国和日本；另一种是以 2.048Mbit/s 为第一级（一次群）基础速率，采用的国家有西欧各国和中国。

一次群至四次群接口比特率早在 1976 年就实现了标准化，并得到了各国的广泛采用。PDH 主要适用于中、低速率点对点的传输。随着技术的进步和社会对信息的需求，数字系统传输容量不断提高，网络管理和控制的要求日益重要，宽带综合业务数字网和计算机网络迅速发展，迫切需要建立在世界范围内统一的通信网络。高度发达的信息社会要求通信网能提供多种多样的电信业务，通过通信网传输、交换、处理的信息量将不断增大，这就要求现代化的通信网向数字化、综合化、智能化和个人化方向发展。

传输系统是通信网的重要组成部分，传输系统的好坏直接制约着通信网的发展。当前世界各国大力发展的信息高速公路，其中的一个重点就是组建大容量的传输光纤网络，不断提高传输线路上的信号速率，扩宽传输频带，就好比一条不断扩展的能容纳大量车流的高速公路。同时用户希望传输网能有世界范围的接口标准，能实现我们这个地球村中的每一个用户随时随地便捷地通信。

传统的由 PDH 传输体制组建的传输网，由于其复用的方式不能满足信号大容量传输的要求，另外 PDH 体制的地区性规范也使网络互连增加了难度，因此在通信网向大容量、标准化发展的今天，PDH 的传输体制已经愈来愈成为现代通信网的瓶颈，制约了传输网向更高的速率发展。

传统的 PDH 传输体制的缺陷体现在以下几个方面。

**1. 接口方面**

（1）只有地区性的电接口规范

现有的 PDH 数字信号序列有 3 种信号速率等级：欧洲系列、北美系列，以及日本系列。各种信号系列的电接口速率等级、信号的帧结构及复用方式均不相同，这种局面造成了国际互通的困难，不适应当前随时随地便捷通信的发展趋势。3 种信号系列的电接口速率等级如图 6.19 所示。

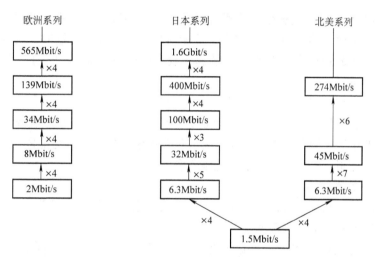

图 6.19 3 种信号系列的电接口速率等级

（2）没有世界性标准的光接口规范

为了完成设备对光路上的传输性能进行监控，各厂家各自采用自行开发的线路码型，导致不同厂家同一速率等级的光接口码型和速率也不一样，致使不同厂家的设备无法实现横向兼容。这样，在同一传输路线两端必须采用同一厂家的设备，因此给组网、管理及网络互通带来困难。

**2. 复用方式**

现在的 PDH 体制中，只有 1.5Mbit/s 和 2Mbit/s 速率的信号（包括日本系列 6.3Mbit/s 速率的信号）是同步的，其他速率的信号都是异步的，需要通过码速的调整来匹配和容纳时钟的差异。由于 PDH 采用异步复用方式，那么就导致当低速信号复用到高速信号时，其在高速信号的帧结构中的位置没规律性和固定性。也就是说在高速信号中不能确认低速信号的位置，而这一点正是能否从高速信号中直接分/插出低速信号的关键所在。从高速信号中分/插出低速信号要一级一级的进行。如从 140Mbit/s 的信号中分/插出 2Mbit/s 低速信号要经过如下过程，如图 6.20 所示。

在将 140Mbit/s 信号分/插出 2Mbit/s 信号过程中，使用了大量的"背靠背"设备。通过

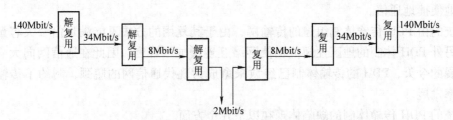

图 6.20 从 140Mbit/s 信号分/插出 2Mbit/s 信号示意图

三级解复用设备从 140Mbit/s 的信号中分出 2Mbit/s 低速信号，再通过三级复用设备将 2Mbit/s 的低速信号复用到 140Mbit/s 信号中。一个 140Mbit/s 信号可复用进 64 个 2Mbit/s 信号，但是若在此仅仅从 140Mbit/s 信号中上下一个 2Mbit/s 的信号，也需要全套的三级复用和解复用设备。这样不仅增加了设备的体积、成本、功耗，还增加了设备的复杂性，降低了设备的可靠性。

由于低速信号分/插到高速信号要通过层层的复用和解复用过程，这样就会使信号在复用/解复用过程中产生的损耗加大，使传输性能劣化，在大容量传输时，此缺点是不能容忍的。这也就是为什么 PDH 体制传输信号的速率没有更进一步提高的原因。

**3. 运行维护方面**

PDH 信号的帧结构里用于运行维护工作（OAM）的开销字节不多，这也就是为什么在设备进行光路上的线路编码时，要通过增加冗余编码来完成线路性能监控功能。由于 PDH 信号运行维护工作的开销字节少，因此对完成传输网的分层管理、性能监控、业务的实时调度、传输带宽的控制、告警的分析定位是很不利的。

**4. 没有统一的网管接口**

由于没有统一的网管接口，这就使得买一套某厂家的设备，就需买一套该厂家的网管系统，不利于形成统一的电信管理网。

PDH 体系所存在的上述种种缺陷导致了一种新的数字体系——同步光网络（Synchronous Optical Network，SONET）的产生。

## 6.3.2 同步数字分级结构

**1. SDH 的产生及特点**

同步数字分级结构（Synchronous Digital Hierarchy，SDH）传输体制是由 PDH 传输体制演化而来的，因此它具有 PDH 体制所无可比拟的优势，它是不同于 PDH 体制的全新的一代传输体制，与 PDH 相比在技术体制上进行了根本的变革。

最初提出这个概念的是美国贝尔通信研究所。SONET 于 1986 年成为美国新的数字体系标准。1988 年，CCITT 接受了 SONET 的概念并重新命名为同步数字体系 SDH。

SDH 后来又经过修改和完善，成为涉及比特率、网络节点接口、复用结构、复用设备、网络管理、线路系统、光接口、信息模型、网络结构等的一系列标准，成为不仅适用于光纤，也适用于微波和卫星传输的通信技术体制。

SDH 网中的信号是以同步传输模块（STM）的形式来传输的。STM 具有一套标准化的信息结构等级 STM-$N$（$N=1$，4，16，64）。根据 ITU-T 的建议，SDH 的最低的等级也就是最基本的模块称为 STM-1，传输速率为 155.520Mbit/s；4 个 STM1 同步复接组成 STM-

4，传输速率为 $4 \times 155.52 \text{Mbit/s} = 622.080 \text{Mbit/s}$；16 个 STM $-$ 1 组成 STM $-$ 16，传输速率为 2488.320Mbit/s，64 个 STM $-$ 1 组成 STM $-$ 64，传输速率为 9953.280Mbit/s。另外，SubSTM $-$1的传输速率为51.84Mbit/s，用于微波和卫星传输。

与 PDH 相比较，SDH 的主要特点如下。

1）SDH 有一套标准的信息等级结构，称之为同步传送模块 STM $-$ $N$，其中第一级为 STM $-$ 1，速率为 155.520Mbit/s。PDH 互不兼容的 3 套体系可以在 SDH 的 STM $-$ 1 上进行兼容，实现了高速数字传输的世界统一标准。

2）SDH 的帧结构是矩形块状结构，低速率支路的分布规律性极强，可以利用指针（PTR）指出其位置，一次性地直接从高速信号中取出，而不必逐级分接，这使得上下话路变得极为简单。

3）SDH 帧结构中拥有丰富的开销比特，使得网络的运行、管理、维护（OAM&P）能力大大增强，通过远程控制，可实现对各网络单元/节点设备的分布式管理，同时也便于新功能和新特性的及时开发和升级，而且促进了更完善的网络管理和智能化设备的发展。

4）SDH 具有统一的网络节点接口，对各网络单元的光接口有严格的规范要求，从而使得不同厂家的设备，只要应用类别相同，就可以实现光路上的互通。

5）SDH 采用同步和灵活的复用方式，大大简化了数字交叉连接（DXC）设备和分插复用器（ADM）的实现，增强了网络的自愈功能，并可根据用户的要求进行动态组网，便于网络调度。

6）SDH 不但实现了 PDH 向 SDH 的过渡，还支持异步转移模式（ATM）和宽带综合业务数字网（ISDN）业务。

SDH 有上述种种优点，但也有不足：SDH 的频带利用率比起 PDH 有所下降；SDH 网络采用指针调整技术来完成不同 SDH 网之间的同步，使得设备复杂，同时字节调整所带来的输出抖动也大于 PDH；软件控制并支配了网络中的交叉连接和复用设备，一旦出现软件操作错误或病毒，容易造成网络全面故障。尽管如此，SDH 的良好性能已经得到了公认，成为未来传输网发展的主流。

**2. SDH 帧结构**

SDH 帧结构是实现数字同步时分复用、保证网络可靠有效运行的关键。它是以字节为基础的矩形块状帧结构，这种结构便于实现支路的同步复用、交叉连接和上下话路。如图 6.21 所示给出 SDH 帧结构。一个 STM $-$ $N$ 帧有 9 行，每行由 $270 \times N$ 字节组成。这样每帧共有 $9 \times 270 \times N$ 字节，每字节为 8bit。帧周期为 125μs，即每秒传输 8000 帧。对于STM $-$ 1 而言，传输速率为 $9 \times 270 \times 8 \times 8000 \text{bit/s} = 155.520 \text{Mbit/s}$。字节发送顺序为：由上往下逐行发送，每行先左后右。

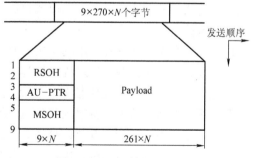

图 6.21 SDH 帧的一般结构

SDH 帧是由信息净负荷（Payload）、段开销（SOH）和管理单元指针 3 个主要区域组成。

（1）信息载荷（Payload）

信息载荷域是 SDH 帧内用于承载各种业务信息的部分。在 Payload 中包含少量字节用于通道的运行、维护和管理，这些字节称为通道开销（POH）。POH 通常作为净负荷的一部分与信息码块一起在网络中传输。对于 STM - 1 而言，Payload 有 $9 \times 261B = 2349B$，相应于 $2349 \times 8 \times 8000bit/s = 150.336Mbit/s$ 的容量。

（2）SOH

SOH 是在 SDH 帧中为保证信息正常传输所必需的附加字节（含 64bit 的容量），主要用于运行、维护和管理，如帧定位、误码检测、公务通信、自动保护倒换及网管信息传输。对于 STM - 1 而言，SOH 共使用 $9 \times 8$（第 4 行除外）B = 72 字节相当于 576bit。由于每秒传输 8000 帧，所以 SOH 的容量为 $576 \times 8000bit/s = 4.608Mbit/s$。

段开销又细分为再生段开销（RSOH）和复接段开销（MSOH）。再生段开销在 STM - $N$ 帧中的位置是第 1～3 行的第 1 到第 $9 \times N$ 列，共 $3 \times 9 \times N$ 字节；复用段开销在 STM - $N$ 帧中的位置是第 5～9 行的第 1 到第 $9 \times N$ 列，共 $5 \times 9 \times N$ 字节。与 PDH 信号的帧结构相比较，段开销丰富是 SDH 信号帧结构的一个重要的特点。

（3）管理单元指针（AU - PTR）

管理单元指针是用来指示信息净负荷第一字节在 STM - $N$ 帧内的准确位置的指示符，以便在收信端正确分离信息净负荷。对于 STM - 1 而言，AU - PTR 有 9 字节（第 4 行），相应于 $9 \times 8 \times 8000bit/s = 0.576Mbit/s$。

采用指针技术是 SDH 的创新，结合虚容器（VC）的概念，解决了低速信号复接成高速信号时，由于小的频率误差所造成的载荷相对位置漂移的问题。

**3. SDH 的复用原理**

SDH 的复用包括两种情况：一种是低阶的 SDH 信号复用成高阶 SDH 信号；另一种是低速支路信号（如 2Mbit/s、34Mbit/s、140Mbit/s）复用成 SDH 信号 STM - $N$。

第一种情况在前面已有所提及，复用主要通过字节间插复用方式来完成的，复用的个数是四合一，即 $4 \times STM - 1 \rightarrow STM - 4$，$4 \times STM - 4 \rightarrow STM - 16$。在复用过程中保持帧频不变（8000 帧/秒），这就意味着高一级的 STM - $N$ 信号速率是低一级的 STM - $N$ 信号速率的 4 倍。

第二种情况用得最多的就是将 PDH 信号复用进 STM - $N$ 信号中去。传统的将低速信号复用成高速信号的方法有两种：码速调整法和固定位置映射法。

码速调整法（又叫做比特塞入法）是利用固定位置的比特塞入指示来显示塞入的比特是否载有信号数据，允许被复用的净负荷有较大的频率差异（异步复用）。它的缺点是因为存在一个比特塞入和去塞入的过程（码速调整），而不能将支路信号直接接入高速复用信号或从高速信号中分出低速支路信号，也就是说不能直接从高速信号中上/下低速支路信号，要一级一级的进行。这种比特塞入法就是 PDH 的复用方式。

固定位置映射法是利用低速信号在高速信号中的相对固定的位置来携带低速同步信号，要求低速信号与高速信号同步，也就是说帧频相一致。它的特点在于可方便的从高速信号中直接上/下低速支路信号，但当高速信号和低速信号间出现频差和相差（不同步）时，要用 125μs（8000f/s）缓存器来进行频率校正和相位对准，导致信号较大延时和滑动损伤。

从上面看出这两种复用方式都有一些缺陷：码速调整法无法直接从高速信号中上/下低速支路信号；固定位置映射法引入的信号时延过大。

　　SDH 网的兼容性要求 SDH 的复用方式既能满足异步复用（例如将 PDH 信号复用进 STM－$N$），又能满足同步复用（如 STM－1→STM－4），而且能方便地由高速 STM－$N$ 信号分/插出低速信号，同时不造成较大的信号时延和滑动损伤，这就要求 SDH 需采用自己独特的一套复用步骤和复用结构。在这种复用结构中，通过指针调整定位技术来取代 125μs 缓存器用以校正支路信号频差和实现相位对准，各种业务信号复用进 STM－$N$ 帧的过程都要经历映射（相当于信号打包）、定位（相当于指针调整）、复用（相当于字节间插复用）三个步骤。

　　ITU－T 规定了 SDH 的一般复用映射结构。所谓映射结构，是指把支路信号适配装入虚容器的过程，其实质是使支路信号与传送的载荷同步。这种结构可以把目前 PDH 的绝大多数标准速率信号装入 SDH 帧。如图 6.22 所示 SDH 的一般复用映射结构，SDH 的复用结构是由一系列的基本复用单元组成，而复用单元实际上是一种信息结构，不同的复用单元在复用过程中所起到的作用各不相同。

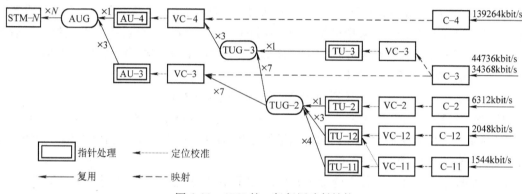

图 6.22　SDH 的一般复用映射结构

（1）SDH 的基本复用单元

　　SDH 的基本复用单元包括容器 C、虚容器 VC、支路单元 TU、支路单元组 TUG、管理单元 AU、管理单元组 AUG、同步转移模块 STM。

　　容器 C：用来装载各种速率的业务信号的信息结构，即现有 PDH 的各支路信号，如 C－12、C－3 和 C－4 分别装载 2.048Mbit/s、34.368Mbit/s 和 139.264Mbit/s 的支路信号，并完成 PDH 信号与 VC 之间的适配功能。

　　虚容器 VC：用来支持 SDH 的通道层连接的信息结构。它是由容器的输出和通道的开销 POH 组成，能容纳高阶容器的 VC 称为高阶虚容器，容纳低阶容器的 VC 称为低阶虚容器。VC 的包络与网络同步，但其内部则可装载各种不同容量和不同格式的支路信号，使得不必了解支路信号的内容，便可以对装载不同支路信号的 VC 进行同步复用、交叉连接和交换处理，实现大容量传输。

　　支路单元 TU：它是提供低阶通道层与高阶通道层之间适配功能的一种信息结构，它由一个低阶 VC 和指示高阶 VC 中初始字节位置的支路单元指针（TU－PTR）组成。

　　支路单元组 TUG：在高阶 VC 净负荷中占有固定位置的一个或多个 TU 的集合。

　　管理单元 AU：是提供高阶通道层与复用段层之间适配的一种信息结构。它由高阶 VC 和指示高阶 VC 在 STM－$N$ 中的起始字节位置的管理单元指针（AU－PTR）构成。同样，高阶 VC 在 STM – $N$ 中的位置也是浮动的，但 AU 指针在 STM – $N$ 帧结构中的位置是确定的。

管理单元组 AUG：在 STM 帧中占有固定位置的一个或多个 AU 的集合。

同步转移模块 STM：在 $N$ 个 AUG 的基础上，加上用来运行、维护和管理的段开销，便形成了 STM – $N$ 信号。

（2）SDH 复用映射原理

所谓映射结构，是指把支路信号适配装入虚容器的过程，其实质是使支路信号与传送的载荷同步。STM – $N$ 的复用映射都要经过 3 个过程：映射、定位和复用。其工作原理如下。

各种不同速率的业务信号首先进入相应的不同接口容器 C 中，在那里完成码速调整等适配功能。由容器出来的数字流加上通道开销（POH）后就构成了所谓的虚容器 VC，这个过程称为映射。VC 在 SDH 网中传输时可以作为一个独立的实体在通道中任意位置取出或插入，以便进行同步复接和交叉连接处理。由 VC 出来的数字流进入管理单元（AU）或支路单元（TU），并在 AU 或 TU 中进行速率调整。

在调整过程中，低一级的数字流在高一级的数字流中的起始点是不定的，在此，设置了指针（AU PTR 和 TU PTR）来指出相应的帧中净负荷的位置，这个过程叫做定位。最后在 $N$ 个 AUG 的基础上，再附加段开销 SOH，便形成了 STM – $N$ 的帧结构，从 TU 到高阶 VC 或从 AU 到 STM – $N$ 的过程称为复用。

举例：由 PDH 的 4 次群信号到 SDH 的 STM – 1 的复接过程。

把 139.264Mbit/s 的信号装入容器 C – 4，经速率适配处理后，输出信号速率为 149.760Mbit/s；在虚容器 VC – 4 内加上通道开销 POH（每帧 9 字节，相应于 0.576Mbit/s）后，输出信号速率为 150.336Mbit/s；

在管理单元 AU – 4 内，加上管理单元指针 AUPTR（每帧 9 字节，相应于 0.576Mbit/s），输出信号速率为 150.912Mbit/s；由 1 个 AUG 加上段开销 SOH（每帧 72 字节，相应于 4.608Mbit/s），输出信号速率为 155.520Mbit/s，即为 STM – 1。

**4. SDH 网元设备**

SDH 不仅适合于点对点传输，而且适合于多点之间的网络传输。如图 6.23 所示 SDH 传输网的典型拓扑结构，它由 SDH 终端设备 TM、分插复用设备 ADM、数字交叉连接设备 DXC 等网络单元及连接它们的（光纤）物理链路构。

SDH 终端设备 TM 的主要功能是复接/分接和提供业务适配，例如，将多路 E1 信号复接成 STM – 1 信号及完成其逆过程，或者实现与非 SDH 网络业务的适配。

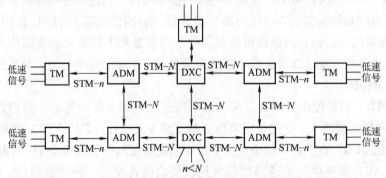

图 6.23　SDH 传输网的典型拓扑结构

ADM 是一种特殊的复用器，它利用分接功能将输入信号所承载的信息分成两部分：一部分直接转发，另一部分卸下给本地用户。然后信息又通过复接功能将转发部分和本地上送的部分合成输出。分插复用器可灵活地完成上下话路功能。

上述 TM、ADM 和 DXC 的功能框图分别如图 6.24a、b、c 所示。

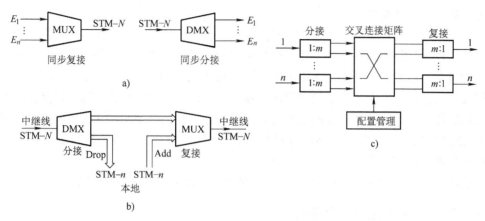

图 6.24　SDH 传输网络单元

a）终端复用器 TM　b）分插复用设备 ADM　c）数字交叉连接设备 DXC

DXC 类似于交换机，它一般有多个输入和多个输出，通过适当配置可提供不同的端到端连接。其核心部分是可控的交叉连接开关（空分或时分）矩阵。参与交叉连接的基本电路速率可以等于或低于端口速率，它取决于信道容量分配的基本单位。一般每个输入信号被分接为 $m$ 个并行支路信号，然后通过时分（或空分）交换网络，按照预先存放的交叉连接图或动态计算的交叉连接图对这些电路进行重新编排，最后将重新编排后的信号复接成高速信号输出。

### 5. SDH 网络结构

SDH 网是由 SDH 网元设备通过光缆互连而成的，网络节点（网元）和传输线路的几何排列就构成了网络的拓扑结构。网络的有效性（信道的利用率）、可靠性和经济性在很大程度上与其拓扑结构有关。

网络拓扑的基本结构有链形、星形、树形、环形和网孔形，如图 6.25 所示。

链形网：此种网络拓扑是将网中的所有节点一一串联，而首尾两端开放。这种拓扑的特点是较经济，在 SDH 网的早期用得较多，主要用于专网（如铁路网）中。

星形网：此种网络拓扑是将网中一网元作为特殊节点与其他各网元节点相连，其他各网元节点互不相连，网元节点的业务都要经过这个特殊节点转接。这种网络拓扑的特点是可通

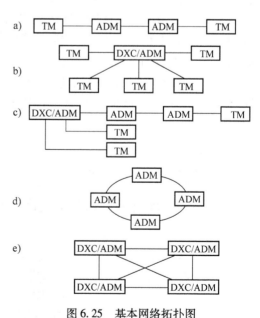

图 6.25　基本网络拓扑图

a）链形　b）星形　c）树形　d）环形　e）网孔形

过特殊节点来统一管理其他网络节点，利于分配带宽，节约成本，但存在特殊节点的安全保障和处理能力的潜在瓶颈问题。特殊节点的作用类似交换网的汇接局，此种拓扑多用于本地网（接入网和用户网）。

树形网：此种网络拓扑可看成是链形拓扑和星形拓扑的结合，也存在特殊节点的安全保障和处理能力的潜在瓶颈。

环形网：环形拓扑实际上是指将链形拓扑首尾相连，从而使网上任何一个网元节点都不对外开放的网络拓扑形式。这是当前使用最多的网络拓扑形式，主要是因为它具有很强的生存性，即自愈功能较强。环形网常用于本地网（接入网和用户网）、局间中继网。

网孔形网：将所有网元节点两两相连，就形成了网孔形网络拓扑。这种网络拓扑为两网元节点间提供多个传输路由，使网络的可靠性更强，不存在瓶颈问题和失效问题。但是由于系统的冗余度高，必会使系统有效性降低，成本高且结构复杂。网孔形网主要用于长途网中，以提供网络的高可靠性。

当前用得最多的网络拓扑是链形和环形，通过它们的灵活组合，可构成更加复杂的网络。

### 6.3.3 系统的性能指标和可靠性

#### 1. 参考模型

由于光纤通信系统主要是数字系统，因此光纤传输系统的各种性能指标应满足数字传输系统的要求。而任何两个用户之间的通信都涉及建立端到端的连接，这种实际的端到端连接，在传输中会要遇到各种各样的干扰，情况十分复杂。为了便于研究和指标分配，通常找出通信距离最长，结构最复杂，传输质量最差的连接作为传输质量的核算对象。只要这种连接的传输质量能满足，那么其他情况均可满足。因而，ITU-T 提出了"系统参考模型"的概念，并规定了系统参考模型的性能参数和指标，光纤通信系统的性能指标就应遵循该规定。ITU-T（原 CCITT）建议中提出了一个数字传输参考模型，称为假设参考连接（HRX）。最长的 HRX 是根据综合业务数字网（ISDN）的性能要求和 64kbit/s 信号的全数字连接来考虑的。假设在两个用户之间的通信可能要经过全部线路和各种串联设备组成的数字网，而且任何参数的总性能逐级分配后应符合用户的要求。

如图 6.26 所示，最长的标准数字 HRX 为 27500km，它由各级交换中心和许多假设参考数字链路（HRDL）组成。标准数字 HRX 的总性能指标按比例分配给 HRDL，使系统设计大大简化。

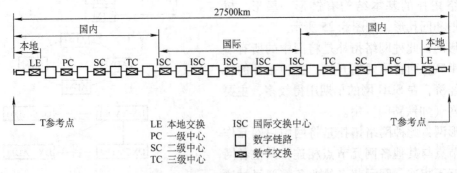

图 6.26　标准数字假设参考连接 HRX

建议的 HRDL 长度为 2500km，但由于各国国土面积不同，采用的 HRDL 长度也不同。例如，我国采用 5000km，美国和加拿大采用 6400km，而日本采用 2500km。HRDL 由许多假设参考数字段（HRDS）组成（见图 6.27），在建议中用于长途传输的 HRDS 长度为 280km，用于市话中继的 HRDS 长度为 50km。我国用于长途传输的 HRDS 长度为 420km（一级干线）和 280km（二级干线）两种。假设参考数字段的性能指标从假设参考数字链路的指标分配中得到，并再度分配给线路和设备。

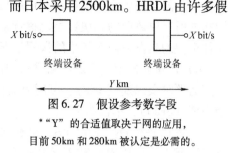

图 6.27　假设参考数字段
* "Y" 的合适值取决于网的应用，目前 50km 和 280km 被认定是必需的。

**2. 系统的主要性能指标**

目前，ITU – T 已经对光纤通信系统的各个速率、各个光接口和电接口的各种性能给出了具体的建议，系统的性能参数也有很多，但对于数字传输系统来说，最重要的性能指标是误码性能、抖动和漂移。

（1）误码性能

误码是指经光接收机的接收与判决再生后，数字码流中的某些比特发生了差错，使传输的信息质量产生损伤。误码对传输系统的影响，轻则使系统稳定性下降，重则导致传输中断（$10^{-3}$ 以上）。从网络性能角度出发可将误码分成两大类。

1）内部机理产生的误码：由各种噪声源产生的误码；定位抖动产生的误码；复用器、交叉连接设备和交换机产生的误码；以及由光纤色散产生的码间干扰引起的误码，此类误码会由系统长时间的误码性能反映出来。

2）脉冲干扰产生的误码：由突发脉冲如电磁干扰、设备故障、电源瞬态干扰等原因产生的误码。此类误码具有突发性和大量性，往往系统在突然间出现大量误码，可通过系统的短期误码性能反映出来。

传统上常用平均误码率 BER 来衡量系统的误码性能，即在某一规定的观测时间内发生差错的比特数和传输比特总数之比。但平均误码率是一个长期效应，它只能给出一个平均统计结果。而有些误码呈突发性质，因此除了平均误码率之外还应该有一些短期度量误码的参数。现在对速率等于或高于基群的数字通道的误码性能的度量都以 "块"，为基础。所谓 "块"，是指一系列与通道有关的连续比特，每个比特属于且仅属于一个块。以 "块" 为基础的进行度量便于进行在线误码性能监测。ITU – TG. 826 和 G. 828 规范了误块秒比（ESR）、严重误块秒比（SESR）、背景误块比（BBER）和严重误块期强度（SEPI）4 个性能参数的目标要求。

以 "块" 为基础的误码事件和误码性能参数有以下几种。

1）误块（EB）、误块秒（ES）和误块秒比（ESR）。当块内的任意比特发生错误时，称为误块（EB）；当某一秒中发现 1 个或多个误码块时称该秒为误块秒（ES）；在规定测量时间段内出现的误块秒总数与总的可用时间的比值称为误块秒比（ESR）。

2）严重误块秒（SES）和严重误块秒比（SESR）。某一秒内包含有不少于 30% 的误块或者至少出现一个严重扰动期（SDP）时认为该秒为严重误块秒；在测量时间段内出现的 SES 总数与总的可用时间之比称为严重误块秒比（SESR）。严重误块秒一般是由于脉冲干扰产生的突发误块，所以 SESR 往往反映出设备抗干扰的能力。

3）背景误块（BBE）和背景误块比（BBER）。扣除不可用时间和 SES 期间出现的误块以后剩下的误块称为背景误块（BBE）；BBE 数与在一段测量时间内扣除不可用时间和 SES 期间内所有块数后的总块数之比称背景误块比（BBER）。若这段测量时间较长，那么 BBER 往往反映的是设备内部产生的误码情况，与设备采用器件的性能稳定性有关。

4）严重误码期（SEP）和严重误码期强度（SEPI）。3 ~ 9 个之间的连续严重误块秒的时间为严重误码期（SEP）；可用时间内严重误码事件数与总可用时间秒之比称为严重误码期强度（SEPI），单位为 $s^{-1}$。

上述误码事件（EB、ES、SES、BBE、SEP）和误码性能参数（ESR、SESR、BBER、SEPI）都涉及可用时间和不可用时间。可用时间的含义是：连续 10 秒内每秒均为非 SES（即当数字信号连续 10 秒期间内每秒的误码率均优于 $10^{-3}$），那么从这 10 秒钟的第 1 秒起就认为进入了可用时间。不可用时间的含义是：连续 10 秒内每秒均为 SES，从这 10 秒的第 1 秒钟起就认为进入了不可用时间。

ITU - T 将数字链路等效为全长 27500km 的假设数字参考链路，并为链路的每一段分配最高误码性能指标，以便使主链路各段的误码情况在不高于该标准的条件下连成串之后能满足数字信号端到端（27500km）正常传输的要求。

表 6.3 ~ 表 6.5 分别列出了 420km、280km、50km 数字段应满足的误码性能指标。

**表 6.3　420km HRDS 误码性能指标**

| 速率/(kbit/s) | 155520 | 622080 | 2488320 |
| --- | --- | --- | --- |
| ESR | $3.696 \times 10^{-3}$ | 待定 | 待定 |
| SESR | $4.62 \times 10^{-5}$ | $4.62 \times 10^{-5}$ | $4.62 \times 10^{-5}$ |
| BBER | $2.31 \times 10^{-6}$ | $2.31 \times 10^{-6}$ | $2.31 \times 10^{-6}$ |

**表 6.4　280km HRDS 误码性能指标**

| 速率/(kbit/s) | 155520 | 622080 | 2488320 |
| --- | --- | --- | --- |
| ESR | $2.464 \times 10^{-3}$ | 待定 | 待定 |
| SESR | $3.08 \times 10^{-5}$ | $3.08 \times 10^{-5}$ | $3.08 \times 10^{-5}$ |
| BBER | $3.08 \times 10^{-6}$ | $1.54 \times 10^{-6}$ | $1.54 \times 10^{-6}$ |

**表 6.5　50km HRDS 误码性能指标**

| 速率/(kbit/s) | 155520 | 622080 | 2488320 |
| --- | --- | --- | --- |
| ESR | $4.4 \times 10^{-4}$ | 待定 | 待定 |
| SESR | $5.5 \times 10^{-6}$ | $5.5 \times 10^{-6}$ | $5.5 \times 10^{-6}$ |
| BBER | $5.5 \times 10^{-7}$ | $2.7 \times 10^{-7}$ | $2.7 \times 10^{-7}$ |

误码减少的策略有如下两种：

1）内部误码的减小。改善收信机的信噪比是降低系统内部误码的主要途径。另外，适当选择发送机的消光比，改善接收机的均衡特性，减少定位抖动都有助于改善内部误码性能。在再生段的平均误码率低于 $10^{-14}$ 数量级以下，可认为处于"无误码"运行状态。

2）外部干扰误码的减少。即加强所有设备的抗电磁干扰和静电放电能力，如加强接地。此外，在系统设计规划时留有充足的冗度也是一种简单可行的对策。

（2）抖动、漂移性能

抖动和漂移与系统的定时特性有关。定时抖动（抖动）是指数字信号的特定时刻（如最佳抽样时刻）相对其理想时间位置的短时间偏离，如图 6.28 所示。所谓短时间偏离是指变化频率高于 10Hz 的相位变化，而漂移指数字信号的特定时刻相对其理想时间位置的长时间偏离，所谓长时间偏离是指变化频率低于 10Hz 的相位变化。

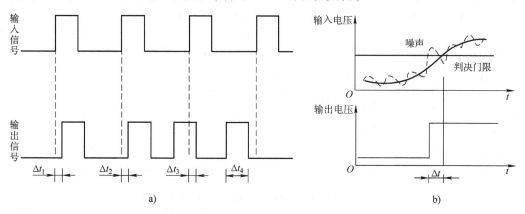

图 6.28　抖动示意图

抖动和漂移的产生机理：抖动来源于系统线路与设备。一般光缆线路引入的总抖动量仅为 0.002 ~ 0.011UI，可忽略不计，因此设备是主要抖动来源，包括指针调整抖动、映射/去映射抖动和复用/解复用抖动。引起 SDH 网漂移的普遍原因是环境温度的变化，它将使光缆传输特性变化，导致信号漂移，另外时钟系统受温度变化的影响也会出现漂移。SDH 网络单元中指针调整和网同步的结合也会产生很低频率的抖动和漂移。不过总体说来 SDH 网的漂移主要来自各级时钟和传输系统。

抖动现象相当于对数字信号进行相位调制，表现为在稳定的脉冲图样中，前沿和后沿出现某些低频干扰，其频率一般为 0 ~ 2kHz。抖动单位为 UI，表示单位时隙。当脉冲信号为二电平 NRZ 时，1UI 等于 1bit 信息所占时间，数值上等于传输速率 $f_b$ 的倒数。

抖动严重时，使得信号失真、误码率增大。完全消除抖动是困难的，因此在实际工程中，需要提出容许最大抖动的指标。

抖动难以完全消除，为了保证系统正常工作，根据 ITU - T 的建议和我国国标的规定，抖动特性包括 3 项性能指标：输入抖动容限、输出抖动容限和抖动转移特性。

输入抖动容限是指数字段能够允许的输入信号的最高抖动限值，即加大输入信号的抖动值，直到设备由不误码到开始误码的这个分界点。此时的输入信号上的误码即为最大允许输入抖动下限，具体要求见图 6.29 和表 6.6。抖动容限一般用峰—峰抖动 $J_{p-p}$ 来描述，它是指某个特定的抖动比特的时间位置相对于该比特无抖动时的时间位置的最大偏离。

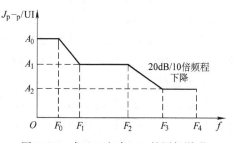

图 6.29　表 6.6 和表 6.7 的图解说明

输出抖动容限是在数字段输入信号无抖动时，由于数字段内的中继器产生抖动，并按一定规律进行累计，于是在数字段输出端产生抖动。ITU - T 提出了数字段无输入抖动时的输出抖动上限，即为输出抖动容限，具体要求见表 6.7。

抖动转移函数定义为设备输出抖动容限与设备输入抖动容限的比值随频率的变化关系，此频率指抖动的频率。

表 6.6  各次群输入口对抖动容限的要求

| 参数 速率/(kbit/s) | $J_{p-p}$/UI | | | 调制数字信号的正弦信号频率 | | | | | 伪随机测试信号序列 |
|---|---|---|---|---|---|---|---|---|---|
| | $A_1$ | $A_2$ | $A_3$ | $F_0$/Hz | $F_1$/Hz | $F_2$/kHz | $F_3$/kHz | $F_4$/kHz | |
| 2048 | 36.9 | 1.5 | 0.2 | $1.5 \times 10^{-5}$ | 20 | 2.4 | 18 | 100 | $2^{15}-1$ |
| 8448 | 152 | 1.5 | 0.2 | $1.2 \times 10^{-5}$ | 20 | 0.4 | 3 | 400 | $2^{15}-1$ |
| 34368 | | 1.5 | 0.15 | | 100 | 1 | 10 | 800 | $2^{23}-1$ |
| 139264 | | 1.5 | 0.075 | | 200 | 0.5 | 10 | 3500 | $2^{23}-1$ |

表 6.7  全程和数字段各次群输出口对抖动的要求

| 参数 速率/（kbit/s） | 输出口最大抖动容限值 $J_{p-p}$/UI | | 测量带通滤波器带宽：低频截止频率为 $F_1$ 或 $F_2$，高频截止频率为 $F_4$ | | |
|---|---|---|---|---|---|
| | $A_1$ | $A_2$ | $F_1$/Hz | $F_3$/kHz | $F_4$/kHz |
| 2048 | 1.5 (0.75) | 0.2 (0.2) | 20 | 18 | 100 |
| 8448 | 1.5 (0.75) | 0.2 (0.2) | 20 | 3 | 400 |
| 34368 | 1.5 (0.75) | 0.15 (0.15) | 100 | 10 | 800 |
| 139264 | 1.5 (0.75) | 0.075 (0.075) | 200 | 10 | 3500 |

如何减少抖动，主要从两方面来考虑：

1）线路系统的抖动减少。线路系统抖动是 SDH 网的主要抖动源，设法减少线路系统产生的抖动是保证整个网络性能的关键之一。减少线路系统抖动的基本对策是减少单个再生器的抖动（输出抖动）、控制抖动转移特性（加大输出信号对输入信号的抖动抑制能力）、改善抖动积累的方式（采用扰码器，使传输信息随机化，各个再生器产生的系统抖动分量相关性减弱，改善抖动积累特性）。

2）PDH 支路口输出抖动的减少。由于 SDH 采用的指针调整可能会引起很大的相位跃变（因为指针调整是以字节为单位的）和伴随产生的抖动和漂移，因而在 SDH/PDH 网边界处支路口采用解同步器来减少其抖动和漂移幅度，解同步器有缓存和相位平滑作用。

**3. 可靠性**

衡量通信系统质量的优劣除上述性能指标外，可靠性也是一个重要指标，它直接影响通信系统的使用、维护和经济效益。对光纤通信系统而言，可靠性包括光端机、中继器、光缆线路、辅助设备和备用系统的可靠性。

　　确定可靠性一般采用故障统计分析法，即根据现场实际调查结果，统计足够长时间内的故障次数，确定每两次故障的时间间隔和每次故障的修复时间。

　　（1）可靠性表示方法

　　1）可靠性 $R$ 和故障率 $\varphi$。可靠性是指在规定的条件和时间内系统无故障工作的概率，它反映系统完成规定功能的能力。可靠性 $R$ 通常用故障率 $\varphi$ 表示，两者的关系为

$$R = \exp(-\varphi t) \tag{6-10}$$

式中，$\varphi$ 是系统工作到时间 $t$ 时在单位时间内发生故障（功能失效）的概率，单位为 $10^{-9}/h$，称为菲特（fit），1 fit 等于在 $10^9 h$ 内发生一次故障的概率。

　　如果通信系统由 $n$ 个部件组成，且故障率是统计无关的，则系统的可靠性 $R_s$ 可表示为

$$R_s = R_1 \times R_2 \times \cdots \times R_n = \exp(-\varphi_s t) \tag{6-11}$$

$$\varphi_n = \sum_{i=1}^{n} \varphi_i$$

式中，$R_i$ 和 $\varphi_i$ 分别为系统第 $i$ 个部件的可靠性和故障率。

　　2）故障率 $\varphi$ 和平均故障间隔时间 MTBF。两者的关系为

$$\varphi_n = \frac{1}{\text{MTBF}} \tag{6-12}$$

3）可用率 $A$ 和失效率 $P_F$。可用率 $A$ 是在规定时间内，系统处于良好工作状态的概率，它可以表示为

$$A = \frac{\text{可用时间}}{\text{总工作时间}} \times 100\% = \frac{\text{MTBF}}{\text{MTBF} + \text{MTTR}} \times 100\% \tag{6-13}$$

式中，MTTR 为平均故障修复时间（不可用时间）。

　　失效率 $P_F$ 可以表示为

$$P_F = \frac{\text{不可用时间}}{\text{总工作时间}} \times 100\% = \frac{\text{MTTR}}{\text{MTBF} + \text{MTTR}} \times 100\% \tag{6-14}$$

由式（6-13）和式（6-14）得到

$$P_F = (1 - A) \times 100\% \tag{6-15}$$

　　在有备用系统的情况下，失效率为

$$P_F = \frac{(m+n)!}{m!(1+n)!} p^{(n+1)} \tag{6-16}$$

式中，$m$ 和 $n$ 分别为主用系统数和备用系统数，$P = \text{MTTR}/\text{MTBF}$。

　　（2）可靠性指标

　　根据国家标准的规定，具有主备用系统自动倒换功能的数字光缆通信系统，容许 5000km 双向全程每年 4 次全阻故障，对应于 420km 和 280km 数字段双向全程分别约为每 3 年 1 次和每 5 年 1 次全阻故障。市内数字光缆通信系统的假设参考数字链路长为 100km，容许双向全程每年 4 次全阻故障，对应于 50km 数字段双向全程每半年 1 次全阻故障。此外，要求 LD 光源寿命大于 $10 \times 10^4 h$，PINFET 寿命大于 $50 \times 10^4 h$，APD 寿命大于 $50 \times 10^4 h$。

　　根据上述标准，以 5000km 为基准，按长度平均分配给各种数字段长度，相应的全年指标如表 6.8 所示，假设平均故障修复时间 MTTR = 6h。

表 6.8    数字光缆通信系统可靠性指标

| 链路长度/km | 5000 | 3000 | 420 | 280 |
|---|---|---|---|---|
| 双向全程故障次数 | 4 | 2.4 | 0.336 | 0.224 |
| MTBF/h | 2190 | 3650 | 26070 | 39107 |
| $\varphi$/fit | 456620 | 373970 | 38358 | 25570 |
| MTTR/h | 24 | 14.4 | 2.016 | 1.344 |
| F/% | 0.274 | 0.164 | 0.023 | 0.015 |
| A/% | 99.726 | 99.836 | 99.977 | 99.985 |

## 6.3.4    系统的总体考虑与设计

### 1. 总体考虑

数字光纤通信系统的总体设计必须按照国家相关的技术标准和当前设备的技术水平，经过综合考虑和反复计算，选择最佳路由和局站设置、传输体制和传输速率，以及光纤光缆和光端机的基本参数和性能指标。任何复杂的通信系统，其基本单元都是点到点的传输链路。它包括 3 大部分，即光发送机光接收机和光纤线路。每一部分都涉及许多的光电器件，而每个元器件的选择都要经过若干次的反复。这里我们简单介绍一下数字光纤通信系统的总体考虑。

（1）传输制式的选定

以前的数字传输链路使用的是 PDH 体制，现在 SDH 技术已经成熟并已在线路上大量使用，鉴于 SDH 设备良好的性能和兼容性，长途干线传输或大城市的市话系统都应该采用 SDH。但为了节省成本，农村线路也可以适当采用 PDH。

（2）工作波长的确定

工作波长可根据通信距离和通信容量进行选择。如果是短距离小容量的系统，则可以选择短波长范围，即 800 ~ 900nm。如果是长距离大容量的系统，则选用长波长的传输窗口，即 1310nm 和 1550nm，因为这两个波长区具有较低的损耗和色散。另外，还要注意所选用的波长区具有可供选择的相对器件。

（3）光纤的选择

光纤有多模光纤和单模光纤，每种都有阶跃的和渐变折射率的纤芯分布。对于短距离传输和短波长应用，可以用多模光纤。但长波长传输一般使用单模光纤。目前可选择的单模光纤有 G.652，G.653，G.654，G.655 等。G.652 对于 1310nm 波段是最佳选择；G.653 只适合于 1550nm 波段；对于 WDM 系统，G.655 和大有效面积光纤是最适合的。

另外，光纤的选择也与光源有关，LED 与单模光纤的耦合率很低，所以 LED 一般用于多模光纤传输，但近年来 1310nm 的边发光二极管与单模光纤的耦合取得了进展。另外，对于传输距离为数百米的系统，可以用塑料光纤配以 LED。

（4）光检测器的选择

选择检测器需要看系统在满足特定误码率的情况下所需的最小接收光功率，即接收机的灵敏度，此外还要考虑检测器的可靠性、成本和复杂程度。PIN 比起 APD 来结构简单，温度特性更加稳定，成本低廉。正常情况下，PIN 的偏置电压低于 5V。但是若要检测极其微弱的信号，还需要灵敏度较高的 APD 或 PIN – FET 等。

（5）光源的选择

选择 LED 还是 LD，需要考虑一些系统参数，比如色散、码速率、传输距离和成本等。LED 输出频谱的谱宽比起 LD 来宽得多，这样引起的色散较大，使得 LED 的传输容量（码速距离积）较低，限制在 2500（Mbit/s）·km（1310nm）以下；而 LD 的谱线较窄，传输容量可达 500（Gbit/s）·km（1550nm）。

**2. 设计方法**

在技术上，系统设计的主要问题是确定中继距离，尤其对长途光纤通信系统，中继距离设计是否合理，对系统的性能和经济效益影响很大。

中继距离的设计有三种方法：最坏情况法（所有参数包括光功率、光谱范围、光谱宽度、接收机灵敏度、光纤衰减系数、接头与活动连接器插入损耗等参数均采用寿命期中允许的最坏值，而不管其具体的分布如何）、统计法（利用光参数分布的统计特性有效地设计中继距离）和半统计法（只有某些参数是统计定义）。

这里我们采用最坏情况设计法，使用最坏值设计时，所有考虑在内的参数都以最坏的情况考虑。用这种方法设计出来的指标肯定满足系统要求，系统的可靠性较高，但要牺牲可能达到的最大长度。

中继距离受光纤线路损耗和色散（带宽）的限制，明显随传输速率的增加而减小。中继距离和传输速率反映着光纤通信系统的技术水平。一个光纤链路，如果损耗是限制光中继距离的主要因素，则这个系统就是损耗受限的系统；如果光信号的色散展宽最终成为限制系统中继距离的主要因素，则这个系统就是色散受限的系统。

（1）损耗限制中继距离

如图 6.30 所示无中继器和中间有一个中继器的数字光纤线路系统的示意图。

图 6.30　无中继器和中间有一个中继器的数字光纤线路系统

图中符号含义：

$T'$、$T$ 表示光端机和数字复接分接设备的接口；$T_x$ 表示光发射机或中继器发射端；$R_x$ 表示光接收机或中继器接收端；$C_1$、$C_2$ 表示光纤连接器；S 表示靠近 $T_x$ 的连接器 $C_1$ 的接收端；R 表示靠近 $R_x$ 的连接器 $C_2$ 的发射端；S、R 表示光纤线路，包括接头。

如果系统传输速率较低，光纤损耗系数较大，中继距离主要受光纤线路损耗的限制。在这种情况下，要求 S 和 R 两点之间光纤线路总损耗必须不超过系统的总功率衰减，即

$$L(a_f + a_s + a_m) \leqslant P_t - P_r - 2a_c - M_e$$

或
$$L \leqslant \frac{P_t - P_r - 2a_c - M_e}{a_f + a_s + a_m} \qquad (6-17)$$

式中，$P_t$ 为平均发射光功率（dBm）；$P_r$ 为接收灵敏度（dBm）；$a_c$ 为连接器损耗（dB/对）；$M_e$ 为系统余量（dB）；$a_f$ 为光纤损耗系数（dB/km）；$a_s$ 为每千米光纤平均接头损耗

（dB/km）；$a_m$ 为每千米光纤线路损耗余量（dB/km）；$L$ 为中继距离（km）。

式（6-17）的计算是简单的，式中参数的取值应根据产品技术水平和系统设计需要来确定。平均发射光功率 $P_t$ 取决于所用光源，对单模光纤通信系统，LD 的平均发射光功率一般为 -3 ~ -9dBm，LED 平均发射光功率一般为 -20 ~ -25dBm。光接收机灵敏度 $P_r$ 取决于光检测器和前置放大器的类型，并受误码率的限制，随传输速率而变化。表 6.9 所示为长途光纤通信系统 BERav≤$1 \times 10^{-10}$时的接收灵敏度 $P_r$。

连接器损耗一般为 0.3 ~ 1dB/对。设备余量 $M_e$ 包括由于时间和环境的变化而引起的发射光功率和接收灵敏度下降及设备内光纤连接器性能劣化，$M_e$ 一般不小于 3dB。

表 6.9  BERav≤$1 \times 10^{-10}$时的接收灵敏度 $P_r$

| 传输速率/（Mbit/s） | 标称波长/nm | 光检测器 | 灵敏度 $P_r$/dBm |
|---|---|---|---|
| 8.448 | 1310 | PIN | -49 |
| 34.368 | 1310 | PIN-FET | -41 |
| 139.264 | 1310 | PIN-FET | -37 |
| | | APD | -42 |
| 4×139.264 | 1310 | PIN-FET | -30 |
| | | APD | -33 |

光纤损耗系数 $a_f$ 取决于光纤类型和工作波长，例如，单模光纤在 1310nm，$a_f$ 为 0.4 ~ 0.45dB/km；在 1550nm，$a_f$ 为 0.22 ~ 0.25dB/km。光纤损耗余量 $a_m$ 一般为 0.1 ~ 0.2dB/km，但一个中继段总余量不超过 5dB。平均接头损耗可取 0.05dB/个，每千米光纤平均接头损耗 $a_s$ 可根据光缆生产长度计算得到。

根据 ITU-T（原 CCITT）G.955 建议，用 LD 作光源的常规单模光纤（G.652）系统，在 S 和 R 之间数字光纤线路的容限如表 6.10 所示。

表 6.10  S 和 R 之间数字光纤线路的容限

| 标称速率/（Mbit/s） | 标称波长/nm | BER≤$1 \times 10^{-10}$ | | S 和 R 之间的容限 |
|---|---|---|---|---|
| | | 最大损耗/dB | | 最大色散/ps·nm$^{-1}$ |
| 8.448 | 1310 | 40 | | 不要求 |
| 34.368 | 1310 | 35 | | 不要求（多纵模） |
| 139.264 | 1310 | 28 | | 300（多纵模） |
| | 1550 | 28 | | |
| 4×139.264 | 1310 | 24 | | 120（多纵模） |
| | 1550 | 24 | | |

（2）色散限制中继距离

如果系统的传输速率较高，光纤线路色散较大，中继距离主要受色散（带宽）的限制。为使光接收机灵敏度不受损耗，保证系统正常工作，必须对光纤线路总色散（总带宽）进行规范。我们要讨论的问题是，对于一个传输速率已知的数字光纤线路系统，允许的线路总色散是多少，并据此计算中继距离。

对于数字光纤线路系统而言，色散增大，意味着数字脉冲展宽增加，因而在接收端要发生码间干扰，使接收灵敏度降低，或误码率增大。严重时甚至无法通过均衡来补偿，使系统失去设计的性能。

设传输速率为 $f_b = 1/T$，发射脉冲为半占空归零（RZ）码，输出脉冲为高斯波形，如图 6.31 所示。高斯波形可以表示为

$$g(t) = \exp\left(-\frac{t^2}{2\sigma^2}\right) \qquad (6-18)$$

式中，$\sigma$ 为均方根（RMS）脉冲宽度。

把 $\sigma/T = a$ 定义为相对 RMS 脉冲宽度，码间干扰 $\delta$ 的定义如图 6.31 所示。由式（6-18）和图 6.31 得到

$$a = \frac{\sigma}{T} = \frac{1}{\sqrt{2\ln(1/\delta)}} \qquad (6-19)$$

由式（6-19）得到 $a$ 和 $\delta$ 的数值关系，并列于表 6.11。

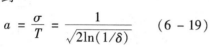

图 6.31　高斯波形的码间干扰

表 6.11　相对 RMS 脉冲宽度 $a$ 和码间干扰 $\delta$ 的关系

| $a = \sigma/T$ | 0.25 | 0.30 | 0.35 | 0.40 | 0.50 |
|---|---|---|---|---|---|
| $\sigma$ | $3.4 \times 10^{-4}$ | $3.9 \times 10^{-3}$ | $1.7 \times 10^{-2}$ | $4.4 \times 10^{-2}$ | $13.5 \times 10^{-2}$ |

美国贝尔实验室 S. D. Personick 的早期研究中，曾建议采用下列标准来考查光纤线路色散对系统传输性能的限制。

当 $a = 0.25$ 时，码间干扰 $\delta$ 只有峰值的 0.034%，完全可以忽略不计。当 $a = 0.5$ 时，$\delta$ 增加到 13.5%，此时功率代价为 7~8dB，难以通过均衡进行补偿。一般系统设计选取 $a = 0.25~0.35$，功率代价不超过 2dB。

为确定中继距离和光纤线路色散（带宽）的关系，把输出脉冲用半高全宽度（FWHM）$\tau$ 表示，即

$$\tau = \sqrt{\left(\frac{\tau}{2}\right)^2 + (\Delta\tau_f)^2} \qquad (6-20)$$

式中，$\tau = \sigma/0.4247$，$\sigma = aT$，$a$ 为相对 RMS 脉冲宽度，$T = 1/f_b$，$f_b$ 为系统的比特传输速率。$\Delta\tau_f$ 为光纤线路（FWHM）脉冲展宽，取决于所用光纤类型和色散特性。

对于多模光纤系统，色散特性通常用 3dB 带宽表示。因此，$\Delta\tau_f = 0.44/B$，$B$ 为长度等于 $L$ 的光纤线路总带宽，它与单位长度光纤带宽的关系为 $B = B_1/L^\gamma$。$B_1$ 为 1km 光纤的带宽，通常由测试确定。$\gamma = 0.5~1$，称为串接因子，取决于系统工作波长，光纤类型和线路长度。把这些关系代入式（6-20），并取 $a = 0.25~0.35$，得到光纤线路总带宽 $B$ 和速率 $f_b$ 的关系为

$$B = (0.83 ~ 0.56)f_b \qquad (6-21)$$

中继距离 $L$ 与 1km 光纤带宽 $B_1$ 的关系为 $B_1 = BL^\gamma$，所以

$$L = [(1.21 \sim 1.78)B_1/f_b]1/\gamma \qquad (6-22)$$

或写成

$$L^{\gamma}f_b = (1.21 \sim 1.78)B_1 \qquad (6-23)$$

以 $f_b$ 为参数，$B_1$ 与 $L$ 的关系如图 6.32 所示，图中取 $\sigma/T = 0.3$，$\gamma = 0.75$。由此可见，中继距离 $L$ 与传输速率 $f_b$ 的乘积取决于 1km 光纤的带宽（色散），这个乘积反映了光纤通信系统的技术水平。

对于单模光纤系统，根据原 CCITT 建议，对于实际的单模光纤通信系统，受色散限制的中继距离 $L$ 可以表示为

$$L = \frac{\varepsilon \times 10^6}{F_b \mid C_0 \mid \sigma_\lambda} \qquad (6-24)$$

式中，$F_b$ 是线路码速率（Mbit/s），与系统比特速率不同，它要随线路码型的不同而有所变化；$C_0$ 是光纤的色散系数（ps/(nm·km)），它取决于工作波长附近的光纤色散特性；$\sigma_\lambda$ 为光源谱线宽度（nm），对多纵模激光器（MLM – LD），为 RMS 宽度，对单纵模激光器（SLM – LD），为峰值下降 20dB 的宽度；$\varepsilon$ 是与功率代价和光源特性有关的参数，对于 MLM – LD，$\varepsilon = 0.115$，对于 SLM – LD，$\varepsilon = 0.306$。

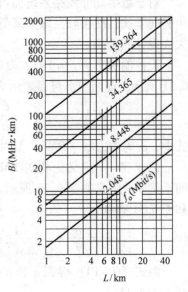

图 6.32　1km 光纤带宽 $B_1$ 与中继距离 $L$ 的关系

由于光纤制造工艺的偏差，光纤的零色散波长不会全部等于标称波长值，而是分布在一定的波长范围内。同样，光源的峰值波长也是分配在一定波长范围内，并不总是和光纤的零色散波长度相重合。对于 G.652 规范的单模光纤，波长为 1285 ~ 1330nm，色散系数 $C$ 不得超过 ±3.5ps/(nm·km)，波长为 1270 ~ 1340nm，$C$ 不得超过 6ps/(nm·km)。$S$ 和 $R$ 两点之间最大色散 CL（ps/nm）的容限如表 6.10 所示。由表可知，在 140Mbit/s 以上的单模光纤通信系统中，色散的限制是不可忽视的。

## 6.3.5　系统的色散补偿技术

色散对通信尤其是高比特率通信系统的传输有不利的影响，但我们可以采取一定的措施来设法降低或补偿。有如下几种方案。

1）零色散波长光纤。在某一波长范围，如 $\lambda > 1.27\mu m$，由于材料色散与波导色散符号相反，因而在某一波长上可以完全相互抵消。对于普通的单模光纤，波长为 $\lambda = 1.30\mu m$，选用工作于该波长的光纤其色散最小。

2）色散位移光纤 DSF。减少光纤的纤芯使波导色散增加，可以把零色散波长向长波长方向移动，从而在光纤最低损耗窗口 $\lambda = 1.55\mu m$ 附近得到最小色散。将零色散波长移至 $\lambda = 1.55\mu m$ 附近的光纤称为 DSF 光纤。

3）色散平坦光纤 DFF。将在 $\lambda = 1.30\mu m$ 和 $\lambda = 1.55\mu m$ 范围内，色散接近于零的光纤称为 DFF 光纤。

4）色散补偿光纤 DCF。普通单模光纤的色散典型值为 1ps/(nm·km)，在特定波长范围内；DCF 光纤的色散符号与其相反，即为负色散，这样当 DCF 光纤与普通单模光混合使用时，色散得到了补偿。为了得到好的补偿效果，通常 DCF 光纤的色散值很大，典型值为

$-103\mathrm{ps}/$（nm·km），所以只需很短的 DCF 光纤就能补偿很长的普通单模光纤。

5）色散补偿器如光纤光栅 FG、光学相位共轭 OPC 等。其原理都是让原先跑得快的波长经过补偿器时慢下来，减少不同波长由于速度不一样而导致的时延。

### 6.3.6　中继距离和传输速率

光纤通信系统的中继距离受损耗限制时由式（6-17）确定，中继距离受色散限制时由式（6-22）（多模光纤）和式（6-24）（单模光纤）确定。从损耗限制和色散限制两个计算结果中，选取较短的距离，作为中继距离计算的最终结果。

以 140Mbit/s 单模光纤通信系统为例计算中继距离。设系统平均发射功率 $P_{\mathrm{t}} = -3\mathrm{dBm}$，接收灵敏度 $P_{\mathrm{r}} = -42\mathrm{dBm}$，设备余量 $M_{\mathrm{e}} = 3\mathrm{dB}$，连接器损耗 $a_{\mathrm{c}} = 0.3\mathrm{dB}/$对，光纤损耗系数 $a_{\mathrm{f}} = 0.35\mathrm{dB/km}$，光纤余量 $a_{\mathrm{m}} = 0.1\mathrm{dB/km}$，每千米光纤平均接头损耗 $a_{\mathrm{s}} = 0.03\mathrm{dB/km}$。把这些数据代入式（6-17），得到中继距离

$$L = \frac{-3 - (-42) - 3 - 2 \times 0.3}{0.35 + 0.03 + 0.1}\mathrm{km} \approx 74\mathrm{km} \qquad (6-25)$$

又设线路码型为 5B6B，线路码速率 $F_{\mathrm{b}} = 140 \times$（6/5）$= 168\mathrm{Mbit/s}$，$|C_0| = 3.0\mathrm{ps}/$（nm·km），$\sigma_\lambda = 2.5\mathrm{nm}$。把这些数据代入式（6-25），得到中继距离

$$L = \frac{0.115 \times 10^6}{168 \times 3.0 + 2.1}\mathrm{km} \approx 97\mathrm{km} \qquad (6-26)$$

在工程设计中，中继距离应取 74km。在本例中中继距离主要受损耗限制。

但是，如果假设 $|C_0| = 3.5\mathrm{ps}/$（nm·km），$\sigma_\lambda = 3\mathrm{nm}$，而上述其他参数不变，根据式（6-24）计算得到的中继距离 $L \approx 65\mathrm{km}$，则此时中继距离主要受色散限制，中继距离应确定为 65km。

如图 6.33 所示为各种光纤的中继距离和传输速率的关系，包括损耗限制和色散限制的结果。

由图 6.33 可见，对于波长为 $0.85\mu\mathrm{m}$ 的多模光纤，由于损耗大，中继距离一般在 20km 以内。传输速率很低，SIF 光纤的速率不如同轴线，GIF 光纤的速率在 0.1Gbit/s 以上就受到色散限制。单模光纤在长波长工作，损耗大幅度降低，中继距离可达 100 ~ 200km。在

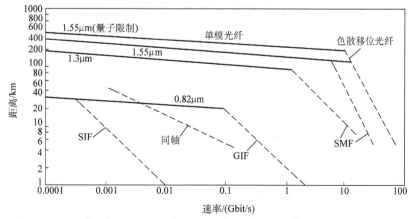

图 6.33　各种光纤的中继距离和传输速率的关系

1.31μm 零色散波长附近，当速率超过 1Gbit/s 时，中继距离才受色散限制。在 1.55μm 波长上，由于色散大，通常要用单纵模激光器，理想系统速率可达 5Gbit/s，但实际系统由于光源调制产生频率啁啾，导致谱线展宽，速率一般限制为 2Gbit/s。采用色散移位光纤和外调制技术，可以使速率达到 20Gbit/s 以上。

现在可以把反映光纤传输系统技术水平的指标、速率×距离（$f_bL$）乘积大体归纳如下。

0.85μm，SIF 光纤，$f_bL \sim 0.01 \times 1 = 0.01 \text{Gbit} \cdot \text{s}^{-1} \cdot \text{km}$

0.85μm，GIF 光纤，$f_bL \sim 0.1 \times 20 = 2.0 \text{Gbit} \cdot \text{s}^{-1} \cdot \text{km}$

1.31μm，SMF 光纤，$f_bL \sim 1 \times 125 = 125 \text{Gbit} \cdot \text{s}^{-1} \cdot \text{km}$

1.55μm，SMF 光纤，$f_bL \sim 2 \times 75 = 150 \text{Gbit} \cdot \text{s}^{-1} \cdot \text{km}$

1.55μm，DSF 光纤，$f_bL \sim 20 \times 80 = 1600 \text{Gbit} \cdot \text{s}^{-1} \cdot \text{km}$

# 本 章 小 结

在本章主要内容有常用码型编码、以强度调制为主线的模拟光通信系统、PDH 和 SDH 原理及构成的数字通信系统、最后分析了系统性能指标。

在光纤通信系统中，从电端机输出的是适合于电缆传输的双极性码。目前常用的双极性码有 HDB$_3$ 码和 CMI 码。HDB$_3$ 码适用于（2～34）bit/s（1～3 次群）的数字信号接口。CMI 码适用于 140Mbit/s 数字信号接口。但对于光源来说是不可能发射负光脉冲的，因此必须进行码型变换，即将 HDB$_3$ 或 CMI 码变换为 NRZ 码，以适合于数字光纤通信系统传输的要求。在第 1 节中较详细介绍了各种码型的原理。

模拟光纤通信系统常用的调制目前有模拟基带直接光强调制、模拟间接光强调制和频分复用光调制 3 种。模拟基带直接光强调制（D–IM）是用承载信息的模拟基带信号，直接对发射机光源（LED 或 LD）进行光强调制，使光源输出光功率随时间变化的波形和输入模拟基带信号的波形成比例。模拟间接光强度调制方式是先用承载信息的模拟基带信号进行电调制，然后进行直接光强度调制，这种预调制方式有 FM、PFM、SWFM 等。频分复用光强调制方式是用每路模拟基带信号，分别对某个指定的射频（RF）电信号进行调幅（AM）或调频（FM），然后用组合器把多个预调 RF 信号组合成多路宽带信号，再用这种多路宽带信号对发射机光源进行光强调制。

准同步数字系列有两种基础速率：一种是以 1.544Mbit/s 为第一级（一次群，或称基群）基础速率，采用的国家有北美各国和日本；另一种是以 2.048Mbit/s 为第一级（一次群）基础速率，采用的国家有西欧各国和中国。SDH 不仅适合于点对点传输，而且适合于多点之间的网络传输。它由 SDH 终接设备（或称 SDH 终端复用器 TM）、分插复用设备 ADM、数字交叉连接设备 DXC 等网络单元以及连接它们的（光纤）物理链路构成。SDH 具有下列特点：

1）SDH 采用世界上统一的标准传输速率等级。

2）SDH 各网络单元的光接口有严格的标准规范。

3）在 SDH 帧结构中，丰富的开销比特用于网络的运行、维护和管理，便于实现性能监测、故障检测和定位、故障报告等管理功能。

4）采用数字同步复用技术，简化了复接分接的实现设备。

5）增强了网络的抗毁性和可靠性。

误码率是衡量数字光纤通信系统传输质量优劣的非常重要的指标，它反映了在数字传输过程中信息受到损害的程度。BER 是在一个较长时间内的传输码流中出现误码的概率，它对信息的影响程度取决于编码方法。

可靠性是指在规定的条件和时间内系统无故障工作的概率，它反映系统完成规定功能的能力。可靠性 $R$ 通常用故障率 $\varphi$ 表示，两者的关系为 $R = \exp(-\varphi t)$。故障率 $\varphi$ 是系统工作到时间 $t$，在单位时间内发生故障（功能失效）的概率。如果通信系统由 $n$ 个部件组成，且故障率是统计无关的，则系统的可靠性 $R_s$ 可表示为 $R_s = R_1 \times R_2 \times \cdots \times R_n = \exp(-\varphi s \times t)$。

通过本章学习应达到：

➤掌握光通信系统码型编码原理及转换 NRZ 的方法。

➤掌握模拟光通信系统方法及原理。

➤掌握数字光通信系统方法及原理。

➤掌握光通信系统性能指标。

## 习题与思考题

1. 什么是 PDH？试述 PDH 是如何实现复接的，为什么要进行码速调整。

2. SDH 存在哪些主要问题？

3. 什么是 SDH？试述 SDH 的产生背景和 SDH 的基本概念。

4. 简述 SDH 的主要优缺点。

5. 说明 SDH 的帧结构及其特点。

6. 说明 SDH 系列的复用结构和复用过程。

7. SDH 网有哪些主要设备？其主要功能是什么？

8. 说明光端机的作用和组成。

9. 光纤通信系统有哪些线路码型？说明它们的编码原理和方法。

10. 说明数字光纤通信系统有哪些主要性能指标。

11. 误码减少的策略是什么？

12. 抖动和漂移的常用指标的含义是什么？

13. 某工程采用 $1.3\mu m$ 波长的多模光纤 140Mbit/s 系统，用 LD 为光源，其 $P_T = -3dBm$，用 PIN-FET 检测器，$P_R = -36dBm$，光纤衰减常数取 $0.8dB/km$，$M_e = 4dB$，$a_m = 0.15db/km$，$a_c = 0dB/对$，$a_s = 0.3dB/km$。试计算其中继段长度。

14. 工程采用单模光纤 34Mbit/s 系统，其 $P_T = -5dBm$，$P_R = -44dBm$，设 $M_E = 3dB$，$\alpha_s = \alpha_{sm}/L_f = 0.1dB/km$，无光纤配线架，希望中继段长度为 60km，试求光纤衰减常数。

15. 一长波长多模光纤传输系统，传输码率为 34Mbit/s×4/3（3B4B 线路码），要求误码率 $P_e = -6dB$（相当允许直流光功率 $P_{dc} = 1mW$），$P_R = -40dBm$（$P_e = 1\times10^{-9}$），$a_c = 1.5dB/对$（包括光纤焊接损失），$\alpha_{fm} = 1dB/km$（波长为 $1.3\mu m$），$\alpha_s = 0.2/2 = 0.1dB/km$（光纤每根长度为 2km），$M_E = 4dB$，$a_m = 0.4dB/km$，试求系统传输距离。

# 第 7 章　光通信新技术

**【知识要点】**

到目前为止，人类所建立的使用化的光纤通信系统，无论是传输模拟信号还是数字信号，也无论是低速率的多模光纤系统还是高速率的单模光纤系统，几乎都是采用强度调制方式。这种光纤通信方式的主要优点是调制和解调容易实现，成本低。但是由于在接收端采用直接检测方式，导致光接收机灵敏度受限于光监测器及前置放大器产生的各种噪声，从而使这类系统的中继距离和传输容量受到限制。进入 20 世纪 90 年代以后，光纤通信技术更新越来越频繁，新技术不断涌现，在本章主要介绍一些已经实用化或者有重要应用前景的光通信新技术，如光波分复用技术、光交换技术、光孤子通信、光接入网技术等，以便使读者对光通信的发展有进一步的认识。

## 7.1　光时分复用技术

光时分复用（OTDM）技术指利用高速光开关把多路光信号在时域里复用到一路上的技术。OTDM 的原理与电时分复用相同，只不过电时分复用是在电域中完成，而光时分复用是在光域中进行，即将高速的光支路数据流（如 10Gbit/s，甚至 40Gbit/s）直接复用进光域，产生极高比特率的合成光数据流。

这种方法避开使用高速电子器件而改用宽带光电器件。电时分复用和解复用的基本原理是每个基带数据流在复用信道上分配一个时隙。复用器把基带数据流组装成较高比特速率的比特流，而解复用器把已复用的数据流拆分成原来的低速比特流。在电 TDM 信号中，各个支路脉冲的位置由复用器时钟来控制；在光 TDM 中，则各支路脉冲的位置用光学方法来实现，并由光纤耦合器来合路，因而复用和解复用设备中的电子电路只工作在相对较低的速率。

如图 7.1a 所示为电时分复用系统。对于 $N$ 个基带信道，每个信道比特率为 $B$，复用比特率为 $NB$。如果 $B$ 很高，或者 B 虽不高，但是 $N$ 却很多，此时复用后的比特率 $NB$ 就很高，在复用器和电/光转换器（E/O）中，就存在电子瓶颈问题。在光/电转换和解复用端，电子设备必须在复用后的比特率下工作，也存在电子瓶颈问题。

电子瓶颈来源于：①数字集成电路的限制；②在 E/O 和 O/E 转换器中，由于驱动激光器或调制器的高功率和低噪声线性放大器的速度限制；③激光器和调制器调制带宽的限制。至今，这些问题已经限制电复用系统的最大比特率为 40Gbit/s。

如图 7.1b 所示表示光时分复用系统。该系统的 E/O 和 O/E 转换器（即光发射机和接收机）已变成基带信号，与信号处理有关的所有电子设备均工作在基带比特速率下，不存在电子瓶颈问题。解复用器所需要的控制信号既可以是电的，也可以是光的，这要取决于解复用技术。目前，大多数光解复用器是基于使用电子控制信号的电光方法实现的。对于 OTDM 系统中的解复用器，电子控制信号的带宽并不需要很宽。

光时分复用又分为比特交错光时分复用和分组交错光时分复用。

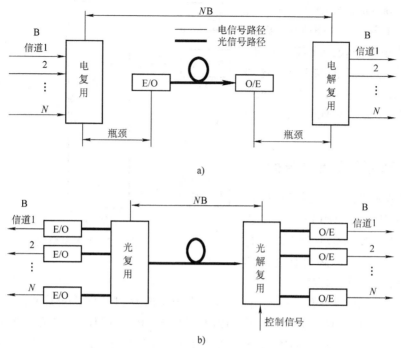

图 7.1　电时分复用和光时分复用系统比较

a）电时分复用　b）光时分复用

比特交错光时分复用时，首先由锁模激光器产生窄脉冲周期序列，然后将窄脉冲周期序列分路为 n 路，每路窄脉冲周期序列分别被一路支路数据流（电信号）外调制，对已调制过的第 i 支路光数据流（$i=1$，2，…，$n$）脉冲通过适当长度的硅光纤延时 $i \times \tau$（1km 的光纤提供约 5μs 的时延）。这样，不同支路光脉冲流延迟时间不同，在时间上复用不会重叠，便于数据流的复接。

分组交错光时分复用和比特交错光时分复用一样，首先由锁模激光器产生窄脉冲周期序列，然后将窄脉冲周期序列分路为 n 路，每路窄脉冲周期序列分别被一路支路数据流（电信号）外调制。

## 7.2　光波分复用技术

光波分复用（Wavelength Division Multiplexing，WDM）技术一般有粗波分复用（CWDM）、密集波分复用（DWDM）和光频分复用（OFDM）之分。一般的看法是光载波复用数小于 8 波，信道间隔大于 3.2nm 的系统为 CWDM。而光载波复用数大于 8 波，信道间隔小于 3.2nm 的系统称为 DWDM。波分复用的密集程度与其他电通信的频分复用密集程度相当时，就称为 OFDM。OFDM 和 WDM 之间在原理上没有多大区别。在 1300nm 和 1500nm 传送窗口，ITU-T 标准指定 WDM 信道间隔为 100GHz。

### 7.2.1　WDM 工作原理

WDM 技术是在一根光纤中同时传输多个波长光信号的一项技术，其基本原理是在发送端将 1300 ~ 1600nm 波段中许多不同波长的光信号同时注入同一根光纤传输，在接收端又将组合波长的光信号分开，恢复出原信号后送入不同的终端，这种技术即为波分复用技术（Wavelength Division Multiplexing，WDM），如图 7.2 所示。

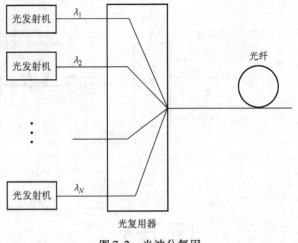

图 7.2　光波分复用

### 7.2.2　WDM 系统的基本结构

目前，"掺铒光纤放大器（EDFA）+密集波分复用（DWDM）+非零色散光纤（NZDF，即 G.655 光纤）+光子集成（PIC）"成为国际上长途高速光纤通信线路的主要技术方向。

就像电频分复用（FDM）一样，在发射端多个信道调制各自的光载波，在接收端使用光频选择器件对复用信道解复用，就可以取出所需的信道。使用这种制式的光波系统就称作波分复用系统。一个典型的 WDM 系统主要由 5 部分组成：光发射机、光放大器、光接收机、光监控信道和网络管理系统，如图 7.3 所示。

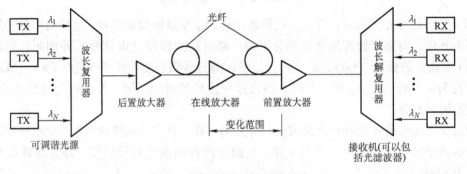

图 7.3　典型的 WDM 系统组成

光发射机位于 WDM 系统的发送端。在发送端首先将来自终端设备输出的光信号，利用波长复用器把不同波长的光信号同时注入同一根光纤传输。在接收端又将组合波长的光信号分开，恢复出原信号后送入不同的终端来进行信号处理。

经过一定距离传输后，要用光放大器对光信号进行中继放大。在应用时可根据具体情况，将光放大器用作"在线放大器""后置放大器"和"前置放大器"。在 WDM 系统中，光放大器一般使用掺铒光纤放大器（EDFA），对 EDFA 必须采用增益平坦技术，使得 EDFA 对不同波长的光信号具有接近相同的放大增益。与此同时，还要考虑到不同数量的光信道同时工作的各种情况，保证光信道的增益竞争不影响传输性能。在接收端，前置放大器放大经传输而衰减的主信道光信号，波长解复用器从主信道光信号中分出特定波长的光信号。接收机不但要满足一般接收机对光信号灵敏度、过载功率等参数的要求，还要能承受有一定光噪声的信号，要有足够的电带宽，波长解复用器必须具有窄谱宽工作能力等。

WDM 系统有单纤双向波分复用系统和双纤单向波分复用系统。单纤双向波分复用系统，它只用一根光纤，多个波长的信号可以在两个方向上同时传播。双纤单向波分复用系统，是用一对光纤，在每一根光纤中光单向传输。目前真正实用化的光波分复用系统是 $16 \times 2.5 \mathrm{Gbit/s}$，$16 \times 10 \mathrm{Gbit/s}$ 和 $32 \times 2.5 \mathrm{Gbit/s}$，$32 \times 10 \mathrm{Gbit/s}$，$40 \times 10 \mathrm{Gbit/s}$。我国目前也已达到了这一实用化水平。

## 7.2.3 WDM 系统的主要特点

### 1. 充分利用光纤的带宽资源

光纤具有巨大的带宽资源（低损耗波段），WDM 技术使一根光纤的传输容量比单波长传输增加几倍至几十倍，甚至几百倍，从而增加光纤的传输容量，降低成本，有很大的应用价值和经济价值。

### 2. 扩容升级

采用 WDM 技术对已建成的光纤通信系统扩容方便，在网络扩充和发展中，无需对光缆线路进行改造，只需更换光发射机和光接收机即可实现，是理想的扩容手段，而且利用增加一个附加波长即可引入任意想要的新业务或新容量。

### 3. 透明传输

由于 WDM 系统按光波长的不同进行复用和解复用，而与信号的速率和电调制方式无关，即对数据是"透明"的。因此可以传输特性完全不同的信号，如 PDH 信号和 SDH 信号，数字信号和模拟信号，多种业务（音频、视频、数据等）的混合传输等。

### 4. 高度的组网灵活性、经济性和可靠性

利用 WDM 技术构成的新型通信网络比用传统的电时分复用技术组成的网络结构要大大简化，而且网络层次分明，各种业务的调度只需调整相应光信号的波长即可实现。

WDM 技术有很多应用形式，如长途干线网、广播分配网、多路多址局域网等。可以利用 WDM 技术选择波长路由和波长交换，实现网络交换和故障恢复，从而实现未来的透明、灵活、经济且具有高度生存性的光网络。

### 5. 可兼容全光交换

在未来可望实现的全光网络中，各种电信业务的上/下、交叉连接等都是在光上通过对光信号波长的改变和调整来实现的。因此，WDM 技术将是实现全透明、具有高度生存性的全光网络的关键技术之一。

## 7.2.4 WDM 光网络

WDM 技术极大地提高了光纤的传输容量，随之带来了对电交换结点的压力和变革的动力。为了提高交换结点的吞吐量，必须在交换方面引入光子技术，从而引起了 WDM 全光通信的研究。WDM 全光通信网是在现有的传送网上加入光层，在光上进行分插复用（OADM）和 OXC，目的是减轻电结点的压力。由于 WDM 全光网络能够提供灵活的波长选路能力，又称为波长选路网络（Wavelength Routing Network）。

基于 WDM 和波长选路的全光网络与单波长网络的关系，如图 7.4 所示。

### 1. WDM 光传送网的分层结构

ITUT 的 G.872（草案）已经对光传送网的分层结构提出了建议。建议的分层方案是将

光传送网分成光通道层（OCH）、光复用段层（OMS）和光传输段层（OTS）。与 SDH 传送网相对应，实际上是将光网络加到 SDH 传送网分层结构的段层和物理层之间，如图 7.5 所示。由于光纤信道可以将复用后的高速数字信号经过多个中间结点，不需电的再生中继，直接传送到目的结点，因此可以省去 SDH 再生段，只保留复用段，再生段对应的管理功能并入到复用段结点中。为了区别，将 SDH 的通道层和段层称为电通道层和电复用段层。

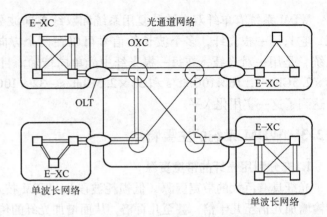

图 7.4　基于 WDM 和波长选路的光网络与单波长网络的关系

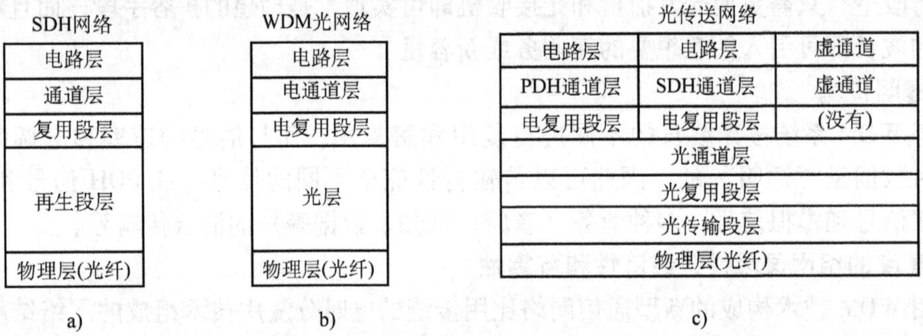

| SDH网络 | WDM光网络 |
|---|---|
| 电路层 | 电路层 |
| 通道层 | 电通道层 |
| 复用段层 | 电复用段层 |
| 再生段层 | 光层 |
| 物理层(光纤) | 物理层(光纤) |
| a) | b) |

光传送网络

| 电路层 | 电路层 | 虚通道 |
|---|---|---|
| PDH通道层 | SDH通道层 | 虚通道 |
| 电复用段层 | 电复用段层 | （没有） |
| 光通道层 | | |
| 光复用段层 | | |
| 光传输段层 | | |
| 物理层(光纤) | | |

c)

图 7.5　光传送网的分层结构

a) SDH 网络　b) WDM 网络　c) 电层和光层的分解

光通道层为不同格式（如 PDH565Mbit/s，SDH STM – N，ATM 信元等）的用户信息提供端到端透明传送的光信道网络功能，其中包括：为灵活的网络选路重新安排信道连接；为保证光信道适配信息的完整性处理光信道开销；为网络层的运行和管理提供光信道监控功能。

光复用段层为多波长信号提供网络功能，它包括：为灵活的多波长网络选路重新安排光复用段连接；为保证多波长光复用段适配信息的完整性处理光复用段开销；为段层的运行和管理提供光复用段监控功能。

光传输段层为光信号在不同类型的光媒质（如 G.652，G.653，G.655 光纤）上提供传输功能，包括对光放大器的监控功能。

WDM 光网络的结点主要有两种功能，即光通道的上下路功能和交叉连接功能，实现这两种功能的网络元件分别是光分插复用器（OADM）和光交叉连接器（OXC）。

**2. WDM 光网络的实际应用**

为了加深对 WDM 光网络的了解，我们简单地介绍一下美国的 MONET 网。MONET 是"多波长光网络"的简称，该项目是由 AT&T，Bell core 和朗讯科技发起的，参加单位有 Bell 亚特兰大、南 Bell 公司、太平洋 Telesis、NSA（美国国家安全局）和 NRL（美国海军研究所）。MONET 试验网包括 3 个部分：MONET New Jersey 网、Washington，D. C. 网和连接两个地区的多波长长途光纤链路，如图 7.6 所示。在 New Jersey 是以 AT&T Bell Labs 为中心的星形网，在 Washington，D. C. 是 3 结点的环形网。该网络在 1560nm 附近复用了 20 个 WDM 信道，单信道速率有 3 种，即 1.2Gbit/s，2.5Gbit/s 和 10Gbit/s。在网络中还使用了可调谐激光器和可调谐波长转换器等单元器件。

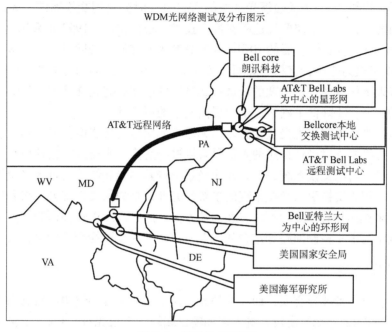

图 7.6　美国的 MONET

该网络的试验目标是把网络结构、先进技术、网络管理和网络经济结合在一起，实现一种高性能的、经济的和可靠的多波长网络，最后将该网扩展为全国网。

支持 MONET 观点的人认为，未来的通信网是分层的。基础层是基于 WDM 的光层，用于支持电层的业务传送，该层由透明的、可以重新配置的和完全受网管控制的光网络单元构成；光层之上的层是电层，可能是 SDH 或 ATM 等电传送信号；最上层是应用层。为此，MONET 项目定义和开发了一组 MONET 网络单元。例如，WTM（波长终端复用器）、WADM（波长分插复用器，即 OADM）、WAMP（多波长放大器）、WSXC（波长固定交叉连接器）和 WIXC（波长可变交叉连接器）。

## 7.3　光交换技术

光交换是指光纤传送的信息直接进行交换。与电子程控交换相比，光交换无须在光纤传输线路和交换机之间设置光端机进行光/电、电/光转换，并且在变换过程中还能充分发挥光信号的高速、宽带和无电磁感应的优点。光交换技术作为全新的交换技术，与光纤传输技术相融合可形成全光通信网络，从而将通信网和广播网综合在一个网中，成为通信的未来发展方向。

光交换技术可以分成光路交换技术和分组交换技术。光路交换又可分成三种类型，即空分（SD）、时分（TD）和波分/频分（WD/FD）光交换，以及由这些交换组合而成的结合型。其中空分交换按光矩阵开关所使用的技术又分成两类：一是基于波导技术的波导空分，另一个是使用自由空间光传播技术的自由空分光交换。日本开发了两种空分光交换系统——多媒体交换系统和模块光互连器。两种系统均采用 8×8 二氧化硅光开关。多媒体光交换系统支持 G4 传真、10Mbit/s 局域网和 400Mbit/s 的高清晰度电视。

光时分交换技术开发进展很快,交换速率几乎每年提高一倍。1996 年推出了世界上第一台采用光纤延迟线和 4×4 铌酸锂光开关的 32Mbit/s 时分复用交换系统。光波分交换能充分利用光路的宽带特性,不需要高速率交换,技术上较易实现。1997 年采用高速 MI (Michelson Interferometer) 波长转换器的 20Gbit/s 波分复用光交换系统问世。采用极短脉冲的超高速 ATM 光交换机较为普遍,交换容量可达 64Gbit/s,目前已有实验样机。与传统电交换相比光交换具有以下优越性:①极宽的带宽;②极快的速度;③光交换与光传输相结合,促进全光通信网的发展;④降低了网络成本,提高网络的可靠性。

光交换是在光域中完成光交换功能,而无需将光信号转换成电信号,输入、输出都是光信号。所谓光交换是指对光纤传送的光信号直接进行交换。光交换有效地减小了延时;增大了系统的吞吐量。与电交换系统一样,光交换系统按其功能和结构可分为光交换网络和控制回路两大部分。把光交换引入交换系统的主要研究课题是如何实现交换网络和控制回路的光化。由于光逻辑操作和数据处理算法方面的技术尚未成熟,所以现在研制的光交换系统还是一个光交换网络与电子控制回路相结合的混合系统,并主要围绕交换网络进行研究。

### 7.3.1 空分光交换

空分光交换是一种波导交换,即在这种光交换中,光由波导结构所限制和引导。最基本的空分光变换是 2×2 光交换模块,输入端和输出端均有 2 根光纤。1×2 光交换器件可以是 $NbLiO_3$ 方向耦合器,1×1 开关器件可以是半导体激光放大器 SOA、EDFA、空分光调制器、SEED 器件(光逻辑器件)和光门电路等,以上器件均具有纳秒量级的交换速度。

自由空间光交换是指在空间无干涉地控制光的路径的光交换。自由空间光交换构成比较简单,典型的自由空间光交换由二维光极化控制的阵列或开关门器件组成。在自由空间光交换中,光通过自由空间或均匀的材料(如玻璃)传输。

### 7.3.2 时分光交换

时分光交换是利用光技术来完成时隙互换,所谓时隙互换是指把 $N$ 路时分复用信号中各个时隙的信号互换位置。首先,时分复用信号经过分路器,使其每条线上同时都只有某一时隙的信号,然后把这些信号分别经过不同的光纤延迟线器件,使其获得不同的时间延迟,最后再把这些信号经过一个复用器重新复合起来。

### 7.3.3 波分光交换

波分光交换,有两种方式:

1) 波长互换光交换,在波分复用系统中,可采用波长互换的方法来实现光交换功能,波长互换的实现是从波分复用信号中提取所需波长的信号(采用波长滤波器如 F – P 腔滤波器),并把它调制到另一个波长上去,或采用波长变换器。

2) 波长选择光交换,可以看成一个 $N×N$ 阵列波长交换系统,$N$ 路原始信号在输入端分别去调制 $N$ 个可变波长激光器,产生出 $N$ 个波长的信号,经星形耦合器后形成波分复用信号。在输出端可采用光滤波器或相干光检测器检测出所需波长的信号。

## 7.3.4　波长交换

　　波长光交换是指光信号在网络节点中不经过光/电转换，直接将所携带的信息从一个波长转移到另一个波长上。波分光交换能充分利用光路的带宽特性，可以获得电子线路所不能实现的波分型交换网络。如图 7.7 所示是基本原理图。它利用了 $N$ 个波长，每个输入的光波被可调谐激光器（TL）变成 $\lambda_1 \sim \lambda_N$ 中的某一个波长的光波，用星型耦合器将这 $N$ 个光波混合，利用输出端波长可调谐光滤波器（TF）分别选出所需波长的光波，从而实现了这 $N$ 个光波的交换。

与时分光交换系统相比，波分光交换有两个优点：①各个波长信道比特速率具有独立性，交换各种速率的带宽信号不会有什么困难；②交换控制电路的运行速度不必很高，一般电子电路就可以完成。波长光交换有电路型和分组型之分。

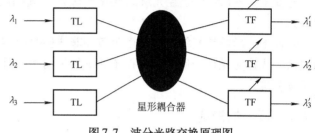

图 7.7　波分光路交换原理图

　　如图 7.8 所示给出了一个波长光分组交换机的结构性原理框图，它可分为 3 个功能块，即波长选路由功能块、光缓存功能块和光交换功能块。波长选路由功能块，完成分组的首部提取，对照路由表完成地址解析，主要包括光电转换、定时同步、电域的分组分析与控制和波长变换器几个部分。光缓存功能块，要保证交换机的高速大容量高速缓存是关键，由于还没有全光 RAM，光缓存只能是由电控制的光纤延迟线阵列完成，用电信号来控制光开关选通不同的光纤长度（对应时间），从而完成不同的存储时间。交换功能块，完成分组交换，交换矩阵采用空分矩阵。波长选路由功能块，有两种实现方法，采用高速光开关从 IP 信号直接提取路由，以便实现光 IP。另一种光电混合式也就是我们这里介绍的，端口数为 $i$ 的光纤携带 WDM 信号经解复用器分为 $\lambda_1 \sim \lambda_N$ 波长的光信号分别经光电变换进行分析和控制。为提高速度，分析控制电路采用专用集成电路芯片，其输出的电控信号控制同步定时并根据路由选择策略决定分组的去向，同

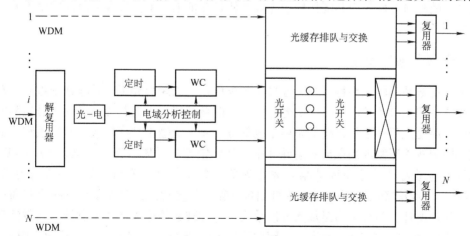

图 7.8　波长光分组交换机结构原理框图

时控制波长变换器，实施波长选路由。$N$ 条路由的分组都通过光缓存排队，以保证任意时隙任意输出波长上只有唯一确定的分组。

# 7.4  光孤子通信

我们知道，光纤通信的传输距离和传输速率受到光纤损耗和色散的限制。光纤放大器投入应用后，克服了损耗的限制，增加了传输距离。此时，光纤传输系统，尤其是传输速率在Gbit/s以上的系统，光纤色散引起的脉冲展宽，对传输速率的限制，成为提高系统性能的主要障碍。

光孤子（Soliton）是经光纤长距离传输后，其幅度和宽度都不变的超短光脉冲（ps 数量级）。

光孤子的形成是光纤的群速度色散和非线性效应相互平衡的结果。利用光孤子作为载体的通信方式称为光孤子通信。光孤子通信的传输距离可达上万千米，甚至几万千米，目前还处于试验阶段。

## 7.4.1  孤子的形成

在讨论光纤传输理论时，假设了光纤折射率 $n$ 和入射光强（光功率）无关，始终保持不变。这种假设在低功率条件下是正确的，获得了与实验良好一致的结果。然而，在高功率条件下，折射率 $n$ 随光强而变化，这种特性称为非线性效应。在强光作用下，光纤折射率 $n$ 可以表示为

$$n = n_0 + N|E|^2 \qquad\qquad (7-1)$$

式中，$E$ 为电场；$n_0$ 为 $E=0$ 时的光纤折射率，约为1.45，这种光纤折射率 $n$ 随光强 $|E|^2$ 而变化特性，称为克尔（Kerr）效应；$N = 10^{-22}$（m/V）$^2$，称为克尔系数。虽然光纤中 $E$ 较大，为 $10^6$V/m），但总的折射率变化 $\Delta n = n - n_0 N|E|^2$ 很小（$10^{-10}$）。即使如此，这种非线性效应对光纤传输特性的影响还是很大的。

在光纤中，光纤色散使传输的光脉冲展宽，限制了传输距离，而光纤非线性效应则使波形中的较高频率分量不断累积，波形越来越陡峭，信号功率不能太强。在一定条件下，相对立的光纤色散和非线性效应共同作用于光脉冲便相互抵消，就可以保持脉冲宽度不变，形成稳定的光孤子。

## 7.4.2  光孤子通信系统

光孤子传输系统的主要特点是大容量长距离传输。长距离光孤子传输系统由 4 个基本功能单元组成，即光孤子源、孤子传输光纤、孤子能量补偿放大器与孤子脉冲信号检测接收单元。光孤子源是光孤子通信系统的重要组成部分，要求能输出功率较大、脉宽很窄、谱线很纯的变换限制双曲正割或高斯形超短脉冲串。外腔锁模半导体激光器（ML-EC-LD）、后接光滤波器的增益开关分布反馈半导体激光器（GS-DFB-LD）、光纤环形锁模激光器（ML-FRL）等均能满足这些要求。为抑制各种噪声和扰动因素对孤子传输距离和通信容量的限制，如前所述，系统中尚需加入控制单元，为实现通信也需接入调制器以加载信息。一种光孤子实验系统框图如图 7.9 所示。图中采用 DFB 半导体激光器产生光脉冲，用 F-P 腔光滤波器滤除光脉冲的啁啾成分，由脉冲产生器产生的伪随机二进制序列脉冲去驱动铌酸锂

调制器（LN－M），产生光脉冲，并由 LN－M 后的两个 EDFA 放大至 1.2dBm 平均孤子功率电平，线路中串接 EDFA 做在线放大器，补偿光纤损耗。

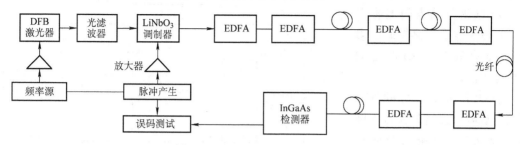

图 7.9　光孤子实验通信系统框图

目前，光孤子通信系统已经有许多实验结果。例如，对光纤线路直接实验系统，在传输速率为 10Gbit/s 时，传输距离达到 1000km；在传输速率为 20Gbit/s 时，传输距离达到 350km。对循环光纤间接实验系统传输速率为 2.4Gbit/s，传输距离达 12000km。

大容量和长距离传输是光孤子传输系统的显著特征，如果将 WDM 技术与光孤子传输结合起来，其容量是相当可观的。目前，这种 WDM 技术与光孤子传输构成的多信道光孤子通信系统，已实现了 5Gbit/s×8 信道长距离传输。除了 WDM 技术，光孤子传输还可以和偏振复用（PDM）技术结合构成另一种多信道孤子通信系统，目前已实现了 10Gbit/s×2 双信道，19000km 长距离孤子传输。虽然多信道孤子传输优势很明显，但其中实现的技术难题也不少，例如，临道间孤子相互作用发生的周期性碰撞将使两孤子发生重叠，其引起交叉相位调制，最终导致孤子载频、孤子速度和到达时间的变化。

# 7.5　光接入网

## 7.5.1　光接入网概述

### 1. 接入网的概念

电信网包含了为在不同地方的用户提供各种电信业务的所有传输及复用设备、交换设备及各种线路设施等。接入网是电信网的重要组成部分，负责将电信业务透明地传送到用户。

ITUT 的 G.902 建议对接入网给出如下定义：接入网由业务结点接口（SNI）和用户网络接口（UNI）之间的一系列传送实体（如线路设施和传输设施）组成，为供给电信业务而提供所需的传送承载能力，可经由网络管理接口（$Q_3$）配置和管理。原则上对接入网可以实现的 UNI 和 SNI 的类型和数目没有限制。

### 2. 光接入网的参考配置

光接入网（OAN）为共享相同网络侧接口并由光传输系统所支持的接入链路群，有时称为光纤环路系统（FITL）。从系统配置上可以分为无源光网络（PON）和有源光网络（AON），如图 7.10 所示。图中，ODN 表示光分配网络，是 OLT 和 ONU 之间的光传输媒质，由无源光器件组成；OLT 表示光线路终端，提供 OAN 网络侧接口，并且连接一个或多个 ODN；ODT 表示光远程终端，由光有源设备组成；ONU 表示光网络单元，提供 OAN 用户侧接口，并且连接到一个 ODN 或 ODT；UNI 表示用户网络接口；SNI 表示业务结点接口；S 表示光发送参考点；R 表示光接收参考点；AF 表示适配功能；V 表示与业务结点间的参考点；T 表示与用户终端间的参考点；a 表示 AF 与 ONU 之间的参考点。

在 OLT 和 ONU 之间没有任何有源电子设备的光接入网称为无源光网络（PON）。PON 对各种业务是透明的，易于升级扩容，便于维护管理，缺点是 OLT 和 ONU 之间的距离和容量受到限制。用有源设备或有源网络系统（如 SDH

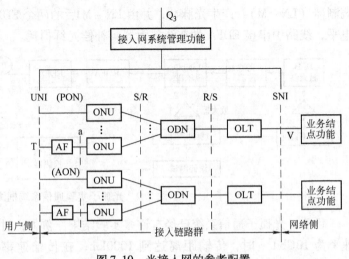

图 7.10　光接入网的参考配置

环网）的 ODT 代替无源光网络中的 ODN，便构成有源光网络（AON）。AON 的传输距离和容量大大增加，易于扩展带宽，运行和网络规划的灵活性大，不足之处是有源设备需要供电、机房等。如果综合使用两种网络，优势互补，就能接入不同容量的用户。

目前，用户网光纤化的途径主要有两个：一是在现有电话铜缆用户网的基础上，引入光纤传输技术改造成光接入网；二是在现有有线电视（CATV）同轴电缆网的基础上，引入光纤传输技术使之成为光纤/同轴混合网（HFC）。

**3. 光接入网的应用类型**

根据 ONU 的位置不同，光接入网有 4 种基本应用类型：光纤到路边（FTTC）、光纤到大楼（FTTB）、光纤到办公室（FTTO）和光纤到家（FTTH）。

在 FTTC 结构中，ONU 设置在路边的入孔或电线杆上的分线盒处，有时也可以设置在交接箱处。FTTC 一般采用双星形结构，从 ONU 到用户之间采用双绞线铜缆，若要传送宽带业务则要用高频电缆或同轴电缆。

FTTB 是将 ONU 直接放在大楼内（如企业、事业单位办公楼或居民住宅公寓内），再由铜缆将业务分配到各个用户。FTTB 比 FTTC 的光纤化程度更进一步，更适合高密度用户区，也更容易满足未来宽带业务传输的需要。

如果将 FTTC 结构中设置在路边的 ONU 换成无源光分路器，将 ONU 移到大企业事业单位（如公司、政府机关、大学或研究所）的办公室内就成了 FTTO。将 ONU 移到用户家里就成了 FTTH。

FTTH 是一种全透明全光纤的光接入网，适于引入新业务，对传输制式、带宽和波长等基本上没有限制，并且 ONU 安装在用户处，供电、安装维护等都比较方便。

### 7.5.2　无源光网络

**1. 网络结构**

无源光网络的信号由端局和电视节目中心通过光纤和光分路器直接分送到用户，其网络结构如图 7.11 所示。其下行业务由光功率分配器以广播方式发送给用户，在靠近用户接口处的过滤器让每个用户接收发给它的信号。在上行方向，用户业务是在预定的时间发送，目的是让它们分时地发送光信号，因此要定期测定端局与每个用户的延时，以便上行传输同步，这是PON 技术的难点。由于光信号经过分路器分路后，损耗较大，因而传输距离不能很远。

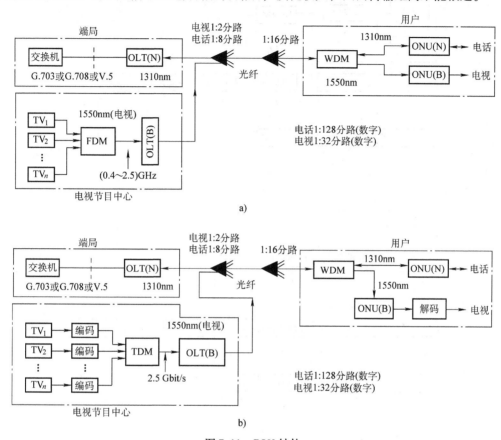

图 7.11　PON 结构

a）采用 TDM + FDM + WDM 的 PON　　b）采用 TDM + WDM 的 PON

　　PON 的一个重要应用是传送宽带图像业务（特别是广播电视）。这方面尚无任何国际标准可用，但已形成一种趋势，即使用 1310nm 波长区传送窄带业务，而使用 1550nm 波长区传送宽带图像业务（主要是广播电视业务）。原因是 1310/1550nm 波分复用（WDM）器件已很便宜，而目前 1310nm 波长区的激光器也很成熟，价格便宜，适于经济地传送急需的窄带业务；另一方面，1550nm 波长区的光纤损耗低，又能结合使用光纤放大器，因而适于传送带宽要求较高的宽带图像业务。具体的传输技术主要是频分复用（FDM）、时分复用（TDM）和密集波分复用（DWDM）3 种。

　　图 7.11a 使用 1310/1550 两波长 WDM 器件来分离宽带和窄带业务，其中 1310nm 波长区传送 TDM 方式的窄带业务信号，1550nm 波长区传送 FDM 方式的图像业务信号（主要是CATV 信号）。图 7.11b 也使用 1310/1550nm 两波长 WDM 器件来分离宽带和窄带业务，与图 7.11a 不同之处在于先将电视信号编码为数字信号，再用 TDM 方式传输。

**2. 多址技术**

PON 中常用的多址技术有 3 种：频分多址（FDMA）、时分多址（TDMA）和波分多址

（WDMA），它们的原理框图如图 7.12 所示。

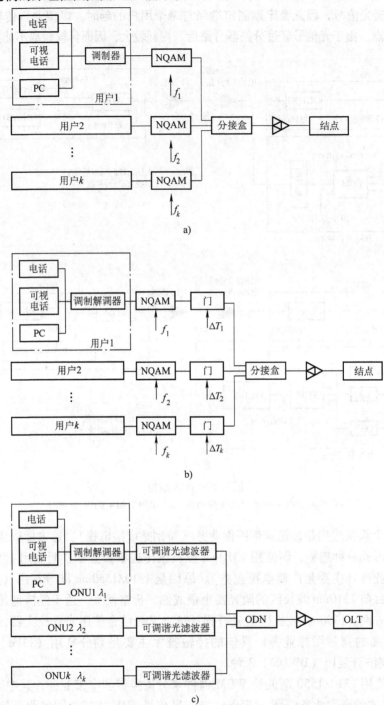

图 7.12　无源光网络的三种多址技术原理框图

a) 频分多址　b) 时分多址　c) 波分多址

FDMA 的特点是将频带分割为许多互不重叠的部分，分配给每个用户使用。其优点是设备简单，技术成熟；缺点是当多个载波信号同时传输时，会产生串扰和互调噪声，会出现强信号抑制弱信号现象，单路的有效输出功率降低，且传输质量随着用户数的增多而急剧下降。

TDMA 的特点是将工作时间分割成周期性的互不重叠的时隙，分配给每个用户。其优点是在任何时刻只有一个用户的信号通过上行信道，可以充分利用信号功率，没有互调噪声；缺点是为了分配时隙，需要精确地测定每个用户的传输时延，并且易受窄带噪声的影响。

WDMA 的特点是以波长作为用户的地址，将不同的光波长分配给不同的用户，用可调谐滤波器或可调谐激光器来实现波分多址。其优点是不同波长的信号可以同时在同一信道上传输，不必考虑时延问题；缺点是目前可调谐滤波器或可调谐激光器的成本还很高，调谐范围也不宽。

**3. ATM 无源光网络**

在无源光网络中采用 ATM 技术，就成为 ATMPON，简称 APON。APON 实现用户与四个主要类型业务结点之一的连接，这些是 PSTN/ISDN 窄带业务，BISDN 宽带业务，非 ATM 业务（即数字视频付费业务和 Internet 的 IP 业务）。APON 的模型结构如图 7.13 所示。图中，UNI 表示用户网络接口；SNI 表示业务结点接口；ONU 表示光网络单元；OLT 表示光线路终端。

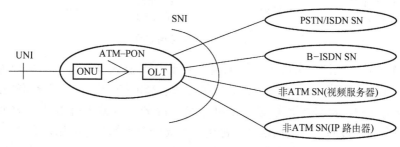

图 7.13　APON 的模型结构

## 7.5.3　光纤混合网

接入网除了电信部门的环路接入网以外，还有广播电视部分的 CATV 接入网。随着社会的发展，要求在一个 CATV 网内能够传送多种业务并且能够双向传输，为此一种新兴的光接入网——HFC（Hybrid Fiber Coax）网应运而生。从传统的同轴电缆 CATV 网到 HFC 网，经历了单向光纤 CATV 网，双向光纤 CATV 网，最后发展到 HFC 网。

HFC 网的基本原理是在双向光纤 CATV 网的基础上，根据光纤的宽频带特性，用空余的频带来传输话音业务、数据业务或个人信息，以充分利用光纤的频谱资源。

HFC 原理图如图 7.14 所示，由前端出来的视频业务信号和由电信部门中心局出来的电信业务信号在主数字终端（HDT）处混合在一起，调制到各自的传输频带上，通过光纤传输到光纤节点，在光纤节点处进行光/电转换后由同轴电缆分配到每个用户。每个光纤节点能够服务的用户数大约 500 个左右。

**1. HFC 系统的频谱安排**

HFC 采用副载波频分复用方式，其频谱安排目前国际上还没有统一标准，但在实际应用中存在一种趋势：HFC 系统有 750MHz 系统，也有 1000MHz 系统，其频率资源采用低分割分配方案，将下行和上行的各种业务信息划分到不同的频段，如图 7.15 所示。通常安排

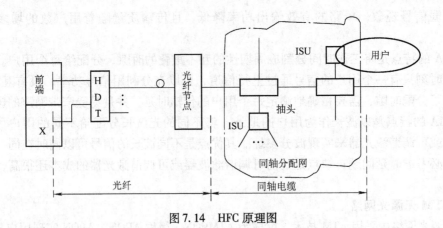

图 7.14    HFC 原理图

50～750MHz（或 1000MHz）为下行通道，5～40MHz 为上行通道。

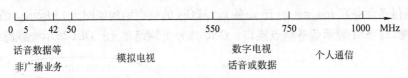

图 7.15    HFC 系统频谱安排

50～550MHz 这段频谱用来传输模拟电视，对于 PAL 制式每个信道的频带为 8MHz，这段频谱能传输（550－50）÷8≈60 信道的模拟电视。550～750MHz 这段频谱用来传输数字电视，也可以用其中一部分来传输数字电视，另一部分来传输下行电话和数据信号。5～30MHz 这段频谱用来传输上行电话信号，由于每个光纤节点能服务的用户数约为 500 个，所以每个用户的上行回传信道频带为 25MHz÷500＝50kHz；也有另一种分配上行频段的方法，将其扩展为 5～42MHz，其中 5～8MHz 传输状态监视信息，8～12MHz 传输 VOD（视频点播）信令，15～40MHz 用来传输上行电话信号。750～1000MHz 这段频谱用于各种双向通信业务，其中 695～735MHz 和 970～1000MHz 可用于个人通信业务，其他未分配的频段可以有各种应用，也可用于将来可能出现的新业务。

**2. HFC 的调制和复用方式**

对模拟视频信号的调制，主要采用模拟的 VSBAM 调制方式和 FDM 复用方式，便于与家庭使用的电视机兼容；对于长距离传输，也可采用 FMSCM（副载波调频）方式。对于数字视频信号的调制，可以将数字视频进行 BPSK、QPSK 或 64QAM 调制到载波上，再使用 FDM 或 SCM 复用方式。下行的数字话音或数据经 QPSK 调制到下行副载波上，上行的数字话音或数据经 QPSK 调制到上行副载波上。

经 FDM 或 SCM 复用后的射频信号或微波信号再对光源进行直接强度调制，经光纤传输后再在接收端解调。当然，光信号也可采用 WDM、DWDM 甚至 OFDM 复用方式。

**3. HFC 网的结构和功能**

HFC 网主要由前端（HE）、主数字终端（HDT）、传输线路、光纤节点（FN）和综合业务单元（ISU）等组成，结构如图 7.16 所示。视频前端的作用是将各种模拟的和数字的视频信号源处理后混合起来。主数字终端的作用是将 CATV 前端出来的信息流和交换机出来的电话业务信息流合在一起。其主要功能有：通过 V5.2 接口与交换机进行信令转换，对网络资源进行分配，对业务信息进行调制与解调和合成与分解，光发送与光接收，提供对 HFC 网进行管理的管理接口。

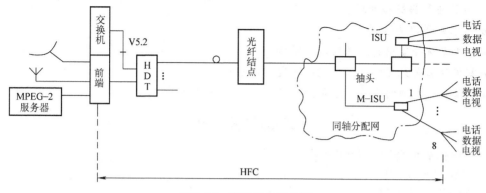

图 7.16 HFC 网的结构图

光纤节点的作用主要是接收来自 HDT 的光形式的图像和电话信号，将其转换为射频电信号，再由射频放大器放大后送给各个同轴电缆分配网，并且还能对上行信号进行频谱安排，对信令进行转换。

综合业务单元（ISU）是一个智能的网络设备，分为单用户的 ISU 和多用户的 ISU，主要提供各种用户终端设备与网络之间的接口、实现信令转换，对各种业务信息进行调制与解调和合成与分解。

# 本 章 小 结

在光纤通信系统中，采用波长分割复用技术，可以充分利用光纤的波长资源，增加光纤通信系统的传输容量。目前波分复用光纤通信技术的关键是研制高性能的实用光复用器件（即合波器与分波器）。把光波分复用技术与其他光纤通信新技术结合起来，通过连续改变本振光源的发射波长而选择接收不同波长的信号可以实现真正意义的光波分复用。光波分复用可以充分利用带宽资源、扩容升级方便、传输透明、兼容全光交换等优点。

光交换是指光纤传送的信息直接进行交换。与电子程控交换相比，光交换无须在光纤传输线路和交换机之间设置光端机进行光/电、电/光转换，并且在转换过程中还能充分发挥光信号的高速、宽带和无电磁感应的优点。光交换技术作为全新的转换技术，与光纤传输技术相融合可形成全光通信网络，从而将通信网和广播网综合在一个网中，成为通信的未来发展方向。

光脉冲信号在光纤里传输的过程中，一方面光纤的色散特性将导致传输的光脉冲产生脉冲展宽；另一方面随着传输光功率的增加，光纤中的自相位调制效应将引起传输光脉冲的附加压缩或变窄。当压缩作用与光纤色散引起的脉冲展宽作用相平衡（抵消）时就可以获得光脉冲在光纤中不失真保形传输的理想效果，这样的光脉冲我们称为光孤子。

目前，光纤已经渗透到电信网的接入网、本地网和长途干线网。第一代光网络有 SO-NET 和 SDH 和 FDDI 等。随着 WDM 技术的发展，WDM 光网络已经成为全光网络的代名词。在此背景下，ITU－TG.902 建议对光网络的光接入做出了有关的要求，接入网由业务节点

（SNI）和相关用户网络接口（UNI）之间的一系列传送实体组成，是为传送电信业务而提供所需传送承载力的实体，可经由管理接口（$Q_3$）进行配置和管理。通常接入网对用户是透明的，不做任何解析和处理。

通过本章学习应达到：

➢掌握光波分复用的原理及基本结构。

➢掌握什么是光交换技术、光孤子通信的原理。

➢掌握光接入网的定义，它是如何在光网络中起到作用的。

## 习题与思考题

1. WDM 的基本原理和系统构成是什么？
2. 光交换技术的分类及应用。
3. 光孤子通信的优势是什么？
4. 光孤子通信系统怎样构成？
5. 非线性效应是什么？
6. 光孤子通信的原理是什么？
7. 用户网光纤化的途径有哪几种方式？
8. 光接入网的基本应用类型包括哪些？
9. HFC 网的基本原理是什么？

# 第 8 章　光通信仿真

**【知识要点】**
　　光纤通信系统是现代通信传输系统的骨干和基石，随着光纤通信系统的发展，密集波分复用技术越来越广泛的应用到系统中，系统的成本和复杂性也在不断增加，因而光纤通信系统的计算机辅助设计系统变得非常重要。利用现代的计算机进行光纤通信系统的仿真，可以直接搭建激光器、光纤及测试仪器的模型，并在此基础上进行器件、系统的性能分析和测试，避免了直接的昂贵的器件和设备投资。同时系统的仿真对器件选型、系统结构优化及整体系统的可行性研究都具有重大意义。

## 8.1　仿真与建模

　　通信系统分析的基本方法之一是模型方法，模型同原型有一定相似性，仿真系统模型与被仿真系统是相似系统。相似性是指系统具体属性和特征相似，强调的是系统结构与功能等多个特性综合的系统相似性，而不是个别特征现象的相似性。因此，基于系统相似性，通过建立相似模型，进行系统仿真。

**1. 系统模型**

　　计算机仿真技术的基础，是建立数学模型。只有建立了数学模型，才能通过计算机进行仿真，达到对系统分析和检验的目的。系统模型（Model），是人们对实际事物的一种描述方法，也是工程技术的基本设计分析工具。

　　在现代通信系统中，所谓系统模型包括如下一些基本特点。

　　（1）系统模型的特点

　　1）模型的功能性。工程实际中的模型可以分为物理模型和数学模型，每一种模型都具有相应的功能。

　　2）模型的代表性。模型能直接反映科学或工程系统的基本行为，这些模型所代表的是具体工程系统的行为特性。

　　3）模型的条件性。模型是在一定条件下物理现实中基本问题的突出代表，所以，任何一种模型都是在一定约束条件下提出的，也只能适用于相应约束的工程问题。

　　（2）模型分类

　　现代通信系统中，模型分为物理模型和数学模型两大类：

　　1）物理模型，是指利用物理概念和限制条件直接建立的系统模型。物理模型的特点是直观、物理意义明确、易于用物理方法实现仿真，缺点是实现上需要时间和金钱。物理模型可以用来对系统进行定性分析。

　　2）数学模型，也叫做分析模型，是指利用基本物理定律和数学描述工具，在一定的限制条件下，对系统中变量关系的数学描述。在工程实际中，有两种方法建立相应的数学模型，一种是利用物理概念及其所对应的数学描述方法，直接建立对应问题的数学模型，如高等数学中的一些分析方法；另一种是利用已经建立的物理模型和基本物理学定律，建立对应模块的数学模型。

**2. 系统仿真**

系统仿真是近 20 年发展起来的一门新兴技术。所谓计算机仿真就是在计算机上利用模型对实际系统进行实验研究的过程。利用计算机仿真可以多次重复模拟客观世界的同一现象，从而得以找出其内在规律。尤其对含有随机变量的随机过程，难以建立数学模型的客观事物的研究，计算机仿真方法具有突出的优点，已成为分析、研究和设计各种系统的重要手段。把计算机仿真技术应用到通信领域就是其中的一项重要分支。随着通信技术的发展，通信网络的数量和复杂度的迅速增长，在通信系统设计中运用计算机仿真技术已成为新系统设计时缩短设计周期、提高设计可靠性和已有系统性能改进的不可缺少的工具。

**3. 仿真与建模的主要原则**

系统建模应从整体上反映与原系统本质特征有相似性，系统建模与仿真时必须考虑到以下方面。

1）模型与原型中系统要素及特性对应相似，对应相似要素构成相似元。

2）模型与原型系统间对应组成要素间关系有相似性，要素相似组合的序结构有共性。

3）支配模型与原型系统特性本质规律的数学程式及其变量有对应相似性。

4）基于系统相似，把物理模拟同数值模拟相结合，进行综合模拟，才能达到系统仿真理想境界。

5）对于复杂系统难于建造整体模型时，可分解成若干子系统分别建模仿真，以提高关键部分模拟的真实性。

6）在建造相似模型中，对现实系统作某种简化时，要兼顾系统模型的精确性和简单性两方面。

## 8.2 光纤通信系统的仿真

光纤通信技术是一门多学科专业交叉渗透的综合技术，它涉及通信基础理论（如数字通信技术）、微波技术（如光纤信道的电磁场分析）及电路设计与微电子技术（如 ASIC 专用集成电路）等。因此，无论是系统的规划与设计，还是新型传输系统与体制的探索与研究，都要遇到冗长繁杂的计算。此外，为了验证其性能是否合乎要求，还需反复进行实验研究与测试。如果每次都直接用真实系统进行实验，不仅耗资昂贵，费工费时，有时甚至难于找到问题症结所在，因此，解决上述问题的有效方法是采用计算机仿真技术，即通过建立器件、部件乃至系统的模型，并用模型在计算机上做实验，利用计算机的高速运算处理能力，完成对光纤通信设备与系统的分析、设计及性能优化与评估测试。显然，建立光纤通信系统的计算机仿真平台，既能提高设计的一次成功率，大大缩短新产品研制周期和节省投资费用，还能极大地促进光纤通信的基础理论研究，并为相关工程技术人员的技术培训提供理想的实验手段。

### 8.2.1 光纤通信系统仿真软件的现状

仿真分为电路级仿真和系统级仿真。电路级仿真就是由电阻、电容、电感等组成等效的电路模型来模拟器件的外特性。系统级仿真是用传输函数或数学公式来模拟器件的外特性。国外已有一些光纤通信系统仿真软件，用于电路分析时，其侧重点不同，如 Boss 是一种界面友好的光链路仿真软件，它包括光纤器件模型，但只适用于单一波长系统。SCOPE 是一种把系统的光电器件和光器件用两端口网络模型来模拟的非线性微波仿真软件，其主要用途是对在微波频率的光通信系统进行仿真。DEXSOLUS 是基于 Spice 电路仿真软件的专用于光通信领域的信号分析软件，它采用等效电路模型来模拟光电器件，这些模型的光功率在仿真中用电压来表征。还有其他电路级的仿真软件如 iSMILE 和 MISIM 等。还有一些新的仿真软件如 SystemView，MATLAB 等，用户可调用其他仿真软件来提供混合级的仿真环境。

## 8.2.2　系统主要模块的数学模型

数字光纤传输系统的主要组成部分为光发送机、光纤信道和光接收机。为了便于对系统进行性能评估，这里将光纤传输系统简化成了由若干个模块组成的级联，如图 8.1 所示。图中每个模块可视为二端口网络，仅考虑其输入、输出之间的关系，而不细究其内部具体结构。

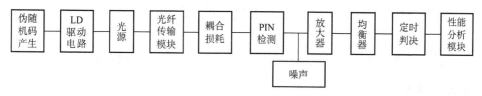

图 8.1　系统级联图

## 8.2.3　发射系统模型

在系统仿真中，用随机脉冲序列来模拟信号比特流。LD 驱动电路可用高斯型的低通滤波器来等效，实现编码器输出信号的上升时间调整，改变滤波器的带宽就可以实现不同的上升时间调整。考虑到一般使用外调制系统，激光器的模型采用相对简单的 P-I 曲线法建模方法。

### 1. LD 驱动电路模型

LD 驱动电路可用一低通 RC 滤波器来等效，用等效时间常数 $\tau = RC$ 表征，则 $\tau$ 值的选取影响调制速率。$\tau$ 与带宽 $f_{bw}$ 的关系为 $\tau = 0.35/f_{bw}$，调制电流在时域上满足差分等式

$$\sigma_i = \sqrt{\sigma_T^2 + \sigma_{i,APD}^2} \tag{8-1}$$

$$\frac{dI(t)}{dt} = \frac{1}{RC}(I_{in}(t) - I(t)) = \frac{1}{\tau}(I_{in}(t) - I(t)) \tag{8-2}$$

而输入、输出序列的关系为

$$I(k) = I(k-1)e^{-T_s/\tau} + I_{in}(k-1)(1 - e^{-T_s/\tau}) \tag{8-3}$$

则激光器总的驱动电流为

$$I_S = I(t_\tau) + I_b \tag{8-4}$$

### 2. 光源模型

半导体激光器（LD）的特性，包括发射光功率与注入电流的关系（P-I）曲线、伏安特性 I-V 曲线、瞬态响应、小信号频率响应及非线性特性等。根据工程应用和进行系统级分析的需要，可以选用 P-I 曲线法和求单模速率方程数值解的方法，来得到光源的模型。

这里以 P - I 曲线法建模为例。

实际工程应用中，激光器的使用说明中通常给出 P - I 曲线和伏安（V - I）特性曲线。一般情况下，P - I 曲线的非线性特性可以通过一个二阶多项式来描述，即

$$P(t) = aI^2 + bI + c \qquad (8-5)$$

取给定的 P - I 曲线上的一些离散点，利用最小二乘法进行曲线拟合，确定参数，得到 P - I 曲线的表达式。将注入电流 $I(t)$ 带入，即可求出对应的功率 $P(t)$。

## 8.2.4　光纤传输模型

光在光纤中传输表现出损耗、色散和非线性特性，使光脉冲在传输过程中发生畸变，降低系统性能。为了反映这些特性，单模光纤的建模可在时域、频域和场域分别进行。

**1. 时域响应**

将光纤看成一个线性传输网络。当光纤超过一定长度时，其脉冲响应函数近似为高斯函数，表达式为

$$h(t) = \frac{1}{\sqrt{2\pi}\sigma}\exp\left(-\frac{t^2}{2\sigma^2}\right) \qquad (8-6)$$

式中，$\sigma = \dfrac{187}{\text{BW}}$，是光纤的均方根展宽参数，BW 为光纤的带宽，单位为 GHz。

**2. 频域传输函数**

考虑光纤的衰减特性，得频域传输函数

$$H(\omega) = 10^{-\frac{\alpha}{10}}\exp(-\sigma^2\omega^2/2) \qquad (8-7)$$

式中，$\alpha$ 为光纤的衰减因子，单位为 dB/km。

**3. 场域模型**

假设光纤是线性的，被视为具有平坦幅度和线性群时延（抛物线型相位）的带通滤波器。其表达式为

$$H(\omega) = 10^{-\frac{\alpha}{10}}\exp(-i\beta(\omega)L) \qquad (8-8)$$

式中，$\beta(\omega)$ 为光纤的模传播常数，包含了色散效应；$\alpha$ 为光纤的衰减系数；$L$ 为光纤长度。

**4. 损耗模型**

光纤线路的功能是把来自光发射机的光信号以尽可能小的畸变（失真）和衰减传输到光接收机。对光纤的基本要求是损耗和色散这两个传输特性参数都尽可能的小，而且有足够好的机械特性和环境特性。随着光纤通信的发展，网络容量也在不断扩大，当前光纤的损耗和色散是影响光纤通信向高速大容量发展的两个主要因素。因此损耗和色散成为光纤通道设计中的两个重要因素。

将连接器损耗、耦合损耗和系统富余度等用一个衰减参数 Loss 来代替，从光纤输出功率中扣除。

## 8.2.5　光接收机模型

根据不同研究目的，可选择不同的建模方法。据 CCITTG. 957 草案建议，光接收机响应除光电检测外，可视为四阶贝塞尔—汤姆逊（Bessel - Thomson）响应，或者认为其完成对光信号的平方律检波。若要对接收机各组成部分进行分析、优化，则每一部分须分别建模。

一个典型光接收机的结构框图如图 8.2 所示，预放大器 A 左侧为光检测器等效电路。

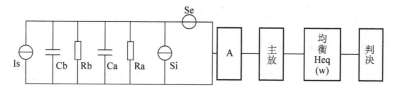

图 8.2 典型光接收机结构框图

**1. 光检测器**

光检测器有 PIN 光敏二极管和 APD 雪崩二极管两种，由于 PIN 可以看成倍增因子 $G = 1$ 的 APD，所以光电转换表达式可统一写成

$$I_S(t) = G\frac{\eta}{h\gamma}P(t) + G\lambda_0 \tag{8-9}$$

式中，$G$ 为 APD 的平均倍增因子；$\eta$ 为量子效率；$\gamma$ 为光频率；$\lambda_0$ 为暗电流。

**2. 放大器**

放大器包括前置放大器（预放）和主放大器两部分。前放有低阻抗、高阻抗和互阻抗型 3 种类型，以互阻抗型最常用，其传输函数为

$$H_{fe}(\omega) = \frac{V_0}{I_S} = \frac{A_V}{S + \frac{1}{C_T}\left(\frac{1 + A_V}{R_f} + \frac{1}{R_T}\right)}\frac{1}{C_T} = \frac{B}{S + \tau_1} \tag{8-10}$$

带宽为

$$W_{of} = \tau_1 = \frac{1}{C_T}\left(\frac{1 + A_V}{R_f} + \frac{1}{R_T}\right) \approx \frac{A_V}{R_f C_T} \tag{8-11}$$

$$B = \frac{A_V}{C_T} = R_f W_{of} \tag{8-12}$$

通过求系统函数 $H(z)$，推导可得输入、输出序列之间的关系为

$$v(n) = \exp\left(-\frac{\tau_1}{f_s}\right)v(n-1) + R_f\left(1 - \exp\left(-\frac{\tau_1}{f_s}\right)\right)i_s(n-1) \tag{8-13}$$

主放大器主要用来提供高增益，将前放的输出放大到适合于判决电路所需的电平。通常还有自动增益控制（AGC）电路，以保证接收的光功率不超过接收机的动态范围。

**3. 噪声模块**

光接收机的噪声主要包括放大器噪声、光电检测器的量子噪声（Shot Noise）及 APD 倍增噪声等。仿真中把所有噪声等效到放大器前端，用均值为 0、方差为 $\sigma_i$ 的高斯白噪声来等效。噪声方差 $\sigma_i$ 的确定：光接收机在判决点处噪声的均方根值 $\sigma_i$ 包含了放大器噪声 $\sigma_T$、光电检测的量子噪声和 APD 的倍增噪声 $\sigma_{i,ADF}$ 的综合影响。放大器热噪声方差的确定是根据放大器器件参数中给定的等效输入噪声谱密度 $P_{SD}$ 来求。$P_{SD}$ 的量纲为 $pA/\sqrt{H_z}\,pA/\sqrt{H_z}$，若放大器带宽为 $B$ 则噪声方差 $\sigma_I = P_{SD} \times \sqrt{B}$。APD 的倍增噪声可通过双边功率谱密度导出，$\frac{dN_g}{df} = eI_P < g^2 > = eI_P < g >^{2+X}$，故等效到放大器输入端的噪声电流 $\sigma_{i,APD} = 2eI_P < g >^{2+X}$，其中 $I_P = PR$，$P$ 为入射的光功率，$R$ 为响应度，在用 PIN 检测的系统中，放大器的噪声远大于

PIN 的量子噪声，可以认为 $\sigma_i = \sigma_T$；在用 APD 检测的系统中，放大器的噪声与 APD 的倍增噪声共同作用，则 $\sigma_i = \sqrt{\sigma_I^2 + \sigma_{i,APD}^2}$，$i = 0$，1。

### 8.2.6　掺铒光纤放大器的模型

EDFA 的简化模型可分解为放大和噪声两部分。放大部分用增益 $G$ 表示；EDFA 的 ASE 噪声可采用高斯白噪声近似，其功率谱密度为

$$P_{SD} = (h\gamma n_{SP} - 1)(G - 1) \tag{8-14}$$

式中，$\gamma$ 为频率；$G$ 为增益；$n_{SP}$ 为反转因子，通常取 $n_{SP} = 2$，完全反转对应 $n_{SP} = 1$。总噪声 $n_{噪} = 2fh\gamma n_{SP}(G - 1)$，$f$ 为光带通滤波器的带宽，设放大器入射光子数的均值为 $<n_0>$，则输出端光子数的均值为 $<m> = G<n_0> + (G-1)n_{SP}f$。

## 8.3　光纤通信系统仿真实验

### 8.3.1　系统级仿真

运用上面建立的模型，可以对光纤通信系统进行仿真。仿真中运用了等效基带法，即将载波带通系统等效为基带系统，再进行仿真。这样避免了载波频率较高，计算的数据量大，计算机内存受限和运算时间长的缺点。Personick 指出可以应用等效基带法仿真光纤通信系统，给光纤通信系统仿真研究提供了理论指导。

根据以上所建模型，按照如图 8.3 所示的仿真系统流程，完成系统仿真。计算机仿真的重要特性是能模拟系统实测功能，得出误码率，作出性能预测和评估。光纤通信系统的性能评价准则有多种，常用的有眼图分析法、计算误码率、计算功率代价等。

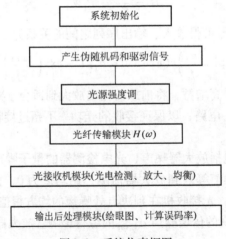

图 8.3　系统仿真框图

利用仿真软件将光纤通信系统分成 3 大部分：光发射机，光纤通道和光接收机进行仿真。如图 8.4 所示为光纤通信系统仿真模型。该模型中光发射机由随机脉冲序列发生器、LD 驱动器、光源和调制器组成；光接收机由光电探测器（PIN）、放大器和相关电路组成。对光电探测器的要求是响应度高、噪声低和响应速度快。对于长距离的光纤通信，需要有中

继器。光中继器的作用是把经过长距离光纤的衰减和畸变后的微弱光信号放大、整形，再生成一定强度的光信号。

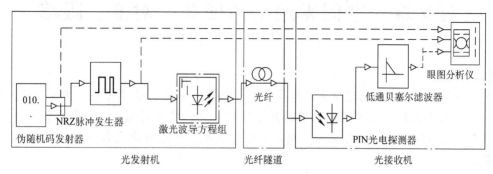

图 8.4 光纤通信系统仿真模型

### 8.3.2 10Gbit/s 普通单模光纤传输 80km 的仿真

主要通过仿真的结果来演示系统误码率的仿真，系统传输模型如图 8.5 所示。

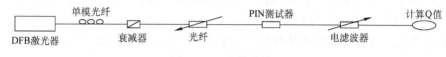

图 8.5 系统传输模型

如图 8.6 所示为系统误码率随进入接收机的平均功率变化曲线。从图 8.6 中不难看出，系统传输 80km（BER = $10^{-9}$），功率代价大约等于 0.9dBm。

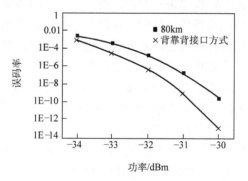

图 8.6 系统误码随进入接收机的平均功率变化曲线

# 本 章 小 结

光纤通信系统仿真分为电路级仿真和系统级仿真。电路级仿真就是由电阻、电容和电感等元器件组成的等效电路模型来进行仿真。系统仿真是用传输函数或数学公式来模拟器件。数字光纤传输系统仿真是将光发送机、光纤信号和光接收机简化成若干模块进行级联，每个模块可视为二端口网络，仅考虑其输入、输出之间的关系，而不去仔细研究内部具体结构。目前较流行的光通信系统仿真软件有 Boss、SCOPE、DEXSOLUS 等。

# 第9章 空间光通信的捕获、对准、跟踪

## 【知识要点】

所有的星间、星地激光通信系统都将 ATP（捕获、瞄准、跟踪技术）技术列为关键技术之一，而 ATP 系统的主要功能是确保两个通信终端的精确定向，使信号光能正确接收。本章主要介绍 ATP 技术中的难点——捕获和跟踪技术，包括捕获技术的方式、过程、概率分析等。

在轨运行的两颗卫星要成功地进行激光通信，必须经过两大阶段来完成：一个是建立两颗星的星间激光通信链路；另一个是保持链路稳定性的前提下传输数据，进行信息交换。在激光通信链路的建立与保持阶段，双方星上终端的运动过程通常包括 3 个过程：

1）指向目标过程：激光通信终端由任意位置指向目标可能出现的区域，运动范围较大，运动速度也较大，典型值为 1°/s 量级。

2）捕获过程：激光通信终端对不确定区域进行扫描，搜索对方激光通信终端，一般运动速度典型值为 0.1°/s 量级。

3）动态跟踪过程：完成捕获后，跟踪对方激光通信终端并保持动态对准，其角速度典型值为 0.01°/s 量级。

捕获、对准与跟踪（ATP）技术是一个光、机、电结合的精密综合技术，也是空间光通信的核心技术之一。由于空间光通信系统的通信信号光束发散角非常小，因此如果利用信号光束进行瞄准、捕获和动态跟踪将会是非常困难的过程。所以，要完成空间光束的捕获、瞄准及跟踪，通常采用信标光来完成。信号的接收由信号光实现。ATP 系统的主要功能是确保两个通信终端的精确定向，使信号光能正确接收。ATP 子系统与通信子系统是紧密耦合的：

1）以通信距离、码速率与误码率为主要指标的通信子系统性能建立在由 ATP 子系统提供并保持的动态稳定的视轴对准光链路基础之上。

2）ATP 精度制约着通信信号光束的宽度，在其他条件不变的情况下，由此决定了通信子系统的发射天线尺寸、信号光发射功率等体积重量功耗指标，而这些指标对星上系统都是至关重要的。

3）通信子系统性能的提高，尤其是探测灵敏度的提高会带来强的抗扰动能力，将大大缓解 ATP 子系统的指标压力。

4）这两个逻辑上分立的子系统在物理上存在着共享与复用，如光学天线共享和中继光学的大部分光路复用。

5）这两个子系统的优化还必须同时考虑到与第三个子系统——卫星星平台接口子系统性能指标（二次电源、功控、温控、辐射屏蔽）的相互耦合。

6）就 ATP 子系统而言，即使在各项单元技术已经研究成熟的情况下，在系统技术的层面上还必须充分考虑到子系统与子系统之间的相互影响，从而进行复杂的权衡与折衷。

## 9.1　ATP 系统中的捕获技术

捕获是 ATP 技术中的难点之一。这是因为通信双方虽然有卫星轨道参数，但其预报精度有限，需要用信标光对不确定区进行扫描，双方完成彼此的捕获。另外由于卫星存在相对运动，系统和外界环境存在诸多干扰因素，再加上捕获是在光开环的情况下进行，所以要实现快速，准确的捕获难度非常大。

在进行捕获系统设计时主要应考虑以下因素：

1）不确定区的大小。

2）初始的指向误差和期望的指向误差。

3）扫描方式。

4）总扫描时间。

5）捕获时在扫描子区的驻留时间。

6）卫星的位置信息和相对运动。

7）捕获的功率要求。

8）卫星振动和噪声。

9）捕获用激光束宽及其波长。下面将对捕获中的关键技术，如不确定区对捕获性能的影响、捕获方式、扫描方式、捕获概率及捕获链路等进行详细讨论。

星间光通信的 ATP 技术中，捕获是建立通信链路的关键。由于星历表、卫星姿态和轨道等方面的误差，在星际间寻找目标的过程中，我们只能知道目标出现的不确定区域。另外，捕获是在光开环状态下工作，加上存在卫星之间相对运动，卫星平台振动及太阳光等背景干扰，这就增大了捕获的难度。捕获中，信标光的光源可以使用脉冲光源、载波调制光源和稳定连续的光源。目前一般采用稳定连续的光源。在探测器选择方面，用于捕获的探测器有 QPIN、QAPD 和 CCD 等。捕获探测器的选择依据是星间链路环境和捕获方式，目前，一般采用大视场的 CCD。较之四象限探测器 CCD 无死区，在焦距、温度匹配、噪声等效角和捕获视场大小上有明显的优势。

可以采用以下几种方案进行捕获。

（1）采用星体作为信标来完成捕获

这种方案终端本身没有信标光装置，而是采用某一星体作为自身位置和姿态的参考，从而确定自己的通信终端的指向。例如，美国 JPL 在其深空光通信项目中提出用地球作为信标，将事先拍摄的地球图像存储起来，然后再与实时拍摄的地球图像做相关运算，经过一系列的数据处理，确定自身的姿态指向。该方法的优点在于省去了信标光，从而简化了系统设计，减小了通信终端的体积、重量和功耗。缺点是地球的图像容易受时间、天气等因素的影响。

（2）信标光 + 星敏感器

这种方案是在终端上安置星敏感器，由于星敏感器可以利用一些恒星的位置精确测定自身卫星的位置和姿态，其测量精度较高，因此可以大大提高通信终端的指向精度，只要信标光设计合理，就可以不需要扫描过程，直接完成链路的建立。这种方案的优点在于可大大节省捕获时间，提高捕获概率。缺点是目前星敏感器的数据更新率问题和视场问题。

（3）信标光＋扫描

这种方案是采用较宽的信标光束（相对于通信光），按照一定的扫描方式对不确定区域进行扫描，完成捕获过程。与前两种方案相比，它是一种工作较为稳定的方案，目前在星间光通信中采用得最广泛。

在研究 ATP 系统的捕获技术时，主要是第 3 种方案，主要考虑的问题包括：捕获方式、捕获不确定区的大小、扫描方式、捕获概率、探测器灵敏度、卫星环境噪声和平台振动对捕获造成的影响，信标光功率及信标光束宽的要求等。捕获过程中，这些技术节点的关系如图9.1 所示。

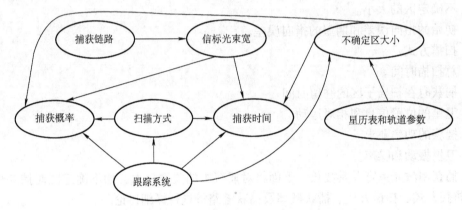

图 9.1　ATP 捕获技术节点及关系

轨道参数精度以及跟踪系统的精度确定了扫描不确定区大小；信标光束宽、不确定区大小、跟踪系统及扫描方式确定捕获概率；捕获时间是由不确定区大小、信标光束宽、扫描方式及跟踪系统带宽来决定的。

## 9.1.1　捕获过程

采用第三种捕获方案，即信标光＋扫描，以 GEO 与 LEO 光链路的建立来说明捕获过程，如图 9.2 所示，其中 FOV 是探测器视场，FOU 是不确定区。

1）光链路中的两端依据其轨道参数和星历表指向对方。

2）GEO 通过跟踪系统用信标光对 LEO 的不确定区进行扫描，双端都进行捕获程序。

3）当 LEO 端的捕获探测器探测到信标光后，利用跟踪探测器获得视轴与信标光的偏差，跟踪控制器校正其视轴方向；通过超前瞄准机构向 GEO 端发出信号光。

4）GEO 端探测到 LEO 的信号光，信标光停止扫描，GEO 端利用跟踪探测器获得的视轴与 LEO 信号光的偏差，跟踪控制器校正其视轴方向。

5）当 LEO 信号光进入 GEO 端精跟踪探测器视场内，实现光反馈；如果视轴与 LEO 信号光的偏差小于设定值，GEO 进入精跟踪工作方式，GEO 向 LEO 端发出信号光，GEO 关闭信标光。

完成上述捕获过程，系统进入精跟踪工作方式，双方可以进行通信。如果对方卫星的信号光由于某些原因脱离了本方卫星的跟踪视场，则需要重新进行捕获。

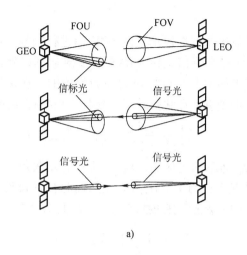

a)

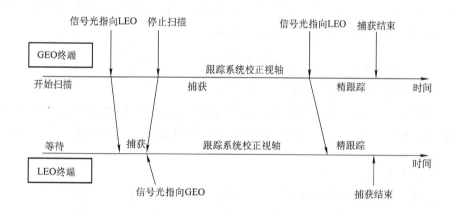

b)

图9.2 捕获过程

a）捕获过程示意图 b）捕获时间链

## 9.1.2 捕获方式

要完成上述捕获过程，一方面需要使主动方的信标光以某种方式覆盖被动方的视场（FOU），另一方面需要双方能以足够大的概率正确探测对方信标（信号）光。链路建立的两端可通过不同的捕获方式来实现，捕获方式一般可概括为以下几种。

（1）凝视/凝视方式

在这种方式中，主动方的信标光发散角足够大，以至于能覆盖整个被动方 FOU（称为凝视），同时被动方的接收视场角 FOV 大于主动方的 FOU（称为凝视）。在这种方式下，捕获几乎是瞬时的，其捕获概率由不确定区覆盖概率与探测概率决定。

在信标光发散角较大情况下能满足链路需要的功率要求，可采用凝视/凝视捕获方式。但由于目前器件和链路距离的条件所限，这种方式较少采用。

（2）凝视/扫描方式

这种方式，主动方用信标光束在被动方的 FOU 内进行扫描，同时被动方的接收视场角大于 FOU（称为凝视）。信标光可以提供足够高的发射功率以保证被动方的探测概率。可见，这种方式中，探测概率的提高是以捕获时间为代价的。在保证捕获灵敏度要求的条件下，捕获时间是视场、信标光束宽和驻留时间（信标光束扫过探测器的时间）的函数。

$$T_{acq} \approx \left[ \frac{\theta_{fou}^2}{\theta_{div}^2 \cdot (1-k)^2} \right] \times T_{dwell} \times N_t \qquad (9-1)$$

式中，$T_{acq}$ 为捕获时间、$\theta_{fou}$ 为不确定区角，$\theta_{div}$ 为信标光发散角，$T_{dwell}$ 为驻留时间，$N_t$ 为对 FOU 扫描的次数。一般情况下，为了克服信标光扫描时视轴抖动的影响，在设计扫描子区时需考虑一个重叠因子 $k$，以保证足够的捕获概率，则上式写为

$$T_{acq} \approx \left[ \frac{\theta_{fou}^2}{\theta_{div}^2} \right] \times T_{dwell} \times N_t \qquad (9-2)$$

（3）扫描/扫描方式

主动方采用信标光在被动方的 FOU 内进行扫描，同时被动方的捕获探测器也对主动方的 FOU 内进行扫描，考虑重叠因子，捕获时间为

$$T_{acq} \approx \left[ \frac{\theta_{fout}^2}{\theta_{divt}^2 \cdot (1-k_t)^2} \right] \times T_{dwellt} \times N_t \times \left[ \frac{\theta_{four}^2}{\theta_{divr}^2 \cdot (1-k_r)^2} \right] \times N_r \qquad (9-3)$$

式中，脚标 t 代表主动方参量，脚标 r 代表被动方参量。

由上式可以看出，这种捕获方式可能会增加捕获时间，减小捕获概率，所以双端扫描在实际星间光通信中应用较少，主要应用在捕获探测器视场不足以覆盖对方不确定区的情况下。

（4）扫描/凝视方式

这种方式是发射信标光发散角大于另一端的 FOU，处于凝视状态，而另一端用捕获探测器扫描对方的 FOU。同理，捕获时间为实际系统几乎不会使用该方法。主要原因是因为现有的信标光功率达不到如此宽的发散角要求。

根据目前星间光通信器件的发展水平，考虑到探测器灵敏度，光功率及链路距离，星间光通信系统一般采用凝视/扫描方式。

## 9.1.3 扫描方式

信标光扫描方式主要包括矩形扫描、螺旋扫描、矩形螺旋扫描、玫瑰形扫描，以及李萨如形扫描，其示意图如图 9.3 所示。

矩形扫描，即逐行扫描，虽然能够有效的扫描整个区域，易于设计与实现，但扫描效率较低。若目标出现概率以高斯或者 Rayleigh 型分布，螺旋扫描可以以最密的螺线轨迹从目标出现的概率最大区域开始，效率较高；但其不足在于会对较边缘处的目标产生漏扫。为此可以采用减小螺线渐开宽度，加大重叠因子的手段来降低漏扫概率，但这是以牺牲捕获时间为代价的。矩形螺旋扫描结合了前两种方式的优点，扫描也是从概率密度最大处开始，扫描间隔重叠小，比螺旋扫描方式更易于实现。另外，在确定扫描范围的情况下，矩形螺旋扫描的平均捕获时间小于矩形扫描。

玫瑰扫描以正弦波为基础产生调幅信号，扫描曲线是由玫瑰函数产生。卫星振动与常平

架抖动对这种扫描方式影响较小。其缺点是会存在漏扫区域，而且实现比较困难。

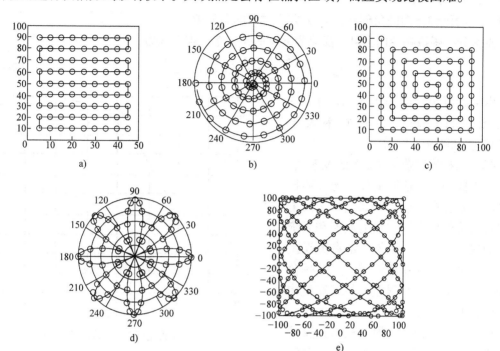

图 9.3　扫描方式示意图

a）矩形扫描　b）螺旋扫描　c）矩形螺旋扫描

d）玫瑰形扫描　e）李萨如形扫描

李萨如形扫描的扫描曲线是时频上都具有延迟的正弦函数。它能够有效的扫描整个区域，对于高斯和均匀分布的目标光斑，扫描效率都比较高。但不足的是也会存在漏扫区域，而且实现起来困难。

由上述分析并从工程角度出发，兼顾扫描效率和概率，一般采用矩形螺旋扫描方式。

## 9.1.4　捕获概率分析

星间光通信中，通信的两端在各自的轨道上运行时，从对方的角度来看，存在两种不确定性：一种是目标位置的不确定性；另一种是捕获视轴指向上的不确定性，这两种不确定性会影响捕获概率。另外，捕获探测器对信标光的探测概率也是捕获概率重点考虑的因素。捕获概率 $P_{\text{acq}}$ 可表示为

$$P_{\text{acq}} = P_{\text{unc}} \times P_{\text{pt}} \times P_{\text{d}} \qquad (9-4)$$

式中，$P_{\text{unc}}$ 为不确定区对目标的覆盖概率；$P_{\text{pt}}$ 为信标光覆盖不确定区的概率；$P_{\text{d}}$ 为捕获探测器探测概率。以下对上述 3 种概率分别加以分析。

（1）不确定区域对目标的覆盖概率 $P_{\text{unc}}$

一般分析认为，不确定区对目标的覆盖概率满足俯仰和方位上的高斯分布，且两轴上均方差满足 $\sigma_{\text{el}} = \sigma_{\text{az}} = \sigma_0$，可得

$$P_{\text{unc}} = \iint\limits_{\text{FOU}} \frac{1}{\sqrt{2\pi}\sigma_0} \mathrm{e}^{-\frac{\theta_{\text{el}}^2 + \theta_{\text{az}}^2}{2\sigma_0^2}} \mathrm{d}\theta_{\text{el}} \mathrm{d}\theta_{\text{az}} \qquad (9-5)$$

令 $\sigma = \sqrt{\sigma_{el}^2 + \sigma_{az}^2}$

式中，$\sigma_{el}$ 为俯仰方向的角偏差，$\sigma_{az}$ 为方位方向的角偏差。

概率分布函数在径向上可以简化为 Rayleigh 分布，则上式为

$$P_{unc} = \int_0^{FOU/2} \frac{\theta}{\sigma_0^2} e^{-\frac{\theta^2}{2\sigma_0^2}} d\theta = 1 - e^{-\frac{FOU^2}{8\sigma_0^2}} \qquad (9-6)$$

由上式可知，当 $FOU > 6\sigma_0$ 时，不确定区对目标星的覆盖概率大于 98.89%，如图 9.4 所示。

（2）信标光覆盖不确定区的概率 $P_{pt}$

由于捕获时通信两端处于光开环扫描阶段，系统存在着各种误差，它们主要来自系统外部参数测量的误差和系统执行的误差。其中，系统外部参数误差包括：卫星姿态和轨道误差，卫星平台振动误差。系统执行误差是指跟踪机构的指向误差。

这些误差在捕获阶段无法通过反馈来校正，所以信标光在对目标星不确定

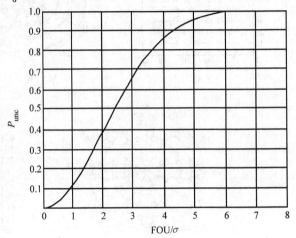

图 9.4    不确定区对目标的覆盖概率

区进行扫描的时候，在内外误差和扰动的作用下，会出现扫描子区偏离预定的位置，造成信标光对扫描子区不能完全覆盖，扫描点间隔不均匀，出现重叠和漏扫，导致捕获概率下降。

由于采用凝视/扫描的捕获方式，解决这类问题除了采取振动抑制，粗、精跟踪联合工作模式等措施来减小误差，还可以采用在扫描中增加重叠因子来提高捕获概率。附加重叠因子的选取可以由信标光覆盖不确定区的概率来确定，分析如下。

扫描时信标光视轴的偏差，径向上满足 Rayleigh 分布，其概率分布函数为

$$P(\varepsilon) = \frac{\varepsilon}{\sigma^2} e^{-\frac{\varepsilon^2}{2\sigma^2}} \qquad (9-7)$$

其中假定

$$\sigma = \sigma_{el} = \sigma_{az}, \varepsilon = \sqrt{\varepsilon_{el}^2 + \varepsilon_{az}^2} \qquad (9-8)$$

## 9.2    ATP 系统中的跟踪技术

为了保证星间光通信系统持续通信和通信质量，在设计星间光通信系统时，跟踪子系统是研究重点。跟踪瞄准精度将决定通信光束的最小束宽，从而决定通信端机的天线直径。因此，系统总体的复杂度、体积、重量，以及功耗等都是以跟踪性能为前提的。此外，空间光通信系统的性能，通常由误码率和突发误差概率来衡量，这些参数也受跟踪精度的直接影响。

### 9.2.1    跟踪探测器的等效噪声角（NEA）

在总瞄准误差的各项误差源中，跟踪误差是由于内部和外部扰动引起的，由跟踪探测器

的等效噪声角（NEA）和跟踪系统有限的抑制能力造成的残余常平架抖动所组成。

对于四象限跟踪传感器，NEA 可用下式表示

$$\text{NEA} = \frac{1}{\text{SF}\sqrt{\text{SNR}}} \qquad (9-9)$$

这里

$$\text{SNR} = \frac{(P_r R_d)^2}{N_0 B} \qquad (9-10)$$

式中，SF 是斜坡因子（1/rad），$P_r$ 是接收功率（W）；$R_d$ 是探测器灵敏度（A/W）；$N_0$ 是接收机噪声（A/Hz）；$B$ 是跟踪环的带宽（Hz）。

NEA 比例于跟踪控制带宽的方根，降低 NEA 的方法是选择更灵敏或低噪声的探测器。

## 9.2.2 瞄准误差与系统突发概率的关系

瞄准误差的性质一般用径向角度瞄准偏差或用瞄准偏差概率分布的标准偏差进行描述。假设瞄准误差为高斯分布，且它的标准偏差径向对称，$e = \sqrt{e_x^2 + e_y^2}$ 径向概率分布可认为是瑞利分布，即

$$P(e) = \frac{e}{\sigma^2}\exp\left[\frac{-e^2}{2\sigma^2}\right] \qquad (9-11)$$

$$\int_0^\infty P(e)\mathrm{d}e = 1 \qquad (9-12)$$

突发误差概率是进行通信系统设计需考虑的重要参数之一，设在通信系统误差分配中允许的瞄准误差上限为 $e = e^*$，动态瞄准误差超过 $e^*$ 值时，突发误差就会产生。

$$P_E^* = \int_{e^*}^\infty P(e)\mathrm{d}e \qquad (9-13)$$

光束束宽 $\alpha$ 和瞄准误差上限 $e^*$ 存在最佳的比值关系

$$\frac{e^*}{\alpha} = 0.24 \qquad (9-14)$$

故可得出 $\alpha$、$\sigma$、$P_E^*$ 三者的关系：

$$\frac{\alpha}{\sigma} = \frac{\sqrt{-\ln P_E^*}}{0.17} \qquad (9-15)$$

# 本 章 小 结

ATP（捕获、瞄准、跟踪技术）技术是空间激光通信系统的关键技术之一，主要功能是确保两个通信终端的精确定向，使信号光能正确接收。

本章的第一部分主要介绍 ATP 系统中的难点——捕获技术，包括捕获过程、捕获方式、捕获的概率分析，以及信标光的扫描方式等。捕获是建立通信链路的关键，在捕获中要考虑多方面的因素，如不确定区对捕获性能的影响、捕获的功率要求及捕获链路等。

本章的第二部分从跟踪探测器的等效噪声角以及跟踪误差与系统突发概率的关系介绍了 ATP 系统中的跟踪技术。

通过本章的学习应达到：

➤了解 ATP 子系统与通信子系统的关系。

➤掌握捕获技术的方式以及信标光的扫描方式。

➤理解空间激光通信中捕获的过程。

➤掌握 ATP 系统中瞄准误差由什么决定。

## 习题与思考题

1. 在 ATP 系统中捕获技术主要采用哪几种方式？区别是什么？

2. ATP 系统中信标光的扫描方式有哪些？

3. ATP 系统中影响跟踪误差的因素有哪些？

# 第 10 章　空间光通信的光学系统

**【知识要点】**

光学系统在空间光通信系统中要遵循光学规律，其中激光器的选择、探测器的选择、分光方式等是光学系统总体方案设计中的关键问题。本章主要介绍对于不同的系统设计，如何选用合适的器件以提高系统性能和满足设计要求，以及这些器件的类型、原理和主要特性等。

空间光通信系统中光学系统同样要遵循光学规律，系统中每个内部元件都发挥着不可替代的作用。整个通信过程简单描述如下：将电信号输入发射器，信号中包含所要传输的信息，发射器通过某种转换方式把电信号转换为光信号。转换方式可以分为内调制与外调制两种，发射器光源为激光二极管。内调制，即对二极管的电流进行调制，可以控制输出光束的形式；外调制方法，光束从发射端发出后再通过电光或磁光效应进行调制。调制后的光束，透过成像光学器件，到达对准元件，光信号经过进一步处理后送到接收器件，由此光信号被转换为电信号进行处理，将数据传送到用户手中。空间光通信中光学系统总体方案选择的几大关键问题，包括激光器的选择、探测器的选择、分光方式及望远系统形式的确定。

## 10.1　激光器

光通信中有很多类型的激光器可以使用，目前大多数激光通信中应用的都是波长在 800 ~ 1000nm 区域的激光器，有些也会应用波长在 1300 ~ 1500nm 区域的。近几年来，随着这些领域的发展，可以应用的器件也有所发展。早期的激光通信中，主要应用波长为 1060nm 的二氧化碳激光器，因为二氧化碳激光器很稳定，与短波长的激光器相比，不容易受大气环境影响。但由于二氧化碳激光器需要致冷等措施所以体积很大，在这方面固体激光器和半导体激光器要好一些。空间光通信的传输距离较长，固体激光器的泵浦源寿命太短，所以它不适合应用于空间光通信中。综合考虑半导体激光器体积小、重量轻、信息可靠等优点，在空间光通信中应用半导体激光器来做发射光源。

由于量子阱半导体激光器的微分增益和微分量子效率高，从而降低了阈值电流密度，提高了特征温度，所以现在的大功率半导体激光器有源区都采用量子阱结构。其中采用侧向折射率限制的宽发射面结构可得到好的纵向和横向（包括侧向）模式，输出高功率、高亮度的激光。这种结构的半导体激光器工作波长为 800nm，该波长使得硅光电探测器工作在峰值，量子效率高，噪声低。此外，在自由空间光通信中采用单片集成振荡器放大器结构的大功率半导体激光器也是一种较好选择。这种激光器把激光振荡器与有源区具有渐开形状的光放大器单片集成在一个衬底上。它的振荡器是半导体激光器，其输出光被耦合入渐开形光放大器。在它的典型工作中，主振和功放分别偏置，也可以固定偏置，此时光输出功率随加到放大器的电流呈线性变化；相反，放大器也可以固定电流偏置，通过改变振荡器电流控制输出功率。这种能力是 MOPA 所具备的优点：仅用几百毫安控制电流就能获得几瓦单模功率。在室温、输出功率 1W 工作条件下，调制带宽可达 3GHz，半导体激光器的输出功率与调制速率之间通常是矛盾的，大功率激光器的调制速率一般较低，而调制带宽高的半导体激光器输出光功率小，单管功率为数十毫瓦。为了解决这一矛盾，可采用 1550nm 工作波长的半导体激光器加光纤放大器（EDFA）或半导体光放大器（SOA）的方法，由光纤放大器或半导体光放大器对已调制信号进行放大，从而获得高速率的大功率激光输出。EDFA 与 SOA 相比，SOA 有体积小、功耗低、价格便宜和能与其他半导体光电子器件集成等优点。

此外，半导体激光器泵浦 Nd：YAG 激光器也是光无线通信光源的一种理想选择。它结合半导体激光器和固体激光器的优点，半导体激光器体积小、重量轻、直接电注入使量子效率高，可通过调整组分和控制温度从而得到与常用固体激光材料泵浦带相匹配的波长，但它的光束质量较差，横模特性也不尽理想，必须先对其进行准直才能用于无线通信中。固体激光器输出的光束质量较高，时间与空间相干性好，光谱线宽与光束发散角均比半导体激光器小几个数量级，可采用相干探测方式大幅度提高探测灵敏度，缺点是虽然输出功率较高，但必须采用外调制，通过外调制后才能负载信息。目前该技术还不完全成熟，实现比较困难，但它是未来光通信的发展方向之一。

选用激光器的时候，首先考虑大气中水分吸收与散射的影响及衍射角的要求来选取激光器的波长。其次，从调制性能角度考虑，波长为 800nm 的半导体激光器调制效率不高，而波长为 1550nm 时，有成熟的光纤通信使用的 EDFA 技术。再次，从总体性能角度考虑，对于 1550nm 波长的没有可以选择的跟踪探测器，而接收器 CCD 在 800nm 波长处灵敏度较高。

选取激光器后，还要对激光光束进行整形。由于单模激光器的二维尺寸不同，造成由激光器发出的光束有可能是椭圆的，其椭圆的程度随着激光器的不同而变化，低功率半导体激光器的椭圆长短轴之比大致在 3：1 左右。望远系统传输的光束主要是圆形，所以要对激光器输出的光束进行整形。

## 10.2　探测器

探测器大体可以分为 3 大类，第一类用于进行通信；第二类用于进行激光光束捕获；第三类用于跟踪入射光束以便返回光束，可以对准发射卫星。

常用的通信探测器大致包括 APD、PIN、CCD 等。其中，APD 具有比较良好的接收性能，低噪声，高带宽，在某些波长区域具有较好的量子效率。PIN 主要用于相干探测系统的探测器，在长波长波段使用 PIN 虽然会产生较高的量子效率，但是同时也会带来较大的噪声负担。CCD 的数据传输率较慢，读出速度也较低，但是它属于信号阵列器件，用来进行空间捕获或跟踪比较好，在通信用途中，其性能明显低于非阵列器件 APD。

跟踪探测器可以使用 CCD、QAPD、QPIN 等，捕获探测器可以使用 CCD、QAPD、QPIN 等。

采用 QAPD 作为跟踪探测器与 CCD 作为跟踪探测器的不同是需要在两种探测器之间进行转换，这就要求在全部转换所需要的时间内由于各种干扰所引起的控制偏差不应超过

QAPD 的视场范围，为了满足这个基本条件，QAPD 的视场角应大于 2 倍的 CCD 中心 4 个像素的视场，其输出信号的大小正比于入射信号的瞬时功率，而与信号的平均功率无关，如果将信号的 Q 值提高，即脉冲宽度变窄，峰值功率提高，即平均功率不变的条件下，便可得到所需要的信噪比。各种光电探测器件性能对比见表 10.1。

表 10.1　各种光电探测器件性能对比

| | DA 系列面阵 CCD | LUPA1300 行 CMOS | S4404 型 QAPD | S8302 型 PSD |
|---|---|---|---|---|
| 数据读出速率 | 慢 | 较快 | 最快 | 快 |
| 光谱响应范围/nm | 400~1100 | 400~1100 | 400~1000 | 760~1100 |
| 空间分辨能力 | $16\mu m \times 16\mu m$ | $14\mu m \times 14\mu m$ | $250\mu m$（高） | $30\mu m$（低） |
| 是否具有细分能力 | 能 | 能 | 能 | 不能 |
| 灵敏度 | $14V/(uJ/cm^2)$ | 0.75A/W | 0.5A/W | 0.55A/W |
| 固有噪声 | 噪声等效电子数 50 | 噪声等效电子数 100 | NEP：$5 \times 10^{-14}$ | 暗电流 0.05nA |
| 光电输出线形度 | 最好 | 较好 | 一般 | 好 |
| 后续电路结构复杂程度 | 复杂 | 简单 | 较复杂 | 比较简单 |
| 填充系数 | 填充系数 100% | 填充系数 <70% | 较小填充系数 85% | 填充系数 100% |
| 是否有死区 | 无 | 无 | 有 | 无 |
| 是否可获得连续的位置信号 | 能 | 能 | 不能 | 能 |
| 测量范围 | 大 | 最大 | 小 | 较大 |
| 整个系统功耗情况 | 大 | 最小 | 较大 | 较小 |
| 整个系统的质量情况 | 较大 | 大 | 小 | 较小 |

## 10.3　激光通信的波长选择

通信激光常用的波段有：800nm，1060nm，1550nm 和 10.6μm，空间激光通信大多采用 800nm 和 1550nm 波段，这两个波段的激光器具有体积小、重量轻、相应的探测器灵敏度高等优点。通信波长的选择主要考虑以下几方面：

1）空间信道（大气）对不同波段的影响。

2）不同波段的激光器调制性能不同，根据通信码速率对激光器调制性能的要求。

3）通信距离对激光器输出功率的需求。

4）不同波段的光束衍射极限角不同，由光束准直程度决定。

5）通信接收和信标探测器性能的需求。

6）不同波段背景光的影响程度。

7）元器件发展程度和新技术的应用。

上述各种因素互相紧密关联，在波长的选取上应进行综合考虑。对于 800nm 和 1550nm 波段，两个波段各有优势和难点，相互比较如表 10.2 所示。

表 10.2　800nm 与 1550nm 波段比较

| 比较＼波段 | 800nm 波段 | 1550nm 波段 |
|---|---|---|
| 优点 | 1. 技术相对成熟，国外已有使用的经验，已发射的空间光通信系统大多采用 800nm 波长<br>2. 接收端可采用已成熟的硅 CCD 面阵器件作为位置敏感器件<br>3. MOPA 光源可达到 1W 以上功率的输出，并能满足 300 ~ 600Mbit/s 的调制速率<br>4. 探测器件的灵敏度相对较高 | 1. 可采用激光器加光纤功率放大器技术，解决高调制码率和大发射功率的矛盾<br>2. 接收端可采用光纤前置放大器，获得高接收灵敏度<br>3. 可利用成熟的地面光纤通信技术的成果<br>4. 尾纤出射的激光易于准直到微弧度量级，准直损耗小 |
| 缺点 | 大功率输出的激光器的调制速率较低；光束准直难度大，效率低 | 无高性能的位置面阵探测器件，而Ⅳ象限探测器的捕获视场角相对较小 |

综上所述，从总体技术的成熟性和探测器件来看，800nm 波段具有一定的优势；从高速率、光束准直和元器件的发展来看，1550nm 波段具有相对的优势。

## 10.4　回转结构及方式

常用的回转结构方式为回转反射镜方式、回转望远镜或者回转包裹方式。

### 10.4.1　回转反射镜方式

如图 10.1 所示给出了回转平台及回转平面反射镜。虽然平面反射镜不能像望远镜一样聚集能量，但是可以改变光束的方向，所以回转反射镜放在接收望远镜的前面。

回转反射镜方式使望远镜和成像光学系统、探测器、激光器等都可以固定，即它们不需要移动来适应光线。平面反射镜和望远镜的重量

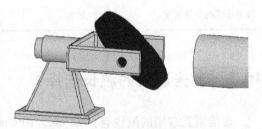

图 10.1　回转反射镜结构方式

一般比回转望远镜的要大的多。平台的长度相应也应该比口径要大，通常该比例为 1.4：1 （对于 45°）或者更高，通过这个角度可以使光线发生反射改变方向。而且，回转平台视场有限，远远不到半球。此外，对于空间应用该种方法还有一些缺点，如平台反射镜暴露在空气中及反射膜层受到紫外线的能量辐射等的影响，对于回转望远镜或者回转包裹，接收/发

射光学系统均很少暴露在外。在太空中太阳光投射到发射镜上会导致镜面热效应的弯曲变形，使得对发射光束的反射方向发生变化，这种扭曲将降低对方终端的接收强度。由于信号功率通常被认为是保险值，而且必须保证为了实现"闭环连接"，所以这种镜面变形会影响对准精度。

### 10.4.2　回转望远镜

回转望远镜用作对准元件实现长距离的连接。类似回转平台，使得系统的其余部分得到固定。然而，对于回转望远镜中转动的重量需要大大减轻。视场也有所扩大，可以达到半球或者更大。LCS、OCD 系统均使用这种对准方式。回转望远镜结构方式在图 10.2 中给出。

### 10.4.3　回转组件方式

把整个光通信端机回转或者主要部分回转是另一种终端设计方式。由于从一个动态视点扫描一个大范围会影响运载卫星的稳定性能。这种方法对于小口径（75mm 或 100mm 口径），短程通信系统更要适合。回转支撑大口径望远镜的重量，除非特殊设计，否则其重量非常大。如图 10.3 所示给出了回转组件设计。对于分开的发射和接收口径，工作时可以避免发射对接收的影响。电控系统也在组件中。这种设计当重量较大时，任意一轴转动都将给运载工具带来很大的扭矩。其扫描视场也很大，接近于整球。

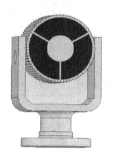

图 10.2　回转望远镜结构方式　　　　图 10.3　回转组件方式

许多这种设计将发射器与回转分开，通过光纤连接把发射信号输入到发射口径中。通信接收器也同样可以是分离式的，通过光纤接入。

## 10.5　分光方式

大多数激光通信系统中，接收器的灵敏度在几百皮瓦到几十纳瓦之间。同时发射器为功率在几十毫瓦到 1W 左右的半导体器件，或者功率高达兆瓦的固体激光器。发射器的功率要强于接收器的灵敏度，通常光通信中采用的都是发射和接收在同一端。这种情况下，如果光路中没有分光措施，那么由发射器发出的光束，经过光学元件的反向散射到达接收器，将会对接收信号产生很大的干扰，甚至湮没接收信号，导致系统不能正常工作。

分光方法主要有以下几种。

（1）空间分光

　　最原始的也是最简单的方法，将发射和接收口径分开，即空间分光。由于这些系统中通常使用较大的光束发散角，所以这种方法主要应用于允许在发射和接收口径之间存在对准偏差及短距离通信中。

（2）光谱分光

　　通过使用双色分光片和适当的滤光片，将发射和接收波长分开。这种光谱分光的方法已经得到确凿的证实可以得到超出 120dB 衰减的分光，而且整个光路中允许使用普通的光学元件。这意味着发射端和接收端可以使用同一个口径，如果系统要求很窄的光束进行对准时，这种方法很有效。而大多数长距离的互连系统都要求窄光束对准，所以这种方法是非常理想的分光方法，在第二代空间光通信系统中应用了这种分光方法。

（3）时域分光

　　对于有些系统，只应用一个波长，要求窄光束并精确对准，则应用时域分光这种方法。通常在发射器工作时，接收器是空闲的，所以这种方法会有时间限制。

（4）偏振分光

　　输出激光具有典型的偏振状态，水平或者垂直。通过光学方法，使线性偏振光转化为圆偏振光。可以适当控制，使得发射和接收端分别为左旋或右旋圆偏振光。STRV2 系统就使用了这种分光方法，其系统使用的波长为 854nm，即只需要一种波长。但是实验证明，这一方法受到物理性质的限制，不能将干扰信号衰减到理想的程度。

　　几种方法的组合如：STRV2 接收和发射采用空间分隔方法；信标和通信光采用波长分隔；两路发射用于提高通信速率采用偏振分隔方法 STRV2 光学系统原理如图 10.4 所示。

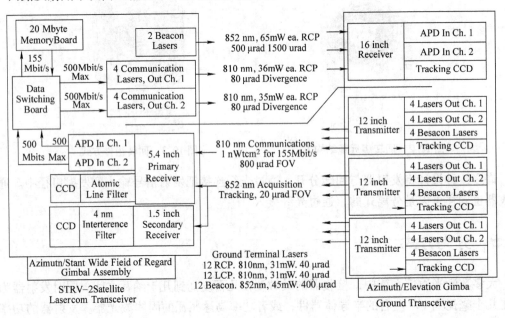

图 10.4　STRV2 光学系统原理

a）光学系统框图

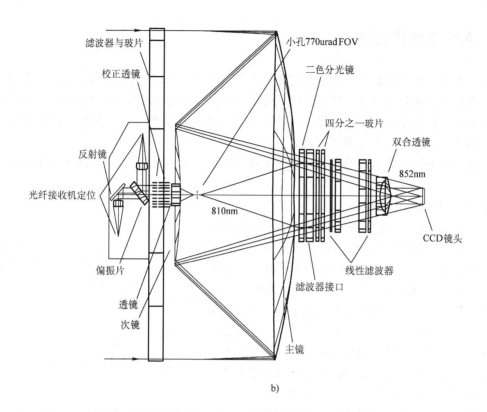

b)

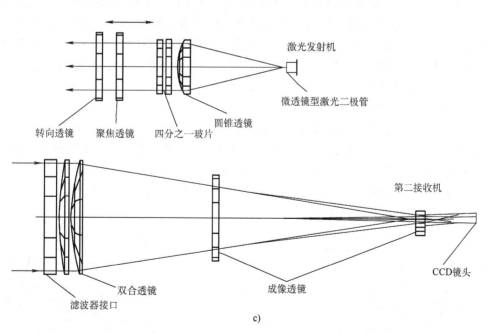

c)

图 10.4　STRV2 光学系统原理（续）

b) 5.4 英尺口径主接收系统光路图　c) 发射系统和第二接收光学系统光路图

## 10.6 望远镜结构形式

空间光通信中的望远部分是最重要的光学元件，它主导着几大主要功能。首先，它必须可以进行优质传输和对准光束，并保证成像质量。其次，望远系统作为接收口径，负责收集从通信终端接收的信号，把信号中继到 ATP，再由此传给探测器。在许多激光通信系统中，望远系统既要完成发射还要完成接收功能。

激光通信中使用的望远系统都起源于天文望远系统，下面对各种结构的望远系统的特性做介绍。

（1）离轴式牛顿望远系统

离轴式牛顿望远系统由一个抛物面反射镜构成，如图 10.5 所示。离轴特点是使望远系统成像不会产生很大的模糊，这一特点非常有价值，主要由于发射或接收的信号都没有被遮拦所造成。这种类型的望远系统结构不紧凑。第一，主镜焦距很难减小，减小焦距就要以降低望远系统像质为代价；第二，由于只有一个反射镜参与成像，所以视场较小；第三，由于整个系统的失对称性，所以这种类型的望远系统很难对准。

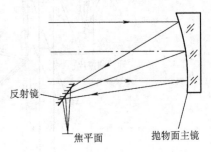

图 10.5 离轴式牛顿望远系统

（2）卡塞格林望远系统（卡氏系统）

法国物理学家卡塞格林发明的卡塞格林望远系统包括抛物凹面主镜和双曲凸面次镜，如图 10.6 所示。由于应用折叠式结构，长度可以缩短为焦距的 1/3。第一代互连通信中应用过这种类型的望远系统，次镜前放置一个平窗口，用来隔离直射日光。由于使用两个反射镜，可以达到 0.5 度视场。次镜与主镜之间的中心距离要求较严格，波差均方值可以达到 $\lambda/16$，次镜尺寸通常是主镜尺寸的 $0.2 \sim 0.25$ 倍。

（3）离轴式格里高利望远系统

该望远系统属于非模糊成像望远系统系列，如图 10.7 所示。放置视场光阑的最佳位置是焦点处，放置视场光阑可以拦截所有的离轴偏心光线，对于传统的格里高利系统没有此优点。还可以放置光阑阻挡由于管壁或主镜边缘反射所造成的杂光。该方法综合了离轴的非模糊成像和格里高利的偏离光可以消杂光的优点；缺点是它不能像卡塞格林望远系统那么短，第三代互连中应用过此种望远系统。

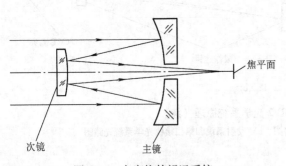

图 10.6 卡塞格林望远系统

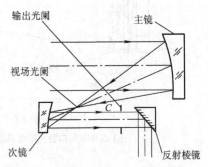

图 10.7 离轴式格里高利望远系统

（4）附加透镜式卡塞格林望远系统

在原有的卡塞格林望远系统基础上附加透镜，如图 10.8 所示。视场（FOV）较大，像质较好，这种类型的望远系统称为折反射系统，应用中可以根据需要使用两个或三个透镜。

（5）附加施密特校正板式卡塞格林望远系统

该系统是由施密特矫正板和卡塞格林望远系统合成构成的非寻常的折反射式望远系统，使用一个非球面的矫正板来矫正球差，如图 10.9 所示。可以利用衍射极限产生高于 1 度的视场。已经有部分天文观测系统应用过这种类型的望远系统。

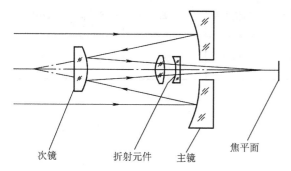

图 10.8　附加透镜式卡塞格林望远系统

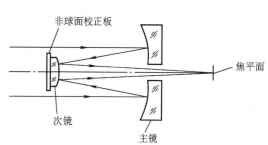

图 10.9　附加施密特校正板式卡塞格林望远系统

（6）马克斯托夫卡塞格林望远系统

马克斯托夫卡塞格林望远系统是一种视场相对较大的折反射式望远系统。主镜是球面的，所以视场较大，但是代价是焦平面也是个球面，如图 10.10 所示。当视场不太大时，也可以提供一个平场，整个系统是和卡塞格林合用的，基本情形和施密特矫正板—卡塞格林系统类似。口径较

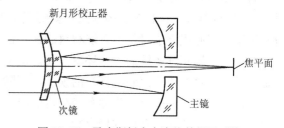

图 10.10　马克斯托夫卡塞格林望远系统

大的，应用新月形的矫正器，矫正器的重量要比施密特矫正板大，这种望远系统在设计过程中要求适当分配参数。次镜的半径与新月型矫正器后面半径相同，即可将次镜安装在球形矫正盘上。大致有 89 ~ 178mm 的口径，在这样的系统中有很高的像质，波差均方值约为 $\lambda/40$。目前已经有一些实验室装置使用了这样的系统。

综合上述几种望远系统的特性，卡氏系统，优点是光学系统轴向尺寸小，缺点是有光束遮拦，杂散光比纯透镜系统大。格里高利望远系统，优缺点同卡氏系统。此外，格里高利的主、次镜场曲叠加，而卡氏系统主次镜的场曲可抵消一部分。虽然格里高利望远系统成正像，但空间通信系统属于非成像光学系统，故不予考虑。离轴非球面反射系统主要适用于大视场情况，即视场要求较大时考虑用离轴非球面反射系统。虽然它没有光束遮拦，但是离轴非球面系统的缺点是加工、检验、装调非常困难。虽然按设计可达到技术要求，由于制造、装调误差，使实际光学系统很难达到上述水平。各望远系统型式对比见表 10.3。

表 10.3    各望远系统型式对比

| 类型 | 结构图 | 中心遮拦 | 视场角/(°) | 相对长度 | 内部视场光阑 | 相对重量 | 镜筒 |
|---|---|---|---|---|---|---|---|
| 离轴式牛顿望远系统 | 图 10-5 | 无 | 0.25 | 长 | 无 | 轻 | 不封闭 |
| 卡塞格林望远系统 | 图 10-6 | 有 | 12 | 短 | 无 | 中等 | 不封闭 |
| 离轴式格里高利望远系统 | 图 10-7 | 无 | 0.5 | 长 | 有 | 中等 | 不封闭 |
| 附加透镜式卡塞格林望远系统 | 图 10-8 | 有 | >1 | 短 | 无 | 中等 | 不封闭 |
| 附加施密特校正板式卡塞格林望远系统 | 图 10-9 | 有 | >1 | 短偏中等 | 无 | 中等偏重 | 封闭 |
| 马克斯托夫卡塞格林望远系统 | 图 10-10 | 有 | >1 | 中等 | 无 | 重 | 封闭 |

# 10.7    材料选择

## 10.7.1    反射镜材料

通常用瑞利判据评价望远系统像质，要求出射波前误差等于或小于 $0.075\lambda$（衍射极限），该值与参考波长有关。望远系统受到温度波动和热度变化影响时，需要仍然可以达到衍射极限，因此提高了对望远系统材料的稳定性的要求。

掌握与控制望远系统的工作环境，设计出工作环境存在波动情况下同样可以达到要求的系统。望远系统的镜面镀制消日光的膜层，消除由日光照射热量所引起的镜面变形，从而消除了由此引起的信号失真。望远系统结构的材料大致可以分为以下几类：①玻璃；②硅酸盐材料；③金属；④包含金属的聚合物。

碳化硅、Zerodur、熔石英、ULE 等都已经应用于空间天文望远系统中。其中 ULE 在第一代互连望远系统中已经应用过，镜筒的材料为非常薄的低膨胀钢（具有很低的热膨胀系数），用以控制镜筒的热膨胀及主次镜之间的距离，在确保焦距满足条件的情况下，公差要求也非常严格。对于红外波段，铍的性能很出色，铍在第二代互连望远系统中应用过，这种材料最轻，具有非常好的稳定性，但是价格很昂贵。由于铝和铍很难实现所需要的光学平整度，所以这些金属制成的反射镜可以用镍来镀膜，当铝表面镀上一层镍可以得到较好的平整度。但是由于两种材料不同的热膨胀系数，所以会造成了较大的内应力，由于在卫星运转轨道中，温度摇摆不定，在这种恶劣的环境下，内应力效应更为强烈。熔石英，线胀系数方面介于玻璃和 ULE（或 Zerodur）之间。在哈勃望远镜的主次镜里还用了环氧石墨，一种近乎 0 线胀系数的混合物。

材料 SXA 是混有 30% 碳化硅的铝合金，该材料的线胀系数可以减小，甚至可以和镍相媲美。相应地，反射镜的外形形状可以在温度大范围变化仍然保持稳定。除此之外，SXA 随时间也具有很强的稳定性，在结构中使用 SXA 也是可行的。此外，望远系统和反射镜使用同一种材料时，外壳和反射镜随环境变化的性质相同，可以设计出一种非热变化型望远系统。当温度变化时，焦面位置并不改变，而只有像大小的变化，前提是望远系统要安装在近焦面的位置，同时保证最小的温度梯度。

空间和地面温差大，气压差别也较大，环境恶劣，可供选择的反射镜光学材料性能如表10.4 所示。

**表 10.4　反射镜光学材料性能表**

| 序号 | 材料 | 密度 /(g/cm²) | 弹性模量 $E$/GPa | 比刚度 $E/P$($10^9$N·mm/g) | 导热率 (W/m·℃) | 线膨胀系数 $\alpha$/($10^{-6}$/℃) | 热变形系数 $\alpha/\lambda$/($10^{-8}$m/W) |
|---|---|---|---|---|---|---|---|
| 1 | SiC | 3.05 | 400 | 12.6 | 185 | 2.5 | 1.4 |
| 2 | Be | 1.85 | 280 | 15.1 | 160 | 11.4 | 7.2 |
| 3 | 微晶玻璃 | 2.5 | 92 | 3.7 | 1.46 | 0.05 | 3 |
| 4 | 熔石英 | 2.2 | 67 | 3.1 | 1.3 | 0.03 | 2.3 |
| 5 | Si | 2.3 | 157 | 6.8 | 169 | 2.5 | — |
| 6 | 碳纤维复合材料 T300B | 1.8 | 纵向9.5 横向3.1 | 14 | 193 | 0~1（铺层工艺确定） | — |

表中列出可供选择的材料。考虑光学元件的机械性能、对空间环境的适应性，以及加工工艺性等因素，选择微晶玻璃作为主反射镜的材料较理想，其优点是密度较小、线胀系数较小、机械强度高、热膨胀性可调、抗热震性好、耐化学腐蚀、低的介电损耗、电绝缘性好等，同时可对其进行轻量化处理。

## 10.7.2　透镜材料

选择 K9 等常见的光学玻璃作为折射材料，其优点材料较常见、成本低、稳定性好，K9 玻璃性能参数如表 10.5 所示。

**表 10.5　K9 玻璃性能参数表**

| 温差光学常数 $Vc \times 10^{-6}$ | 线膨胀系数 $\alpha \times 10^{-7}$ −60~20℃ | 20~120℃ | 弹性模量 $E$/GPa | 密度 /(g/cm²) | 导热率 /(W/m·℃) | 泊松比 |
|---|---|---|---|---|---|---|
| −2.2 | 72 | 76 | 75 | 2.52 | 1.12 | 0.211 |

# 本 章 小 结

本章主要介绍空间光通信中的光学系统在总体方案设计选择中的关键问题，包括激光器的选择、探测器的选择、分光方式及望远系统形式的确定。

半导体激光器由于体积小、重量轻、信息可靠等优点，在空间光通信中用来做发射光源。选用激光器的时候，首先考虑大气中水分吸收与散射的影响及衍射角的要求来选取激光器的波长；其次从调制性能角度考虑；再次从总体性能角度考虑。目前选用的半导体激光器主要有量子阱半导体激光器、泵浦 Nd：YAG 半导体激光器等。

对于探测器，主要从 3 个方面来选择。一是用于进行通信；二是用于进行激光光束捕获；三是用于跟踪入射光束以便返回光束可以对准发射卫星。目前，跟踪探测器可以使用 CCD, QAPD, QPIN 等，捕获探测器可以使用 CCD, QAPD, QPIN 等。

目前空间激光通信大多采用 800nm 和 1550nm 波段，主要是因为这两个波段的激光器具有体积小、重量轻，相应的探测器灵敏度高的优点。

大多数激光通信系统中，发射器和接收器都在一端，为保证系统正常工作，在光路中要采用分光措施，常用的分光方法主要有空间分光、光谱分光、时域分光、偏振分光。

空间光通信中的望远部分是最重要的光学元件，本章对于常见的 6 种望远系统在性能、优缺点方面进行详细的介绍，并进行综合比较。

通过本章学习应达到：

➢掌握激光器、探测器的主要特性、要求和影响损耗的因素等。

➢掌握激光通信的波长如何进行选择。

➢了解回转反射镜方式、回转望远镜或者回转包裹方式的原理及性能比较。

➢掌握激光通信中发射和接收如何选用分光方式。

➢了解 6 种不同的望远镜结构形式的原理、优缺点。

## 习题与思考题

1. 激光通信波长分别为 800nm 和 1550nm，应选择何种激光器和探测器？为什么？

2. 简述量子阱半导体激光器、泵浦 Nd : YAG 半导体激光器的区别及优缺点。

3. 简述激光通信中常用的 4 种分光方法的区别。

4. 激光通信中常用的探测器有哪些？有什么不同？

5. 激光通信中 800nm 和 1550nm 波段的相互比较中优缺点有哪些？

6. 激光通信中如何选用望远系统？

7. 简述激光通信中 6 种望远系统的结构特性。

8. 激光通信中望远系统结构的材料大致有几类？反射镜主要选取哪种材料？

# 参 考 文 献

[1] 刘增基，周洋溢，胡辽林，等．光纤通信［M］．西安：西安电子科技大学出版社，2001．

[2] 原荣．光纤通信［M］．北京：电子工业出版社，2002．

[3] 王鸿滨．光纤通信基础．华为公司，1998．

[4] 袁国良．光纤通信原理［M］．北京：清华大学出版社，2004．

[5] Gerd Keiser．光纤通信［M］．3版．李玉权，崔敏，蒲涛，等译．北京：电子工业出版社，2002．

[6] 邓大鹏．光纤通信原理［M］．北京：人民邮电出版社，2001．

[7] 丁么明．光纤通信新技术［M］．武汉：湖北科学技术出版社，2001．

[8] 刘元安．宽带无线接入和无线局域网［M］．北京：北京邮电大学出版社，2000．

[9] 吕百达．激光光学［M］．北京：高等教育出版社，2003．

[10] 顾畹仪．光纤通信［M］．北京：人民邮电大学出版社，2006．

[11] 张宝富．光纤通信［M］．西安：西安电子科技大学出版社，2004．

[12] 方强，梁猛．光纤通信［M］．西安：西安电子科技大学出版社，2003．

[13] 延彪．光纤光学［M］．北京：清华大学出版社，2000．

[14] 李玉权，朱勇，王江平．光通信原理与技术［M］．北京：科学出版社，2008．

[15] 赵梓森．光纤通信工程（修订本）［M］．北京：人民邮电出版社，2002．

[16] 张辉，曹丽娜．现代通信原理与技术［M］．西安：西安电子科技大学出版社，2002．

[17] 李白萍，吴冬梅．通信原理与技术［M］．北京：人民邮电出版社，2004．

[18] 柯熙政，席晓莉．无线激光通信概论［M］．北京：北京邮电大学出版社，2004．

[19] 李秉钧，万晓榆，樊自甫．演进中的电信传送网［M］．北京：人民邮电出版社，2004．

[20] 陈广文，刘庆国．全光通信网中的关键技术——光交换技术［J］．现代电子技术，2002（5）．

[21] 徐济仁，陈家松，詹宏生．全光网技术及发展趋势［J］．有线电视技术，2003（17）．

[22] 白杉，陈娅冰，赵尚弘．自由空间光通信的基本技术［J］．现代通信，2003（11）：19－20．

[23] 胡家艳，印新达．光纤光栅传感器的解调与复用技术［J］．光通信研究，2006（1）．

[24] 冯涛，陈刚，方祖捷．非视线光散射通信的大气传输模型［J］．中国激光，2006，33（11）：1522－1526．

[25] 马晓红，王尤翠，戴居丰．数字光纤通信系统的建模与仿真［J］．天津大学学报，1999，32（4）：427－431．

[26] 倪飞，邓兴成，李贤．空间光通信ATP系统中光信号处理技术研究［J］．激光杂志，2000，21（4）：15－17．

[27] 徐永平，郑林华，韩方景．基于训练的准同步数字系列光纤通信系统仿真模型与算法［J］．系统仿真学报，2002，14（1）：4－7．

[28] 罗彤．自由空间光通信地面演示系统光束ATP设计与实现［J］．应用光学，2002，23（2）：14－17．

[29] 杨祥龙，汪乐宇．一种强噪声背景下弱信号检测的非线性方法［J］．电子与信息学报，2002，24（6）：811－815．

[30] 李正东．激光在大气传输中的损耗和折射［J］．红外与激光工程，2003，32（1）：73－77．

[31] 赵长明，黄杰．未来激光探潜和对潜通信技术的发展［J］．光学技术，2001，27（1）：53－56．

[32] 周美立．仿真系统建模的相似性与复杂性［J］．系统仿真学报，2004，16（12）：2664－2666．

[33] 朱林，王国忠．光纤通信系统的计算机仿真［J］．光电子·激光，2001，12（12）：1276－1279．

[34] 青松，程岱松，武建华. 数字通信系统的 SystemView 仿真与分析 [M]. 北京航空航天大学出版社，2001.

[35] 金四化，元秀华，王谨. 近地光无线通信信号跟踪系统的设计 [J]. 光学与光电技术，2003，1 (5)：6 - 9.

[36] 张文涛. 自由空间光通信技术及国内外发展状况 [J]. 量子电子学报，2003 (3).

[37] 谢木军，马佳光. 空间光通信中的精密跟踪瞄准技术 [J]. 光电工程，2000，27 (1)：13 - 16.

[38] 万玲玉，蒋丽娟. 湍流大气中光强闪烁对光通信链路的影响 [J]. 光通信技术，2002，26 (2)：17 - 20.

[39] 王佳，俞信. 自由空间光通信技术的研究现状和发展方向综述 [J]. 光学技术，2005，31 (2)：259 - 262.

[40] 胡章芳，席兵. 光纤通信系统的计算机仿真 [J]. 电脑开发与应用，2005，18 (9).

[41] 吴重庆. 光通信导论 [M]. 北京：清华大学出版社，2008.

[42] 王晓海. 国外卫星激光通信系统技术及新进展 [J]. 卫星电视与宽带多媒体，2006，12 (5)：39 - 42.

[43] 曾华林，左日方，谢福增. 空间光通信 ATP 系统的研究 [J]. 光学技术，2005，31 (1)：93 - 95.

[44] 黎洪松. 光通信原理与系统 [M]. 北京：高等教育出版社，2008.

[45] 李晓峰，胡渝. 空—地激光通信链路总体设计思路及重要概念研究 [J]. 应用光学，2005，26 (6)：57 - 62.

[46] M Yooetal. Optical Burst Switching for Service Differentiation in the Next - Generation Optical Internet [J]. IEEE Commun Mag, 2001.

[47] C Qiao, M Yoo. Choices, Features and Issues in Optical Burst Switching [J]. Opt Networks, 2000.

[48] Shiro Yamaka, Noboru Takata. Coherent Lightwave Receivers With a Laser Diode Local Oscillator for Inter - orbit Optical Communication [J]. Proceedings of SPIE, 2003, 4975：69 - 79.

[49] J H FrnaZ, V K Jain. 光通信器件与系统 [M]. 北京，电子工业出版社，2004.

[50] K Andrews. Performance comparison of selected bandwidth - efficient coded modulation [J], JPL Technical Report, Nov. 2002.

[51] Jeganathan, Muthu, Portillo, et al. Lessons Learned from the Optical Communications Demonstrator (OCD) [J]. Free - Space Laser Communication Technologies XI 2001, SPIE Vol. 3615：23 - 30.

[52] Kim, Isaac I, Riley, et al. Ectsons learned for STRV - 2 satellite - to - ground lasercom experiment [J]. Free - Space Laser Communication Technologies XIII, 2001, SPIE Vol. 4272：1 - 14.

[53] T Tolker - Nielsen. SILEX：The First European Optical Communication Terminal in Orbit [J]. ESA bulletin 96 - november 1998.

[54] M K Simon. Bandwidth - Efficient Digital Modulation with Application to Deep - Space Communications [J], New Jersey：Wiley, 2003.

[55] Djahani P, Kahn J M. Analysis of inf rared wireless links employing multi - beam transmitters and imaging diversity receivers [J]. IEEE Trans on Commun, 2000, 48：2077 - 2088.

[56] Leitgeb E, Gebhart M. Impact of atmospheric effects in Free space Optical transmission systems [J]. Proceedings of SPIE, 2003, 4976：86 - 97.

[57] H John Caulfield. A new approach for FSO communication and sensing [J]. Free - Space Laser Communications IV, Proceedings of SPIE Vol. 5550, 2004：214 - 217.

[58] M Chabane, M Alnaboulsi, H Sizun, et al. A new quality of service FSO software [J]. Reliability of Optical Fiber Components, Devices, Systems, and Networks II, Proceedings of SPIE Vol. 5465, 2004：180 - 187.